Carsten Bresch

Zwischenstufe Leben

Ackerland in Süd Dakota (USA) aus 18 km Höhe auf Infrarotfilm (grün wird rot).
Photograph courtesy of the Remote Sensing Institute, South Dakota State University.
Photograph taken by the National Aeronautics and Space Administration.

Die Durchmusterung der Oberfläche eines Planeten zeigt die Wirkung intellektueller Information.

Carsten Bresch

Zwischenstufe Leben

Evolution ohne Ziel?

R. Piper & Co. Verlag
München Zürich

ISBN 3-492-02270-7

Gesetzt aus der Garamond Antiqua
Gesamtherstellung Clausen & Bosse, Leck
Printed in Germany

Wer ernsthaft die Wahrheit der Dinge ergründen will, darf sich keiner einzelnen Wissenschaft verschreiben; denn alle Teile der Wissenschaft stehen im Verbund wechselseitiger Abhängigkeit.

Descartes

Dies ist ein wissenschaftliches Buch – geschrieben für Nichtwissenschaftler. Vielleicht ist es am Ende auch ein religiöses Buch für den religiös Fragenden. Es versucht jedenfalls, das Gemeinsame aufzuzeigen, das den Lauf aller Entwicklung bestimmt, das wirksam ist im Bereich des physikalischen Geschehens, in der Zwischenstufe des Lebens und in der intellektuellen Phase der Evolution, die sich vor uns zu entfalten beginnt.

Eigentlich – und das ist eine Bitte an den Leser – muß dieses Buch zweimal gelesen werden: das erste Mal möglichst schnell, um den roten Faden zu erkennen, um die Umrisse zu ahnen – dann noch einmal mit Bedacht, um Einzelheiten aufzunehmen, um zu verstehen, wie alle Eigenschaften der Natur zusammenwirkend das Wunderbare vollbringen: Evolution.

Das Buch ist all denen gewidmet, deren Arbeit und Denken das heutige Bild der Evolution möglich machten – und all denen, die dieses Bild in Zukunft korrigieren und erweitern werden.
Evolution ist ein Netzwerk
und jedes Tier, jeder Mensch, jedes Buch
nur ein weiterer Knoten in diesem Netz.

Inhalt

Prolog

Alles fließt.
Heraklit

. . . und sie erkannten das Werden ihrer Welt

Der Mensch lebt nicht mehr auf einer flachen Scheibe. Er lebt nicht mehr im Mittelpunkt des Universums, um den sich alle Gestirne des Himmels drehen. Die Wissenschaft hat unsere Erde zu einer Kugel gemacht. Sie hat diese Kugel aus dem Zentrum des Kosmos gerückt und als einen von neun Planeten unserer Sonne beschrieben. Diese selbst ist zu einem ganz durchschnittlichen Stern geworden. Mit 150 Milliarden anderen Sternen bildet sie einen großen, spiralförmigen Sternenhaufen, eine Galaxie: unsere Milchstraße. Aber auch diese ist nichts Besonderes. Die Wissenschaft hat Milliarden anderer Galaxien – größere und kleinere – in den Tiefen des Universums gefunden.

Die Wissenschaft hat mehr als eine Million verschiedener Arten von Lebewesen auf unserem Planeten beschrieben. Sie hat erkannt, daß alle Organismen aus Zellen bestehen, manche aus nur einer einzigen, andere – wie der Mensch – aus Billionen von Zellen. Die Wissenschaft hat solche Zellen von Menschen, Tieren und Pflanzen untersucht und überall ähnlichen Aufbau, ähnliche chemische Zusammensetzungen gefunden. Alle enthalten bestimmte riesige Moleküle, die nur in Lebewesen vorkommen – nämlich Nucleinsäuren und Proteine. Sämtliche Moleküle aber bestehen aus den gleichen Atomarten, aus denen auch unsere Erde und alle Himmelskörper aufgebaut sind.

Das nächtliche Bild der Sterne galt dem Menschen von jeher als Beweis kosmischer Unveränderlichkeit. Im Bereich des Lebendigen schien der dauernde Zyklus von Geburt und Tod aller Lebewesen, das Erblühen und Verlöschen immer neuer Kulturen ein richtungsloser Kreislauf einer im Grunde stets gleichbleibenden Welt. Vom Tage der Schöpfung an schienen Planeten und Gestirne, Berge und Ozeane, auch Pflanzen, Tiere und Menschen unwandelbare Bestandteile einer immer gleichen Ordnung.

Doch dieser Eindruck sei falsch – sagt die Wissenschaft. Auch Sterne würden geboren und eines Tages verlöschen, Kontinente würden zerreißen und sich neu gruppieren, Gebirge würden sich auffalten. Neue Arten von höher entwickelten Lebewesen seien aus primitiveren Vorformen entstanden und viele der früheren Arten wieder ausgestorben. Das Wesen des Kosmos sei also nicht dauernder Kreislauf, nicht statische Unveränderlichkeit, sondern ein ständiger Prozeß fortschreitender *Entwicklung*. All das spiele sich aber so langsam ab, daß selbst ein weit längeres Menschenleben nicht ausreichte, um die Veränderungen der Natur unmittelbar wahrzunehmen.

Diese Gesamtentwicklung in allen Bereichen unserer Welt – einschließlich der Entstehung des Menschen aus affenähnlichen Vorstufen – wird als EVOLUTION bezeichnet. Die Erkenntnis dieses universellen Prozesses ist die umfassendste Einsicht aller bisherigen Wissenschaft. Wir wollen daher der Geschichte dieser Idee nachspüren.

Schon in vorwissenschaftlicher Zeit hatte der Mensch die Frage nach dem Anfang der Dinge gestellt: Wie entstanden die Erde und der Sternenhimmel über uns? Welchen Ursprung haben Pflanzen und Tiere, und – vor allem – woher kam er selbst, der Mensch? Mythen und Religionen gaben Antwort auf diese Fragen. Sie malten vielgestaltige, farbige Bilder vom Wirken übernatürlicher Wesen. Oft ist darin die Ahnung eines Entwicklungsvorgangs erkennbar an der Stufenfolge, in der die Erschaffung der Welt beschrieben wird: Licht und Finsternis werden getrennt, Himmel und Erde werden geboren, anfangs wachsen Pflanzen, dann bevölkern Tiere zunächst das Wasser, später das Land. Und erst am Ende erscheint der Mensch.

Von ausschmückenden Bildern solcher mythisch-religiöser Symbolwelt löst sich die Philosophie der griechischen Antike. Naturwissenschaftliches Denken beginnt in der Nachbarschaft der ältesten menschlichen Hochkulturen, in der Nachbarschaft von Babylon, Assur und Theben. Es beginnt im kleinasiatischen Milet. Dort lehrt Thales im 6. Jahrhundert vor Christus, daß alle Dinge aus dem gleichen Urstoff gemacht seien – er glaubt aus Wasser. Sein Schüler Anaximander erklärt den Ursprung der Menschheit: Unsere Vorfahren seien aus Fischen entstanden und vom Meer aufs Land gestiegen. Xenophanes findet Versteinerungen und versteht deren Herkunft. Heraklit aus dem benachbarten Ephesus sieht alles in dauernder Bewegung und fortschreitender Entwicklung. Er betrachtet das Ringen der Gegensätze als Triebkraft allen Werdens – den Kampf als Ursprung aller Dinge.

200 Jahre später faßt Aristoteles, ein Schüler Platos und Lehrer Alexanders des Großen, das inzwischen angesammelte Denken griechischer Philosophen zusammen. Wie auch Demokrit vor ihm lehrt er, daß alles Leben aus dem Schlamm lebloser Materie entstanden sei. Für Aristoteles ist aber Leben das Resultat der Vereinigung eines passiven Prinzips – wohl das, was wir Materie nennen würden – mit einem aktiven Prinzip, das Mögliches erst zum Wirklichen macht und das wir heute als »Gestalt« oder »Struktur« bezeichnen können.

Griechische Philosophen hatten ein neues Fundament menschlichen Denkens gelegt. Zum erstenmal waren wissenschaftlich Fragen der Evolution aufgeworfen.

Auch der römische Dichterphilosoph Lukrez schreibt »über die Natur der Dinge«. Er erneuert griechisches Gedankengut und erklärt, daß die vorhandenen Tierarten nur durch ihre Klugheit, Stärke oder Schnelligkeit überlebt hätten, andere mit geringeren Fähigkeiten seien längst ausgestorben. In wenigen Versen zeichnet er ein Bild der Selektion, d. h. der Auslese der überlegenen Art im Kampf ums Dasein. – Danach vergißt man die Evolution.

Ein Jahrtausend lang beherrschen religiöse Bindungen den abendländischen Menschen. Alles Geschehen zwischen Himmel und Erde ist Ausdruck göttlicher Ordnung. Der Sinn des Daseins liegt in der Vorbereitung auf die Seinserfüllung im Jenseits. Der Ursprung der Welt, die Entstehung des Lebens, die Erschaffung des Menschen werden von der mittelalterlichen Kirche erklärt, so wie diese die Bibel versteht. Der geistige Entwurf ist auf die Heilige Schrift gegründet, umrahmt von den Autoritäten der Kirchenväter.

Nach den Wirren der Völkerwanderung ist jedoch das arabische Reich zum Zentrum der Kultur geworden. Hier fließt das Wissen der Zeit zusammen. Aus dem Fernen Osten kommt die chinesische Technik der Papierherstellung, aus Indien das dezimale Zahlensystem (das wir noch heute benutzen und »arabisch« nennen). In den Bibliotheken des islamischen Reichs werden die Werke der griechischen Philosophen studiert, unter denen die des Aristoteles das größte Ansehen genießen. Von Persien bis nach Spanien blüht arabische Wissenschaft.

In Europa sind kirchliche Institutionen die einzigen Träger der Reste griechischer und römischer Kultur. Philosophische Lehre steht jedoch völlig im Schatten der Theologie. Dann intensivieren die Kreuzzüge den Kontakt zum arabischen Kulturkreis. Im 12. Jahrhundert entstehen erste europäische Universitäten. Der Dominikaner Thomas von Aquin (1225–1274) verbindet aristotelische Philosophie mit christlicher Theologie und liefert philosophische Beweise für die Existenz Gottes. Sein Denkentwurf ist (bis auf den heutigen Tag) in der katholischen Kirche verankert. Dagegen fordern bald darauf die Franziskaner Duns Scotus (1270–1308) und der später exkommunizierte William Ockham (circa 1290–1349) eine klare Trennung von philosophisch-analytischem und theologischem Denken. Ihre geistigen Anstöße tragen zu den Grundlagen bei, auf denen sich wenige Jahrhunderte später eine von Theologie unabhängige Wissenschaft entwickelt.

Kultur ist immer in Städten gewachsen. Der Ausgang des Mittelalters ist gekennzeichnet durch den zunehmenden Einfluß der Städte. Handwerk und Handel beginnen zu blühen. Neue wirtschaftliche und geistige Bindungen werden geknüpft. Europa ist in Bewegung geraten. Auch die Schranken der Inquisition können den geistigen Aufbruch der Renaissance nicht aufhalten.

Gutenbergs Erfindung des Buchdrucks (1450) – selbst ein frühes Produkt der neuen intellektuellen Beweglichkeit – schafft dieser Entwicklung das entscheidende Werkzeug. Schon in wenigen Jahrzehnten gibt es Dutzende von Druckereien in Europas Städten. Wissen wird jedermann zugänglich, ist nicht mehr das Privileg weniger hinter Klostermauern. Die Reformation wird auf dieser Welle getragen. Die Bibel wird in die Sprache des Volkes übersetzt. Der Weg zu Gott ist direkter geworden.

Neue Kenntnisse, neue Techniken überstürzen sich. Feuerwaffen erscheinen auf den Kriegsschauplätzen und machen bisher uneinnehmbare Festungen bezwingbar. Die mittelalterliche Ordnung gerät ins Wanken. Columbus entdeckt einen neuen Erdteil, und der kleinen Flotte Magalhães' gelingt (1519–1522) die erste Umseglung der Welt. Unsere Erde ist wirklich eine Kugel!

Im Jahre 1543 tritt dann die Naturwissenschaft als neue Kraft voll in die Arena der geistigen Auseinandersetzung. Auf dem Sterbebett gibt Kopernikus Anweisung, sein Werk zu drucken, das die Erde als einen der um die Sonne kreisenden Planeten beschreibt.

Die Enge mittelalterlicher Welt war gesprengt – neue Freiheit gewonnen. Es war wie der erste Stoß eines Erdbebens, der Risse aufspringen ließ im Gebäude kirchlicher Autorität. Wenn es bewohnte ferne Erdteile und andere Planeten wie den unsrigen gab, warum sollten nicht überall im Universum Leben und menschenähnlicher Geist sein?

Der Dominikaner Giordano Bruno vertrat diese Meinung. Für ihn wird Gott zur Gesamtheit einer unendlichen Welt – Gott und das Universum werden eins. Aber Protestantismus und Katholizismus sind sich einig in der schroffen Ablehnung solcher Ketzerei.

Giordano Brunos Tod auf dem Scheiterhaufen am frühen Morgen des 17. Februar 1600 auf dem Campo dei Fiori in Rom stand Galileo Galilei vor Augen, als er wegen seiner astronomischen Arbeiten 1615 und dann wieder 1633 vor die Gerichte der Inquisition gefordert wurde und seine Schriften widerrief, die das Kopernikanische Weltbild unterstützten. Galilei war kein Märtyrer. Wahrheit würde siegen. Das war gewiß.

Galilei hatte durch Einführung von *Experiment* und *Messung* der Erforschung der Natur einen neuen Weg geöffnet. Er ließ Kugeln vom schiefen Turm zu Pisa fallen, bestimmte die Dauer ihres Falls und ermittelte so die ersten quantitativen Gesetze der Physik. Ein neuer Abschnitt der Menschheitsentwicklung hatte begonnen.

Naturwissenschaft war in ihrer Anfangsphase weit davon entfernt, das Problem des Ursprungs von Dingen anzugehen. Derartige philosophisch anmutende Fragestellungen hatte sie ja gerade überwunden. Sie wollte die bestehende Natur vorurteilsfrei beobachten und vermessen und aus den so gewonnenen Daten allgemein gültige Schlüsse ziehen.

Ein Anfang neuzeitlichen Evolutionsdenkens kam wieder aus der Astronomie. Immanuel Kant publizierte 1755, 31 Jahre alt, eine Theorie des Himmels, nach der sich Gestirne und Planetensysteme aus kosmischen Nebeln entwickelten. Newtons Entdeckung der Gravitation (d. h. der Tatsache, daß alle Massen Anziehungskräfte aufeinander ausüben) mußte ja auch für die winzigen Partikel einer kosmischen Gaswolke gelten, die sich unter Einfluß dieser Anziehung immer mehr verdichten sollte, bis schließlich ein kompakter Stern gebildet wäre. Kants Theorie war die erste moderne, d. h. auch heute noch gültige, wissenschaftliche Deutung eines Naturphänomens als Entwicklungsprozeß.

Auch die Geologie hatte Fortschritte gemacht. Durch das Studium von Gebirgsformationen, von Ablagerungen und vulkanischer Tätigkeit war klar geworden, daß sich die Erdoberfläche in dauernder, wenn auch langsamer Veränderung befindet. Auch hier gewann also die Betrachtung des Entwicklungsgeschehens mehr und mehr an Gewicht gegenüber der vorher üblichen Beschreibung des augenblicklichen Zustands.

Besondere Aufmerksamkeit erregten dabei die Funde von versteinerten Pflanzen und Tieren. Diese Fossilien waren Zeugen der Existenz vieler längst ausgestorbener Arten. Bald wurde erkannt, daß nur spätere Ablagerungen, also meist oben liegende Schichten, Lebewesen von hoher Organisationsform enthielten (z. B. Säugetiere), während sich die Versteinerungen erdgeschichtlich früher Ablagerungen auf niedere Organismen beschränkten, z. B. auf Tintenfische oder die längst ausgestorbenen Trilobiten (vgl. Abb. auf Seite 159).

Betrachtete man versteinerte Formen von noch heute lebenden Tieren, wie etwa Fischen, in ganzen Serien verschieden alter Gesteinsablagerungen, dann wurde offenbar, daß diese sich um so mehr von den heute lebenden Arten unterschieden, je älter die Schichten waren.

Unter dem Eindruck solcher fossilen Beweisstücke beschäftigten sich Naturforscher zunehmend mit der Idee einer Stammesentwicklung von Pflanzen und Tieren, d. h. der Entstehung immer neuer Arten von Lebewesen aus ihnen ähnlichen Vorläufern. Auch der Vergleich verschiedener lebender Pflanzenformen oder der von tierischen Skeletten und Organen offenbarte so viele Parallelen, daß sich der Gedanke gemeinsamer Urformen fast von selbst aufdrängte.

Im Jahre 1802 publizierte ein englischer Arzt einen Gedichtband »The Temple of Nature«, der lyrisch-mythisch verbrämt ein vollständiges Konzept der Evolution gab: Aus dem Chaos hätten sich Sonne und Planeten gebildet, dann wäre Leben spontan im Urmeer entstanden und hätte in ständiger Höherentwicklung zum mit Vernunft und Sprache begabten Menschen geführt. Dieser Arzt war Erasmus Darwin, der Großvater des später so berühmten Charles Darwin. Schon Erasmus Darwin hatte die nächste Frage gestellt: Wie ist biologische Evolution möglich – worin liegen die Ursachen für die ständige Weiterentwicklung aller Lebewesen? Seine Antwort nahm wesentliche Gesichtspunkte späterer Erklärung vorweg: Vermehrung aller Lebewesen führt zu einem harten Wettbewerb, den nur die geeignetsten Individuen und Arten überleben können (Selektion).

In der entscheidenden Frage aber, woher denn überhaupt Unterschiede kämen, die durch Wettbewerb selektioniert werden könnten, blieb Erasmus – ebenso wie später Charles Darwin – notgedrungen in verschwommenen Vorstellungen stecken. Noch fehlten die Klärung des Vererbungsmechanismus und die Kenntnis der Mutation.

Auch Lamarck, der 1809 die erste wissenschaftliche Theorie biologischer Evolution vorlegte, scheiterte an diesem Punkt. Er glaubte wie Erasmus und im Grunde auch Charles Darwin an die Vererbung erworbener Eigenschaften und erklärte die Veränderung der Lebewesen durch deren Streben, sich der Umwelt anzupassen. Der lange Hals von Giraffen z. B. resultiere aus deren Bedürfnis, Nahrung von Bäumen zu holen. Diese heute klar als falsch erkannte Begründung stand so im Mittelpunkt beißenden Spotts, daß die viel wichtigere und richtige Erkenntnis, nämlich die einer Entwicklung höherer Arten aus einfacheren Vorläufern, ebenfalls in Mißkredit geriet.

Obwohl also zu Beginn des 19. Jahrhunderts schon manche mehr oder minder spekulativen Ansätze zur Beschreibung biologischer Evolution vorlagen, erfolgte der historische Durchbruch im menschlichen Denken erst 1859. Charles Darwin hatte als junger Mann auf einer fünfjährigen Forschungsreise durch die Welt eine Fülle bis dahin unbekannten Materials über Formenreichtum, biologische Funktionen und Verwandtschaftsbeziehungen lebender und fossiler Arten von Pflanzen und Tieren gesammelt. 1836 nach England zurückgekehrt, stand er bei der Durcharbeitung dieses Materials unter dem Einfluß der Idee von Malthus, nach der eine Bevölkerung von Tieren oder Menschen so lange anwächst, bis ihre Ernährungsgrundlage nicht mehr ausreicht. Jede Population würde daher in einem dauernden Existenzkampf gegen das Verhungern leben. Darwin machte diesen Kampf ums Dasein zu einer wichtigen Stütze seiner Theorie und gelangte so zu einem Bild des Evolutionsprozesses, das dem seines Großvaters recht ähnlich, aber jetzt durch eine Fülle von Beobachtungsmaterial abgesichert war. Seine Vorstellung wird charakterisiert durch die von dem englischen Naturphilosophen Spencer stammende Formulierung: »survival of the fittest« – überleben wird der, der am besten in seine Umwelt paßt.

Obwohl sein Gedankengebäude längst fertiggestellt war, wagte Darwin – wie einst Kopernikus – noch keine Veröffentlichung. War es die Furcht, Grundpfeiler kirchlicher Glaubenslehre umzustürzen, oder erkannte Darwin selbst (wie vielleicht auch Kopernikus) eine Schwäche seiner Theorie – nämlich die zwar immer wieder beobachtete, aber in ihren Ursachen damals noch unerklärliche Variation der Lebewesen, die er zu lösen hoffte? Die Veröffentlichung seines entscheidenden Werkes »On the Origin of Species« erfolgte jedenfalls in aller Eile erst 1859 unter dem Druck der drohenden Publikation einer sehr ähnlichen Arbeit, die deren Autor Wallace zur Begutachtung an Darwin geschickt hatte. Genügend Beweismaterial war zusammengetragen, die Zeit war reif.

Es ist interessant, daß letztlich eine Prioritätsfrage, also das Streben nach wissenschaftlicher Anerkennung, Darwin zur Veröffentlichung seiner Beweise einer biologischen Evolution veranlaßte. Dieser Faktor spielt in der Motivation fast aller Wissenschaftler eine wesentliche Rolle. Wie schwer es jedoch ist, in dem Netzwerk der Entwicklung einer Idee klare Akzente zu setzen, hat vielleicht diese Kurzdarstellung der Geschichte des Evolutionsgedankens gezeigt. Der gegebene Abriß ist, wie alle Schilderungen historischer Abläufe, notgedrungen eine grobe Vereinfachung und möglicherweise an manchen Stellen eine ernste Verzerrung der wirklichen Zusammenhänge. Viele Namen, viele Schritte müssen unerwähnt bleiben. Je mehr fortgelassen wird, desto titanenhafter ragen die wenigen heraus, deren Namen Erwähnung finden.

Je größer die Zahl der Wissenschaftler wird, je mehr die Flut der Veröffentlichungen anschwillt, desto schwieriger ist es, das Geflecht geistiger Querverbindungen zu entwirren. Von der einen Seite kommen experimentelle Daten, von der anderen diese oder jene Teilinterpretationen. Manche tragen zerstreut vorliegendes Gedankengut zusammen, andere verhelfen bestehenden Konzepten durch prägnantere Formulierungen zur Verbreitung. Die geistige Sphäre des Menschen ist ein kontinuierliches Wachsen von Ideen in vielen Köpfen, ein Netz gegenseitiger Anregung. Jede Hervorhebung einer Person ist zugleich eine Zurücksetzung anderer, die einer Idee den Boden vorbereiteten oder diese unfertig, fehlerhaft oder wenig überzeugend formulierten. Um diesem – für dieses Buch sehr wesentlichen – Netzcharakter des Erkenntnisfortschritts Rechnung zu tragen, soll im eigentlichen Text darauf verzichtet werden, weitere Wissenschaftler durch namentliche Nennung auszuzeichnen.

Obwohl Darwin in seinem Werk »Über den Ursprung der Arten« die Frage der Herkunft des Menschen nur andeutungsweise berührt hatte, waren andere bald dabei, die Abstammung des Menschen von affenartigen Urahnen zu verkünden. Diese Konsequenz, die alle Evolutionsdenker seit Jahrzehnten hypnotisch in Bann gehalten hatte, die klar auszusprechen sie sich aber immer wieder gescheut hatten, lag nun plötzlich auf dem Tisch. Sie stand in allen Zeitungen und war das gesellschaftliche Gesprächsthema Nr. 1. Ein Tabu war gebrochen. Einige Jahre vergingen, dann bekannte sich Charles Darwin selbst in einem neuen zweibändigen Werk »The Descent of Man« (1871) zu der unausweichlichen Schlußfolgerung seiner Idee.

Seit Kopernikus hatte keine naturwissenschaftliche Erkenntnis härter mit den Lehren der Kirche kollidiert. Manche ihrer Vertreter sahen sich zu Kompromissen gedrängt. Bibelwissenschaftler, die zugleich Geisteswissenschaftler waren, wiesen mit vergleichend religionswissenschaftlicher Methode auf, daß die Schöpfungsgeschichte nicht im Sinne neuzeitlicher Biologie, sondern »existenziell«, wenn man so will – »symbolisch« verstanden werden mußte. Sie gaben der Naturwissenschaft den Weg frei, die Entwicklung des menschlichen »Körpers« zu diskutieren. Dabei glaubten viele, die methodisch nicht konsequent genug waren, die Entstehung der menschlichen »Seele« einer Deutung durch Theologie vorbehalten zu können.

Doch der auf mittelalterlichen Denkentwürfen gegründete Glaube hatte mehr Schaden genommen, als die meisten Theologen sich eingestehen mochten. Die Korrosion kirchlicher Lehrmeinungen und deren allmähliche Verdrängung durch naturwissenschaftliches Gedankengut waren nicht mehr aufzuhalten.

Neues Wissen sammelte sich an und füllte verbliebene Lükken der Evolutionsvorstellung. Die Klärung des Vererbungsmechanismus und vor allem der dabei zufällig auftretenden Unregelmäßigkeiten (Mutationen) konnte schließlich auch das für Darwin noch unverständlich Gebliebene enträtseln, nämlich die Ursache für die langsame, aber ständige Veränderung aller Lebewesen.

Die Argumente Darwins hatten der Vorstellung einer biologischen Evolution, d. h. einer ständigen Entwicklung höherer Lebensformen aus primitiveren Vorläufern, zum Durchbruch verholfen. So klar die Konturen dieses Denkgebäudes waren, so sehr blieb der Uranfang allen Lebens selbst in einem Nebel von Andeutungen. Diese Zurückhaltung entstammte jedoch nicht dem verborgenen Wunsch, religiösem Denken einen Schöpfungsakt als Ausgangspunkt der Artenentwicklung zu belassen. Diese Schranke hatte die Naturwissenschaft selbst errichtet.

Wenige Jahre nach Darwins Veröffentlichung experimentierte nämlich Louis Pasteur, der Begründer der Bakteriologie, um die Frage der Spontanentstehung von Bakterien zu klären. Er kam 1862 zu dem Schluß, daß nicht einmal Mikroben »von selbst« entstünden, sondern immer nur aus ihresgleichen hervorgingen. Der Anfang allen Lebens blieb so ein Rätsel für sich.

Die Autorität Pasteurs ließ ernste Zweifel an seiner Schlußfolgerung erst in unserem Jahrhundert wieder aufkommen. Wie weit reichte der Gültigkeitsbereich der Pasteurschen Experimente? War nicht vielleicht doch – wie der Mensch immer geglaubt hatte – zu Beginn der Geschichte unseres Planeten eine Spontanentstehung erster lebender Strukturen aus unbelebter Materie möglich? Damals nämlich waren die physikalisch-chemischen Bedingungen sicher weit verschieden von denen in Pasteurs Versuchen und vor allem – es standen Milliarden von Jahren statt Tagen oder Wochen zur Verfügung.

Die Wissenschaft zog die letzte Konsequenz. Die geheimnisvollen Funktionen von Zellen wurden Schritt für Schritt als biochemische Reaktionen komplexer Moleküle erkannt, es blieb weniger und weniger Raum für etwas, das außerhalb der Moleküle wirken sollte. Immer mehr Wissenschaftler diskutierten nüchtern, mit chemischen Formeln und Zahlen, die physikochemischen Möglichkeiten einer spontanen Urzeugung – einer Lebensentstehung ohne Gott.

Sie sagen heute:

»Die Evolution des Lebens muß als zwangsläufiger Prozeß angesehen werden.« *(Eigen)*

Und es ist Zufall, der diesem Prozeß zugrunde liegt. Es war Zufall, ein glückliches Zusammentreffen passender Molekularstrukturen, das Leben entstehen ließ.

»Der reine Zufall, nichts als der Zufall, die absolute, blinde Freiheit ist Grundlage des wunderbaren Gebäudes der Evolution.« *(Monod)*

Kein Akt eines Schöpfers also, sondern ein Molekularprozeß ohne Richtung, ohne Ziel. Der Mensch ist nicht mehr Krone der Schöpfung nach dem Ebenbild Gottes, nicht Teil des Plans einer ordnenden Allmacht, sondern:

»Der Mensch ist nichts als ein – wenn auch ganz besonderes – Produkt einer Reihe blinder Zufälle und bitterer Notwendigkeiten.« – »Das Wesen der Evolution ist die Abwesenheit von Motiv und Zweck.« *(Luria)*

Die Natur scheint eine Ziel- und Sinn-lose Maschinerie zu sein. Haben wir die neue geistige Freiheit mit dem Sinn unserer Existenz bezahlt? Allein steht der halbwissende Mensch, entwurzelt in der Grenzenlosigkeit eines eisigen Universums – verloren in der Kette der Generationen. Sie kamen aus dem Nichts – sie gehen ins Nichts.

Wozu das Ganze? –

Ist dies das ersehnte Ziel der Erkenntnis – die letzte große Antwort auf alle Fragen an die Natur?

Der Mensch hat sich selbst aus der göttlichen Ordnung des mittelalterlichen Stufenkosmos, aus dem Gefühl seelischer Geborgenheit »herausexperimentiert«. Wissenschaft hat geistige Schranken überwunden, aber hinter den Schranken warteten Leere und Sinnlosigkeit. Er, der Aufgeklärte, der logisch-kausal denkt, für den es keine Wunder mehr gibt, spürt Verlassensein.

Er wehrt sich, nachzudenken. Der Alltag bietet genug vorschiebbare Gründe, die ihm keine Zeit dafür lassen. Er hat die Frage nach dem Sinn menschlichen Lebens zu einem neuen Tabu gemacht – ihren Zugang einfach mit Brettern vernagelt. Er wagt nicht mehr, daran zu rühren, weil er fürchtet, die trostlose Antwort zu finden: *Unser Leben hat überhaupt keinen Sinn.*

Dieses Buch soll helfen, aus *Wissenschaft* den Sinn unseres Daseins zurückzugewinnen, der scheinbar durch Wissenschaft verloren wurde. Dieses Buch soll zeigen, daß die *Gesamtheit* unseres Wissens einen ganz anderen Ausblick öffnet – daß Naturerkenntnis und Sinnfrage keine Gegensätze sind.

Dieses Ziel sollte man nicht aus den Augen verlieren, wenn unser Weg viele Kapitel lang durch Astrophysik und Chemie, durch molekulare und organismische Biologie führt, wenn wir Gehirnfunktionen, Tierverhalten und menschliche Sprache behandeln. Wir müssen diesen langen Weg gehen, um zu erkennen, daß die Evolution der gesamten Natur immer gleichbleibenden Grundprinzipien folgt, daß sich alle Entwicklung in Stufen vollzieht und mit jeder Stufe ein Niveau höherer Komplexität erreicht wird.

Jedesmal erfolgt eine »Integration«, d. h. ein Zusammenschluß von bisher unabhängigen Einheiten zu einer neuen Ganzheit mit neuen Eigenschaften und Fähigkeiten. Zweimal in dieser Kette der sich aufeinander aufbauenden Integrationen werden wir dabei einer besonderen Schwelle begegnen, an der die neugewonnenen Fähigkeiten gänzlich neue Perspektiven öffnen. Zweimal hat der Ablauf der Entwicklung – das Wachsen von Komplexität – eine unermeßliche Beschleunigung erfahren. Zweimal hat etwas völlig Neues, bis dahin nicht Vorhandenes begonnen. Zweimal: beim Übergang der ersten, *materiellen*, zur zweiten, *biologischen* Phase der Evolution und wieder beim Wechsel von der biologischen zur dritten, *intellektuellen* Phase, die sich heute in Anfängen abzeichnet.

Unser Weg durch die Naturwissenschaft wird besonders in der ersten Hälfte des Buches für den Nicht-Wissenschaftler kein Spaziergang. Da wir die Grundkonzepte vieler Fachgebiete nicht bloß oberflächlich anrühren, sondern ernstlich diskutieren wollen, mag beim ersten Lesen manche Argumentation schwierig, manche Fachvokabel* unverständlich scheinen. Das sollte nicht entmutigen, vieles wird im weiteren Kontext klar. Der Laie ist besser befähigt, die Grundlagen der Wissenschaft zu verstehen, die großen Zusammenhänge zu durchschauen, als er sich

* Im Sachregister sind die Seiten, auf denen Begriffe erklärt werden, durch Rotdruck hervorgehoben.

das selber zutraut. Vieles der »hohen Wissenschaft« wird jedem ernsthaft Interessierten zugänglich, wenn man das Gestrüpp aus Fachjargon und Formeln beiseite läßt. Die Grundprinzipien der Wissenschaft sind einfach.

Im letzten Jahrzehnt ist in der Öffentlichkeit ein Mißtrauen gegen Wissenschaft gewachsen. Der Grund lag weniger in der den meisten wohl unbewußt gebliebenen geistigen »Entwurzelung« des Menschen als vielmehr in der berechtigten Furcht vor gedankenloser, ja oft inhumaner Anwendung von Technologie. Auch wenn Naturwissenschaftler ihre Ergebnisse für »wertfrei« halten, haben selbst unter ihnen viele die Sorge, ob die Menschheit moralisch reif genug ist, die Bürde ihres neuen Wissens verantwortungsvoll zu tragen.

Solche Sorge hindert sie jedoch nicht, täglich an der Vermehrung dieses Wissens zu arbeiten. Sie betrachten – in der Tradition klassischer Philosophie – Wissensvermehrung als Positivum an sich, ohne diese Haltung »wissenschaftlich« rechtfertigen zu können. Auch dieser Problemkreis wird im Laufe des Buches angesprochen und in einen größeren Zusammenhang gestellt. Vielleicht kann das dazu beitragen, die wachsende Kluft zwischen Technologie und Humanität zu überwinden.

Aber nun wollen wir endlich auf unsere Wanderung gehen. Wir wollen das Bild einer Entwicklung gewinnen, die von den Anfängen des Universums in ununterbrochener Kette in ferne Zukunft weist. Erst am Ende des Weges sollen Richtung und Zwangsläufigkeit dieses Geschehens behandelt werden – erst dann die Frage nach dem Sinn menschlicher Existenz.

Evolution der Materie

I

Vor der Schöpfung gab es weder Zeit noch Dauer.
Spinoza

Die Szenerie: Raum-Zeit, Sterne, Galaxien

Wenn wir in einer klaren Nacht zu den Sternen sehen, ist uns kaum bewußt, daß der Blick in die Ferne des Raumes zugleich ein Blick in die Vergangenheit ist. Wir sehen in großen Fernen ja nicht das, was »jetzt« dort geschieht, sondern das, was »damals« dort geschah, als das Licht ausgestrahlt wurde, das wir jetzt wahrnehmen.

Licht breitet sich nämlich nicht unendlich schnell aus, sondern legt – ebenso wie andere elektromagnetische Wellen, z. B. Radio- oder Fernsehwellen – »nur« 299792456,2 Meter in der Sekunde zurück. Diese Lichtgeschwindigkeit ist eine Naturkonstante und nach der Relativitätstheorie die obere Grenze, die ein Signal oder ein Raumschiff auch bei noch so großer Antriebskraft je erreichen kann.

Beim Funksprechverkehr zwischen Astronauten auf dem Mond und der Erdstation macht sich diese endliche Ausbreitungsgeschwindigkeit schon bemerkbar. Zwischen der Frage von der Erde und der Antwort vom Mond entsteht eine Pause von 2,6 Sekunden, weil die Radiowellen für die Entfernung Erde–Mond (rund 384000 km) zweimal etwas mehr als eine Sekunde benötigen.

Das Licht der Sonne braucht zur Erde etwa 8 Minuten. Das heißt, in den letzten Minuten eines Sonnenuntergangs ist die Sonne »eigentlich« schon unter den Horizont getaucht. Wir sehen die Sonne dort, wo sie vor 8 Minuten stand, nicht dort, wo sie sich »jetzt« befindet.

Wir wollen eine Gedankenreise unternehmen, um das Universum zu erkunden. Wenn ein Raumschiff fast mit Lichtgeschwindigkeit reisen könnte, würde es in wenigen Stunden die Umlaufbahn des äußersten Planeten, Pluto, hinter sich lassen. Dann begänne ein eintöniges Schweben durch den fast leeren Raum, bei dem man nur wenigen Atomen, gelegentlich einem Molekül oder gar einem Staubkorn begegnete.

Erst nach mehr als 4 Jahren Reisezeit nähert sich das Raumschiff dem unserem Sonnensystem nächsten aller Sterne, dem Alpha Centauri. In der Astronomie benutzt man diese Reisezeit mit Lichtgeschwindigkeit direkt als Entfernungsangabe. Man sagt also, Alpha Centauri ist 4,3 Lichtjahre von uns entfernt (1 Lichtjahr = 9460000000000 km).

Das Raumschiff könnte so von Stern zu Stern weiterfliegen und würde im Mittel alle 5 bis 10 Jahre einem neuen Stern begegnen. Steuert es in die Richtung des Universums, in der wir die meisten Sterne erkennen, würde es in etwa 30000 Jahren das noch sehr rätselhafte Zentrum unserer Galaxie erreichen, über das wir wenig wissen, weil wir es vor lauter Sternen und Gaswolken, die dort konzentriert sind, nicht sehen können.

Seit Jahrtausenden haben Astronomen in allen Richtungen den Sternenhimmel vermessen, seit etwa zwei Jahrhunderten wissen wir, daß unsere »Milchstraße« eine flache Spirale aus vielen leuchtenden Himmelskörpern ist. Ihre Dicke beträgt 10 bis 20000, ihr Durchmesser etwa 100000 Lichtjahre. Insgesamt – so errechnet man – besteht sie aus etwa 150 Milliarden sonnenartigen Sternen.

Unsere eigene Position ist in keiner Weise ausgezeichnet. Die Sonne befindet sich nicht am Rande dieser Galaxie und schon gar nicht in deren Mitte, sondern etwa an der Stelle der roten Kreuze der Abbildung.

Von einigen Sternkugelhaufen abgesehen, ist der Raum um unsere Galaxie völlig leer. Das nächste Gebilde ähnlicher Größe

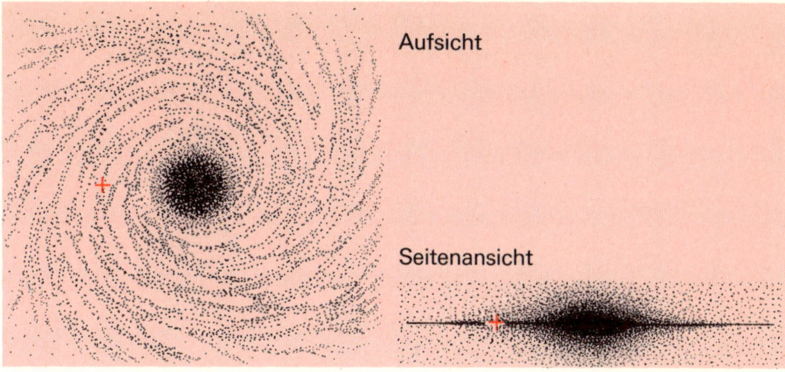

ist die »Andromeda-Galaxie«. Um sie zu erreichen, wäre man mit Lichtgeschwindigkeit 2,2 Millionen Jahre unterwegs. Trotz der gewaltigen Entfernung kann die Andromeda-Galaxie gerade noch mit bloßem Auge von unserer Erde gesehen werden. Dafür sorgt die vereinte Leuchtkraft ihrer 200 Milliarden Sonnen. Erinnern wir uns, daß ihr jetzt wahrgenommenes Licht die Galaxie verließ, als unsere menschlichen Vorfahren erste Faustkeile spitzten.

Unsere, die Andromeda-Galaxie und noch circa 20 kleinere Galaxien bilden die »lokale Gruppe«. Wir sind sozusagen »nahe« Nachbarn in der Weite des Universums.

Wohin am Himmel wir auch immer unsere Teleskope richten, wir finden in noch größeren Abständen Tausende und Abertausende weiterer Galaxien. Sie alle kommen in Gruppen vor. Es gibt kleine Haufen wie den unseren, aber auch große aus Tausenden einzelner Galaxien. In allen Himmelsrichtungen außerhalb der Ebene unserer Milchstraße finden wir mehr Galaxien als Sterne, die zu unserer Galaxie gehören. Die Astronomen berechnen, daß rund 100 Milliarden Galaxien in der Reichweite unserer Teleskope liegen. Natürlich konnte nur ein winziger Bruchteil von ihnen bisher studiert und vermessen werden.

Radio-Teleskope und Fernrohre haben Galaxien noch in Entfernungen von 11 Milliarden Lichtjahren, also von rund

$$100\,000\,000\,000\,000\,000\,000\,000 = 10^{23}\text{ km}$$

erkannt. Meist extrem weit von uns entfernt sind die sogenannten Quasare (quasi stellare Objekte). Diese Gebilde, die in ungeheurer Intensität elektromagnetische (Radio-)Wellen ausstrahlen, sind vielleicht gewaltige Explosionen in frühen Entwicklungsstadien von Galaxien – Vorgänge, an denen die Astrophysik noch rätselt.

Um eine Vorstellung kosmischer Entfernungen zu gewinnen, können wir eine maßstabgerechte Zeichnung anfertigen und den Abstand Erde–Mond als einen Millimeter wählen. Dann ist die Sonne etwa 40 cm, der nächste Stern, Alpha Centauri, aber 100 km entfernt.

Wenn wir für ein zweites Bild diesen Abstand Sonne–Alpha Centauri nochmals auf 1 mm verkleinern, wäre unsere Galaxie etwa 20 m groß, und die entferntesten der bisher bekannten Gebilde des Universums lägen in einem Abstand von 2800 km.

In dieser Entfernung von 11 Milliarden Lichtjahren scheint die Häufigkeit der Galaxien bzw. Quasare scharf abzufallen. Sehen wir den Rand des Universums? Oder ist gar nicht die Tiefe des Raumes das Problem, sondern die unvorstellbare Zeit, die seit Aussendung der jetzt eintreffenden elektromagnetischen Wellen verstrichen ist? Blicken wir in eine Vergangenheit, in der die ersten Galaxien gebildet wurden? Können wir in einem Abstand von – sagen wir – 15 Milliarden Lichtjahren keine Galaxien mehr entdecken, weil es vor 15 Milliarden Jahren noch gar keine Galaxien gab? Hat das Universum einen »Anfang«? Die Antwort auf diese Frage hängt entscheidend ab von einer seltsamen Beobachtung an dem Licht, das von fernen Galaxien zu uns kommt, nämlich von der sogenannten Rotverschiebung:

Alle heißen Körper senden Licht ganz bestimmter Farben (d. h. Wellenlängen) aus, die charakteristisch sind für die Art der Atome des betreffenden Körpers. Anhand dieser »Spektrallinien« kann daher die atomare Zusammensetzung von Sternen oder Galaxien erkannt werden. Bei der Beobachtung von fernen Galaxien stellt sich nun heraus, daß zwar die gewohnten Spektrallinien, z. B. die des Wasserstoffs, gefunden werden, jedoch alle mit einer merkwürdigen Verschiebung zur roten (längerwelligen) Seite des Farbspektrums hin.

Mehr noch – je weiter nach allen anderen Messungen eine Galaxie von uns entfernt ist, desto stärker ist diese »Rotverschiebung«. Die Deutung der Rotverschiebung wird damit zu einer Kernfrage für unser Verständnis des Universums.

Die von fast allen Fachleuten dafür akzeptierte Erklärung ist der sogenannte Doppler-Effekt, den man sich leicht durch ein Modell klarmachen kann: Auf einer ruhigen Wasseroberfläche werden durch regelmäßige Auf- und Abbewegung eines Körpers Wellen erzeugt. Diese werden als konzentrische Kreise von dem Ausgangspunkt fortlaufen. Bewegt sich jedoch die »Wellenmaschine« selbst, so werden die Wellen auf der einen Seite gestaucht, auf der anderen auseinandergezogen. Bei einem Beobachter, der die ankommenden Wellenberge pro Minute zählt, treffen jetzt – wenn sich die Wellenmaschine entfernt – weniger Wellenberge ein als vorher bei stillstehender Maschine. Der Unterschied wird um so größer, je schneller sich die Maschine vom Beobachter entfernt.

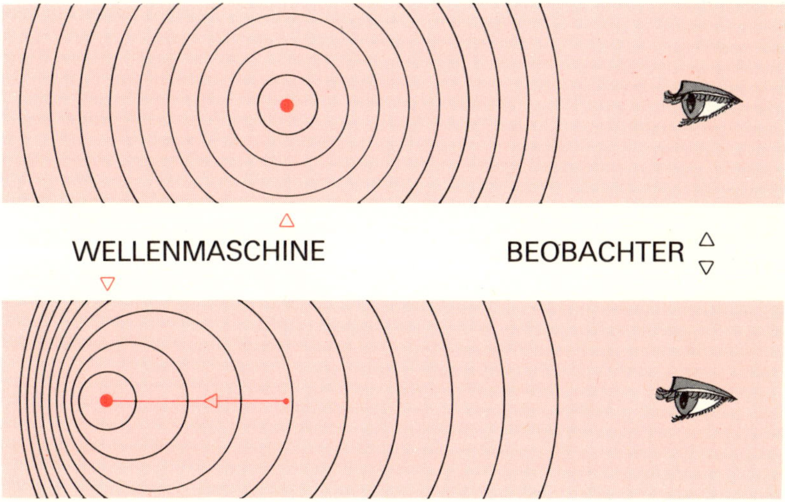

Das gleiche würde für eine sich entfernende Galaxie gelten, deren ausgestrahltes Licht wir beobachten. Die Lichtwellen wären auseinandergezogen. Wir sähen längerwelliges, d. h. zum Roten hin verschobenes Licht.

Nach dieser Deutung der Rotverschiebung müßten also alle Galaxien von uns fortfliegen – und zwar mit um so größerer Geschwindigkeit, je weiter sie entfernt sind (»Flucht der Galaxien«). Auf den ersten Blick wird damit unsere Position im Weltall wieder eine Art Mittelpunkt, von dem alles wegzustreben scheint. Man kann sich jedoch schnell klarmachen, daß bei der Explosion eines Geschosses, von *jedem* wegfliegenden Granatsplitter aus betrachtet, alle anderen Splitter sich entfernen – und zwar die schon weit entfernten schneller als die in der Nähe befindlichen.

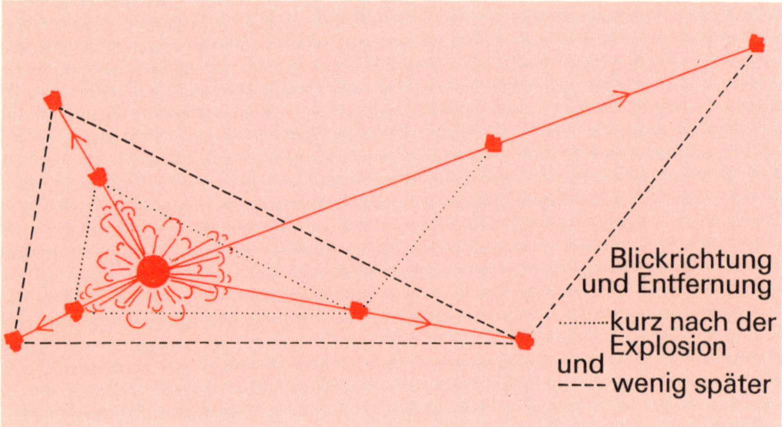

Der Vergleich führt uns zu der heute am häufigsten vertretenen kosmologischen Theorie, der eines *Urknalls* (»big bang«), bei dem alle Materie unseres Universums aus einer ungeheuer dichten Form heraus explodierte und seitdem in alle Richtungen auseinanderstiebt.

Dieses Bild paßt zu den Ergebnissen der allgemeinen Relativitätstheorie, deren Weltmodelle die Fähigkeiten unserer Anschauung übersteigen. Gravitationskräfte (gegenseitige Anziehung von Massen) werden durch eine »Krümmung des Raumes« erklärt. Dieser dreidimensionale, aber in der vierten Dimension gekrümmte Raum selbst sei seit dem Urknall wie die zweidimensionale, aber in der dritten Dimension gekrümmte Gummihülle eines Luftballons, den man aufbläst, in ständiger Ausdehnung begriffen. Diese sei die Ursache für die Rotverschiebung.

Die mathematischen Weltformeln sind bei all ihrer Faszination für den Gedankengang dieses Buches nicht entscheidend. Wir können uns daher darauf beschränken, kurz die heute meist vertretene Vorstellung zusammenzufassen: Danach hätte das Universum einen Anfang, den Urknall als Beginn seiner Ausdehnung. Da seitdem nur eine endliche Zeit verflossen ist, könnte das Universum auch nur eine endliche Größe besitzen. Das Universum der Urknall-Theorie ist also endlich in Raum und Zeit. Man kann aus den Entfernungen und Flucht-Geschwindigkeiten der Galaxien zurückrechnen und den Zeitpunkt des Anfangs bestimmen. Für das »Alter des Universums« ergibt sich dann ein Wert von 13,5 oder nach neueren Rechnungen von mindestens 18 Milliarden Jahren.

Viele Fragen bleiben allerdings offen, z. B. was »vor dem Anfang« war, was »außerhalb« eines endlichen Universums ist usw. Zur Erklärung des Phänomens der Rotverschiebung wurden daher auch andere Hypothesen vorgeschlagen, z. B. eine »Ermüdung« des Lichts über sehr große Raum-Zeit-Strecken hinweg. Keine dieser alternativen Deutungen konnte bisher jedoch die Fachleute überzeugen. In jedem Fall übersteigen die Größe der Entfernungen und der Begriff der »Zeit« in diesen kosmischen Dimensionen die Vorstellungskraft menschlicher Gehirne.

So erregend die Weltmodelle der Kosmologie auch sind, man sollte sie mit interessierter Zurückhaltung betrachten. Sie alle werden sich nämlich kaum jemals beweisen lassen. Das gilt letztlich zwar überall in der Wissenschaft, aber ganz besonders im Bereich der Physik des Allergrößten. Wie auch bei der Physik des Allerkleinsten muß nämlich ausgegangen werden von unbeweisbaren Grundannahmen, auf denen eine Theorie aufbaut.

Da gibt es Grundannahmen über Symmetrien in der Natur oder die Annahme, daß in unserem Universum kein ausgezeichneter Punkt (Mittelpunkt) und keine ausgezeichnete Richtung (Achse) existieren. Die Natur muß »denkästhetisch schön« – muß einfach sein. Da gibt es eine Reihe von »Naturkonstanten«, wie z. B. die Lichtgeschwindigkeit, die Gravitation, das Wirkungsquantum – alles Größen, die hier und *jetzt* gemessen wurden. Die Wissenschaft *nimmt an*, daß sich überall im Universum jederzeit die gleichen Werte messen ließen. Deswegen spricht sie von Natur-*Konstanten.* Aber tatsächlich kann niemand wissen, ob das so ist. Es gibt schon heute Ansätze, die solche Konstanz in Frage stellen.

Die Überzeugungskraft einer kosmologischen Theorie hängt also allein davon ab, wie einleuchtend einerseits ihre Grundannahmen sind und welche Beobachtungsdaten sich andererseits zwanglos im Rahmen der Theorie erklären lassen.

2

Schöpfung heißt Vereinigung.
Teilhard de Chardin

Von Wasserstoff und Sonnen

Nachdem wir in unserer Gedankenreise zu den Grenzen menschlichen Wissens den Horizont abgesteckt haben, innerhalb dessen alle Evolution abläuft, wollen wir uns jetzt dem Bereich des Allerkleinsten zuwenden. Wir wollen die Materie betrachten, aus der dieses unermeßliche Weltall aufgebaut ist.

Es wurde schon erwähnt, daß eine Zerlegung des Lichts ferner Himmelskörper in Spektralfarben Auskunft geben kann über deren atomare Zusammensetzung. Man kann also die Frage stellen: Aus welchen chemischen Elementen besteht die Materie des Universums? Sind es die gleichen, die auf unserem Planeten vorkommen, oder sind es andere?

Kosmische Einheitlichkeit bestätigt sich auch hier. Wir erkennen überall im Weltall die gleichen Atome, die Chemiker und Geologen auch auf unserem Planeten entdeckt haben. Das periodische System der Elemente, das Ordnung in die Fülle der stabilen Atome bringt, gilt offenbar im gesamten Universum.

Trotzdem wartet eine Überraschung auf uns. Bestimmen wir nämlich die Häufigkeiten, mit der die einzelnen Atomarten vorkommen (siehe die Tabelle auf der folgenden Seite), so erkennen wir, daß unser Universum zu fast 99,9 % aus nur zwei Elementen besteht: Wasserstoff und Helium. Wir leben in einem Wasserstoff-Helium-Universum, in dem alle anderen Elemente eigentlich nur »Verunreinigungen« sind.

Nun ist das Wasserstoff-Atom das einfachste mögliche Atom. Es besteht aus einem Proton, dem Atomkern, und einem einzigen darum »schwingenden« Elektron. Helium seinerseits ist das zweiteinfachste aller Elemente, bei dem zwei Elektronen um einen Atomkern »schwingen« (vgl. Abb. S. 49.) Das Universum besteht also fast nur aus den beiden einfachsten Atomarten.

Die relativen Häufigkeiten der Atomarten im Universum		
Es entfallen auf je	1 000 000	Atome Wasserstoff
	160 000	Atome Helium
	700	Atome Sauerstoff
	600	Atome Neon
	300	Atome Kohlenstoff
	100	Atome Stickstoff
	30	Atome Silizium
	30	Atome Magnesium
	20	Atome Schwefel
	10	Atome Eisen
	5	Atome Argon
	2	Atome Natrium
	2	Atome Aluminium
	2	Atome Calzium
weniger als	1	Atom aller anderen Elemente

Da uns Evolution interessiert, taucht sofort eine Frage auf: Bestand diese atomare Zusammensetzung des Universums »von Anfang an«, und bleibt sie in alle Zukunft so erhalten, oder finden Veränderungen statt – werden etwa kompliziertere Atome aufgebaut aus Wasserstoff? Um eine Antwort zu erhalten, müssen wir uns die »Lebensgeschichte« von Sternen ansehen.

Die Astrophysik hat mit verschiedenen Methoden den Lebenslauf von Sternen ergründen können. Er beginnt mit riesigen turbulenten Gaswolken aus Wasserstoff und etwas kosmischem Staub aus Explosionen früherer Himmelskörper. Durch Kräfte der Massenanziehung verdichten sich solche Nebel allmählich zu einer sich langsam drehenden Wolke, die sich schließlich zu einem dichten Gasball zusammenzieht, der dabei in schnellere Rotation geraten muß, wie jeder Schlittschuhläufer weiß, der die Arme eng an den Körper legt, um eine Pirouette zu drehen (Erhaltung des Drehimpulses).

Die durch Gravitation ins Innere des Gasballs fallenden Atome stoßen aufeinander, und aus der Energie ihres Falls wird Wärmeenergie. Das Zentrum wird glühend heiß, und je mehr der Stern wächst – je mehr Atome hineinstürzen, desto mehr erhitzt er sich. Ist die Gasmasse groß genug, so steigt die Temperatur bis zu dem kritischen Wert von etwa einer Million Grad.

Dies ist eine hochdramatische Situation und die eigentliche Geburtsstunde des neuen Sterns. Bei etwa dieser »Zündungs«-Temperatur nämlich beginnt zuerst langsam, dann schneller ein anderer Prozeß den Stern aufzuheizen. Eine neue Energiequelle öffnet sich. Im Innern des heißen Gasballs prallen die Kerne der Wasserstoff-Atome mit solcher Wucht aufeinander, daß eine Kernreaktion, ein Verschmelzen der Wasserstoffkerne eintritt – ein Geschehen, das der Explosion einer Wasserstoffbombe ähnlich ist. Ungeheure Energie wird frei. Wir werden gleich auf die Einzelheiten dieser Kernfusion zurückkommen. Zunächst aber wollen wir sehen, was aus dem glühenden Gasball wird.

Die durch Kern-Reaktionen im Zentrum des Sterns erzeugte Wärme drängt als Strahlung nach außen und wirkt so dem Gravitationsdruck der Gasmassen entgegen. Je größer der Gasball ist, je mehr Masse also von außen drückt, desto heißer wird das Sterninnere. Mit steigender Temperatur aber wächst die Häufigkeit der Kern-Reaktionen, deren Hitze dem Außendruck entgegenwirkt. So stellt sich ein Gleichgewicht ein, bei dem der Stern in seinem Inneren gerade so viel Wärme durch Kernenergie erzeugt (die von seiner Oberfläche abgestrahlt wird), wie nötig ist, um den Gravitationsdruck auszugleichen. Der glühende Gasball zieht sich nicht weiter zusammen – der Stern ist stabil geworden.

Kleine Sterne werden weniger heiß als große, weil schon wenig Energieerzeugung im Innern ausreicht, um den geringeren Gravitationsdruck der kleineren Gasmasse auszugleichen. Sie verbrauchen ihre Kernenergie also langsamer. Sie glühen dunkelrot und brennen ungeheuer lange (rote Zwerge), vielfach länger als z. B. unsere Sonne. Diese ist ein mittelgroßer und daher heißer Stern, der heller leuchtet (»gelbe Mittelsorte«) und seinen Energievorrat schneller verbraucht. Unsere Sonne wird in circa 5 Milliarden Jahren, wenn ihr atomarer Brennstoff zu »Asche« geworden ist, in eine kritische Phase kommen.

Noch viel heißer und entsprechend kurzlebiger sind die »blauen Riesen«. Ihre große Masse bewirkt einen schnellen Verbrauch ihrer Kernenergie. Man findet nur recht wenige von ihnen, da man nur diejenigen entdecken kann, die »vor kurzem« geboren wurden und daher jetzt noch leuchten. Alle älteren sind längst erloschen. Dagegen leuchten bei den kleineren, gelben und roten Sternen junge, mittelalte und sehr alte noch gleichermaßen.

Dieses Kapitel hätte auch »Der Anfang des roten Fadens« heißen können, denn wir werden jetzt mit den Kern-Reaktionen im Innern von Sternen den Beginn des Prozesses behandeln, der uns durch das ganze Buch beschäftigen wird: den Aufbau komplexer Einheiten aus einfachen Bausteinen.

Die »Elementarteilchen« sind die kleinsten Bausteine, aus denen alle Materie besteht. (Auch wenn sie selbst – wie die Physik heute diskutiert – nochmals zusammengesetzt wären aus »Quarks«*, würde das nichts an der Argumentation dieses Buches ändern.) Man kennt eine größere Zahl von Elementarteilchen, die miteinander reagieren und sich auch spontan in andere Teilchen umwandeln können. Die drei wichtigsten – weil gegen solche Umwandlung weitaus stabilsten – sind:

---

* Ein Phantasiename für noch unbewiesene Untereinheiten von Elementar-Partikeln.

das *Proton*, das den Kern eines Wasserstoffatoms bildet und fast die ganze Masse dieses Atoms trägt. Seine elektrische Ladung wird als Einheit der Ladung überhaupt benutzt und hat daher den Wert 1, seine mittlere Lebensdauer – also die Zeit bis zu seiner Umwandlung – beträgt 10^{35} Sekunden. Das ist 200 000 000 000 000 000 mal länger als das bisherige Alter des Universums ($5 \cdot 10^{17}$ Sekunden).

das *Elektron*, das nur circa 1/2000 der Masse eines Protons besitzt und eine gleich große, aber negative Ladung, also −1, ist das zweitstabilste Elementarteilchen. Es hat 10^{28} Sekunden Lebensdauer. (Das sehr kurzlebige »Positron« ist wie ein Elektron, jedoch mit positiver Elementarladung.)

das *Neutron*, etwa von gleicher Masse wie das Proton, hat keine Ladung und ist das drittstabilste Teilchen, obwohl seine mittlere Lebensdauer nur 8 Minuten beträgt.

(Das viertstabilste μ-Meson lebt bis zur Umwandlung im Mittel nur 10^{-6} Sekunden, alle anderen noch kürzer.)

Neutronen und Protonen sind die Bausteine der Atomkerne. Protonen können sich in Neutronen umwandeln (und umgekehrt). Dabei wird Energie verbraucht (bzw. freigesetzt) und ein Positron (bzw. Elektron) ausgestoßen.

Wichtig für unsere Betrachtung ist schließlich noch

das *α-Teilchen*, das einen hochstabilen Verband aus 2 Protonen und 2 Neutronen darstellt und den Kern des Helium-Atoms bildet.

Damit haben wir die Hauptbeteiligten am Urprozeß der Kernenergie-Erzeugung kennengelernt und können unser Interesse wieder dem Innern eines Sterns zuwenden:

Unter dem Riesendruck der Gravitation und der dadurch bedingten hohen Temperatur sind die Wasserstoffatome des Gasballs übergegangen in eine Art flüssigen Zustand (Plasma), bei dem sich alle Elektronen und Protonen frei gegeneinander bewegen. Erreicht das Plasma eine Temperatur von etwa einer

Million Grad – und an dieser Stelle, *mit diesem Satz beginnt der rote Faden* –, so prallen gelegentlich 2 Protonen mit solcher Wucht zusammen, daß sich eines in ein Neutron umwandelt und zugleich – und das ist das Entscheidende – beide Teilchen zu einem einzigen Atomkern verschmelzen. Dieser ist stabil, obwohl *einzelne* Neutronen sich schnell in Protonen umwandeln. Ohne diese bedeutsame Stabilisierung von Neutronen durch die Verbindung mit Protonen gäbe es keine Evolution.

Bei einem Zusammenstoß mit einem dritten Proton nimmt der neu entstandene Kern auch dieses in seinen Verband auf. Dabei wird Energie abgestrahlt. Der Atomkern aus jetzt drei Teilchen aber reagiert noch weiter: Beim Zusammenstoß mit einem gleichen Dreier-Kern entsteht unter Abgabe von 2 einzelnen Protonen der Kern eines Helium-Atoms, nämlich das eben erwähnte α-Teilchen. Auch hierbei wird Energie freigesetzt.

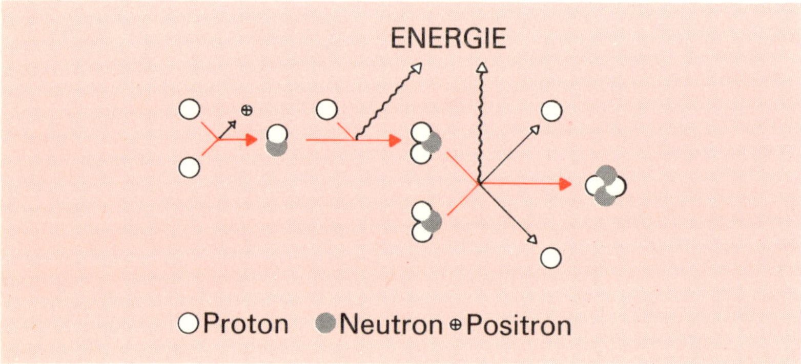

Dieser sogenannte Proton-Proton-Zyklus ist also ein Vorgang, an dem insgesamt 6 Wasserstoff-Kerne beteiligt sind, von denen 4 unter Abgabe einer Energiemenge von circa 24 MeV zu einem Heliumkern verschmolzen werden. Dieser Prozeß bringt Sterne zum Leuchten und ist der Urbeginn aller Evolution. Er ist die erste Stufe einer langen Entwicklungskette im Aufbau von Komplexität.

3

Indessen wird alles durch allgemeine Gesetze bestimmt, welche die Natur durch die Verbindung ihrer ursprünglich eingepflanzten Kräfte bewirkt.

Kant

Ihr Leuchten ist Evolution

Wenn man das Mengenverhältnis von Protonen zu α-Teilchen in der Sonne bestimmt und die pro Sekunde von ihr abgestrahlte Energie mißt, so kann man aus der Kenntnis der Kernprozesse das Alter der Sonne berechnen, d. h. den Zeitpunkt ihrer Kondensation aus einem Nebel von Wasserstoffgas. Wir erhalten so ein Sonnenalter von etwa 4,6 Milliarden Jahren. Praktisch ebenso alt ist – wie ganz andere Messungen bestätigen – das Planetensystem, zu dem unsere Erde gehört.

Noch ist nicht völlig geklärt, wie Planetensysteme entstehen. Die alte Theorie, daß ein vorbeifliegender Stern Teile der Sonne herausgerissen hat, ist ziemlich sicher falsch. Man nimmt heute an, daß die Urwolke unseres Sonnensystems schnell rotierte und wie eine große Zentrifuge vor allem die schweren Atomkerne in der Äquatorebene ihrer Rotation herausgeschleudert hat. Der zentrale Teil, der sich zur Sonne verdichtete, rotierte dadurch langsamer (umgekehrter Schlittschuhläufer-Effekt), während die außen kreisende Materie sich zu Planeten zusammenzog, die in der Äquatorebene der Sonne ihre Bahn ziehen.

Da die Sonne erst einen kleinen Teil ihrer Protonenvorräte verbraucht hat, könnte sie eigentlich noch viele Milliarden Jahre in gewohnter Form auf uns herabstrahlen. Ganz so lange wird sie jedoch nicht im Gleichgewicht bleiben. »Schon« in ca. 4–5 Milliarden Jahren nämlich muß – wie Astrophysiker berechnen – die Sonne in eine kritische Phase eintreten.

Der Grund für solche Instabilität nach Milliarden Jahren gleichmäßigen Brennens ist die Anhäufung der »Asche«, d. h. der bei den Kernreaktionen entstandenen Heliumkerne. Diese Asche sammelt sich infolge ihrer größeren Dichte im Zentrum des Gasballs an. Dadurch verlagert sich die Haupt-Brennzone langsam nach außen. Wie bei der ersten »Zündung« erzeugt der immer tiefere Fall der neuen Heliumkerne in die Sternmitte dabei *zusätzliche* Wärme, die nach einer langen Dauer stabilen Brennens dann nicht mehr schnell genug abgestrahlt werden kann. Das bringt den Stern aus dem Gleichgewicht, da mit steigender Innentemperatur auch die Häufigkeit von Kernreaktionen selbst lawinenartig anwächst und so noch mehr Hitze erzeugt wird. Der Druck der Wärme-Strahlung aus dem Inneren wird viel größer als der Gravitationsdruck der äußeren Sternschichten, und das bläht den Gasball zu enormer Größe auf. Er schwillt an zu einem »roten Riesen«.

In dessen Innern läuft der Verbrauch der Protonenvorräte immer schneller ab. Die Temperatur steigt, und die Heliumasche häuft sich. Das Ganze ist aber nur das Vorspiel zu der Zündung eines neuen Kernprozesses, der bei etwa 110 Millionen Grad einsetzt. Jetzt wird die bisherige »Asche« neuer Brennstoff. Jetzt nämlich vereinigen sich Heliumkerne – unter weiterer Energieabgabe – zu komplexeren Gebilden.

Beachtenswerterweise ist eine dauerhafte Verbindung von zwei Heliumkernen nicht möglich. Sie trennen sich schnell wieder. Erst wenn bei hoher Temperatur häufig solche Paare gebildet werden, besteht die Chance, daß vor deren Trennung noch ein drittes α-Teilchen aufprallt. Dann aber verbinden sich die drei Heliumkerne *stabil* zu einem Kohlenstoffkern (vgl. Abb. auf folgender Seite).

Damit ist wieder eine Schwelle überschritten: Der Kohlenstoffkern fängt recht bald ein weiteres α-Teilchen und wird zum Kern eines Sauerstoffatoms. Dieser wird durch Aufnahme noch eines α-Teilchens zu einem Neonkern. Durch Zufügung erst eines, dann eines zweiten Protons entsteht andererseits aus Kohlenstoff auch der Kern des Stickstoffatoms. (Man vergleiche dieses schrittweise Einsetzen neuer Kernreaktionen mit den Häufigkeiten der Elemente in der Tabelle von Seite 36. Je weiter vorn in der Aufbaukette sie liegen, desto größer ist die Häufigkeit der Atomkerne.) Der rote Faden der Evolution, d. h. der Aufbau komplexer Einheiten aus einfacheren Bauelementen, ist ein Stückchen weitergewachsen.

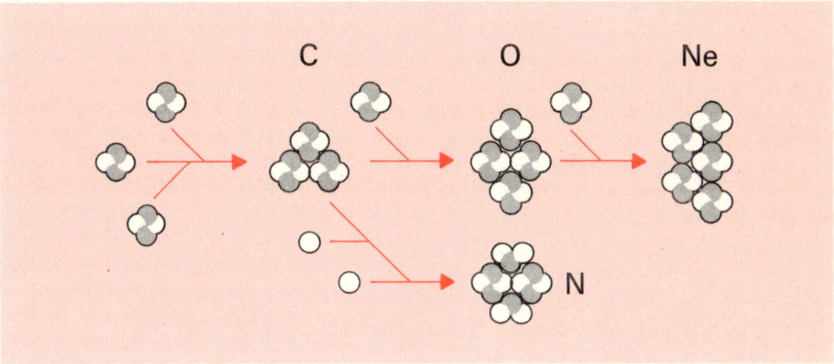

All diese Kernverschmelzungen erzeugen zusätzliche Wärme. Die Temperatur steigt. Bei etwa 800 Millionen Grad kann auch der Neonkern ein weiteres α-Teilchen aufnehmen. Es entsteht so ein Magnesiumkern. Bei etwa 1500 Millionen Grad bilden sich auch Kerne von Silizium, Aluminium, Schwefel und Phosphor. Eine große Zahl verschiedener Kernprozesse läuft jetzt nebeneinander ab. Das Innere des Sterns wird dabei immer heißer. Immer komplexere Atomkerne werden gebildet.

Je vielfältiger die Prozesse werden, desto schwieriger ist es, Voraussagen über das Gesamtgeschehen im Stern zu machen. Offenbar kommt es bei bestimmten Zuständen zu Pulsationen, d. h. zu rhythmischen Ausdehnungen und Kontraktionen des Gasballs, die sich in einer wechselnden Helligkeit des Sterns widerspiegeln. Oberflächenschichten des Sterns können dabei als Gaswolken abgestoßen werden.

Wenn alle Kernenergie des aufgeschwollenen roten Riesen verbraucht ist, fällt der Gasball unter dem Einfluß der Gravitation wieder zusammen. Er schrumpft zu viel kleinerer Größe, als er vor dem Aufblähen hatte. Ein Stern von der Masse der Sonne verdichtet sich durch seine eigene Gravitation auf etwa die Größe unserer Erde. Nur die elektrostatische Abstoßung der positiv geladenen Atomkerne verhindert, daß diese eng an eng zusammengepreßt werden. Die Dichte des Sterns ist millionenfach größer als die von Wasser. Noch leuchtet dabei ein solcher »weißer Zwerg«. Aber langsam wird er erkalten und verlöschen.

Nicht immer jedoch geht das Sternendasein so undramatisch zu Ende. Wenn Sterne nämlich etwas größer sind als unsere Sonne, kommt es zu einer gewaltigen Explosion. Diese wird sichtbar als Aufleuchten eines neuen, überhellen Sterns. Er ist für kurze Zeit einige hundert Millionen mal heller als die Sonne. Das schönste Beispiel für eine derartige »Super-Nova« wurde am 4. Juli 1054 in China beobachtet. Sie war für ein Jahr sogar am Tage sichtbar. Dank der genauen Angaben chinesischer Astronomen können wir heute diese Stelle am Himmel wiederfinden. Man erkennt dort den sogenannten Krebs-Nebel, das Überbleibsel der Sternexplosion, der – wie ein Vergleich mit 50 Jahre alten Fotos zeigt – noch heute schnell auseinanderfliegt. Errechnet man aus dieser Bewegung den Zeitpunkt der Explosion, so ergibt sich tatsächlich etwa das Jahr 1054.

Bisher wurden in unserer Galaxie Reste von etwa 120 Super-Novae entdeckt. Sieben dieser Explosionen wurden in historischen Aufzeichnungen aus den Jahren 185, 393, 1006, 1054, 1181, 1572 und 1604 – die älteren meist durch chinesische Astronomen – beschrieben.

Erst vor einigen Jahren ist wahrscheinlich geworden, daß der »Gravitations-Kollaps« die Ursache solcher Explosionen ist. Bei Sternen größerer Masse nämlich geht am Ende ihres Daseins die Schrumpfung noch über den Zustand eines weißen Zwerges hinaus. Der Druck im Inneren ist so groß, daß die Elektronen in die Atomkerne »hineingedrückt« werden, wobei sich alle Protonen in Neutronen verwandeln. Dadurch verschwindet ihre Fähigkeit, sich (durch ihre Ladung) gegenseitig abzustoßen, und der ganze Stern fällt in sich zusammen. Er wird nochmals fast millionenfach dichter als weiße Zwerge. Die dabei schlagartig entstehende ungeheure Wärme löst die Explosion aus, die bis zu 90 % der Sternmasse als Staub- und Gaswolken in den Raum schleudert.

Im Zentrum der Explosion zurück bleibt ein überdichter »Neutronenstern« von winziger Größe (wenige Kilometer Durchmesser). Dieser rotiert bis zu 100mal pro Sekunde (»Schlittschuhläufer-Effekt«) um die eigene Achse und sendet dabei Radiowellen aus. »Pulsare« sind solche schnell rotierenden Neutronen-Sterne, jeder der Rest einer Super-Nova. Einer von ihnen steht genau im Zentrum des Krebs-Nebels.

Viele Astrophysiker nehmen an, daß es außer weißen Zwergen und Neutronensternen einen dritten, noch recht rätselhaften Endzustand für einen ausgebrannten Stern gibt. Sie nennen diesen Zustand ein »schwarzes Loch«. Es soll einem Neutronenstern ähnlich sein, nur aus mehr und *noch* weiter verdichteter Materie bestehen, die eine so extrem starke Massenanziehung ausübt, daß keine Materie – ja nicht einmal Licht oder Radiowellen – je das Gravitationsfeld eines schwarzen Loches verlassen können. Es ist daher überhaupt nur an seiner Massenanziehung erkennbar.

Welchen Verlauf das Schicksal großer Sterne auch nehmen mag, ein Teil ihrer Materie wird in der Endphase ihres Leuchtens wieder in den Raum geschleudert. Ein anderer Teil der atomaren Asche scheint für immer in verloschenen weißen Zwergen, in Neutronensternen oder gar schwarzen Löchern begraben zu sein. Offenbar hat diese Materie ihre Aufgabe für die Evolution zunächst erfüllt.

Wir hatten vor der Betrachtung des Lebenslaufs von Sternen die Frage gestellt, ob zu Beginn des Universums Materie nur in Form von Elementarpartikeln vorlag und alle komplizierteren Atomkerne erst im Laufe der Zeit entstanden sind oder ob die jetzt beobachtete atomare Zusammensetzung unveränderlich von Anbeginn an existiert hat. Jetzt wissen wir, daß tatsächlich in allen leuchtenden Sternen durch Kernreaktionen Protonen zu immer komplexeren Atomkernen vereinigt werden. Der Anteil der höheren Atomkerne war also vor Milliarden von Jahren sicher kleiner als heute.

Diesen Schluß bestätigen Sternhaufen in der näheren Umgebung unserer Galaxie, die sich aus vielerlei astronomischen Gründen schon früher aus Gasnebeln gebildet haben müssen als die Sterne der Spiralarme. Da im Laufe der Jahrmilliarden durch Sternexplosionen der Anteil höherer Atomkerne in den kosmischen Gaswolken langsam ansteigen muß, werden auch Sterne um so mehr davon enthalten, je später sie sich bilden.

Tatsächlich zeigen die Spektrallinien der alten Sternhaufen auch bis zu 200mal weniger höhere Atome als die der später geborenen Sterne, wie z. B. unsere Sonne und ihr Planetensystem. Man spricht direkt von Sternen zweiter und dritter Generation und meint damit, daß deren Materie in früherer Zeit schon Teil anderer Sterne war. Durch Super-Nova-Explosion wieder freigesetzt, konnte sie nochmals zur Bildung neuer Sterne benutzt werden.

Auch alle Materie unseres Planeten, der fast nur aus höheren Atomkernen besteht, stammt also aus Sternen, die vor mehr als 5 Milliarden Jahren explodierten. Das heißt aber auch, daß – vom Wasserstoff abgesehen – *alle Atome, aus denen unser menschlicher Körper besteht*, vor Jahrmilliarden durch Kernprozesse in irgendwelchen riesigen Sternen gebildet wurden und dann teilgenommen haben an solchen gigantischen Urereignissen – irgendwo – irgendwann in der Jugend unserer Galaxie. Jedes höhere Atom von uns ist so das Produkt einer Evolution, die uns eng mit dem früheren Geschehen des Kosmos verbindet. Auch diese Erkenntnis gehört zum Selbstverständnis des Menschen.

Wir haben gesehen, wie Elementarteilchen sich unter geeigneten Bedingungen, z. B. im Inneren von Sternen, spontan zusammenschließen zu Gebilden höherer Ordnung: den Atomkernen der chemischen Elemente. Diese binden dann entsprechend ihrer Kernladung Elektronen an sich, sobald Temperatur und Druck (z. B. nach einer Sternexplosion) abgesunken sind, und formieren sich zu den Einheiten, die wir Atome nennen.

Wenn es auch heute noch nicht möglich ist, für alle 92 stabilen Elemente den tatsächlichen Hauptweg ihrer Entstehung durch das Netzwerk der einzelnen Kernreaktionen anzugeben, so besteht doch kein Zweifel, daß alle im Universum vorgefundenen höheren Atomarten durch solche Prozesse entstanden sind.

Damit haben wir die erste Stufe der Evolution erreicht. Elementarteilchen werden zusammengefügt zu Einheiten einer höheren Ebene, zu Atomen.

Wir wollen diesen Prozeß eine *»Integration«* nennen und damit zum Ausdruck bringen, daß die aufgebauten Strukturen *neue Ganzheiten* geworden sind, die *neue Eigenschaften* gewonnen haben – Eigenschaften, die sie als Ganzes zu mehr machen als zu einer einfachen Ansammlung ihrer Bestandteile. Diesen Vorgang – diesen Anfang des roten Fadens – wollen wir symbolisieren durch folgende Schreibweise:

$\int$ Elementarteilchen → Atom

Dieses in so wenigen Worten darstellbare, so unbedeutend wirkende Resultat eines astrophysikalischen Riesenprozesses wächst aus einer Anfangssituation des Universums, die in letzter Konsequenz dem menschlichen Verständnis wohl für immer verschlossen bleibt. Aus diesen Anfangsbedingungen heraus entfaltet sich jedoch eine Entwicklung ungeahnter Komplexität. Sie ist die Folge der wundersamen Eigenschaften der Materie. Die von der Natur vorgegebenen Wechselwirkungen zwischen den Elementarpartikeln bewirken solche Evolution. Bindungskräfte zwischen Protonen und Neutronen, Kräfte der Gravitation, der elektrostatischen Anziehung und Abstoßung, Zündungstemperaturen von Kernreaktionen – selbst eine Konsequenz der Wechselwirkungen zwischen Protonen und Neutronen innerhalb von Atomkernen – und andere Eigenschaften von Materie, Raum und Zeit sind zusammenwirkende Ursachen dieses Geschehens.

4

Die scheinbare Freiheit der Atome unterwirft sich der allgemeinen Harmonie der Natur.

Mendelejew

Katalyse – der Zauberstab der Chemie

Die neuen Einheiten der ersten Integration, die 92 relativ stabilen Elemente der Chemie, liegen jetzt also vor uns. Sie unterscheiden sich voneinander durch die Zahl von Protonen und Neutronen ihrer Atomkerne und durch die Zahl der Elektronen, die eine »Ladungswolke« um den Kern bilden. Nach der etwas altmodischen, aber dafür anschaulichen Beschreibung der Physik gibt es feste Umlaufbahnen für Elektronen um den Kern. In der bevorzugten inneren Bahn haben nur 2 Elektronen Platz, die zweite Bahn kann 8 Elektronen aufnehmen usw. Solche Einschränkungen ergeben sich aus den Eigenschaften der Elementarpartikel. Sie sind die zwangsläufige Folge der Struktur der Materie.

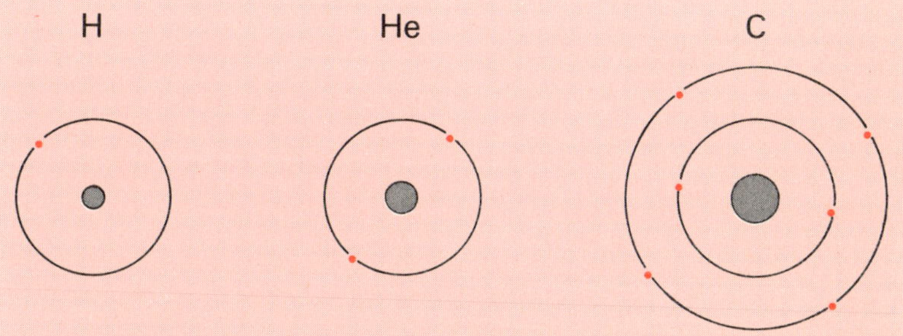

Modell der Atome von Wasserstoff, Helium und Kohlenstoff
grau: der viel zu groß gezeichnete Atomkern
rot: die Elektronen.

Mit der Bildung der Atome hätte sich die Tendenz der Natur, aus einfachen Bausteinen Komplexität zu formen, durchaus erschöpfen können. Es hätte dann niemals lebende Organismen gegeben und niemals Menschen, die über das Phänomen der chemischen Bindung nachdächten.

Atome besitzen nun aber die Eigenschaft, miteinander Bindungen einzugehen. Einen solchen Verband aus zwei oder mehr Atomen nennt man ein »Molekül«. Nicht alle Arten von Atomen sind zu solchen Bindungen fähig – aber fast alle. Die Ausnahme sind die sogenannten Edelgase (z. B. Helium oder Neon) mit nur vollbesetzten Elektronenbahnen: Helium hat zwei Elektronen (innerste Bahn ist gefüllt), Neon hat zehn, was die innere (zwei) und die zweite Bahn (acht) komplett macht und so weiter. Es sind offenbar die Elektronen und ihre Bahneinteilungen, die die entscheidende Rolle bei der wechselseitigen Bindung von Atomen spielen. Sehen wir uns einige Beispiele einfacher Moleküle an:

HH	(oder H_2)	symbolisiert ein Molekül aus 2 Wasserstoffatomen,
HOH	(oder H_2O)	das Wassermolekül aus einem Sauerstoff- und zwei Wasserstoffatomen,
OCO	(oder CO_2)	Kohlendioxyd und
H HCH H	(oder CH_4)	Methan.

Die schematischen Bilder solcher Moleküle (oben auf der folgenden Seite) veranschaulichen das Grundprinzip der chemischen Bindung zweier Atome, die darin besteht, ein *Paar* von Elektronen zum *gemeinsamen* Besitz beider Atome zu machen. Durch gegenseitiges »Ausleihen« werden die Bahnen beider Atome gerade voll besetzt mit 2 bzw. 8 Elektronen – ein bevorzugter Zustand, der sich spontan einstellt. Der Chemiker nennt dies eine »kovalente« Bindung.

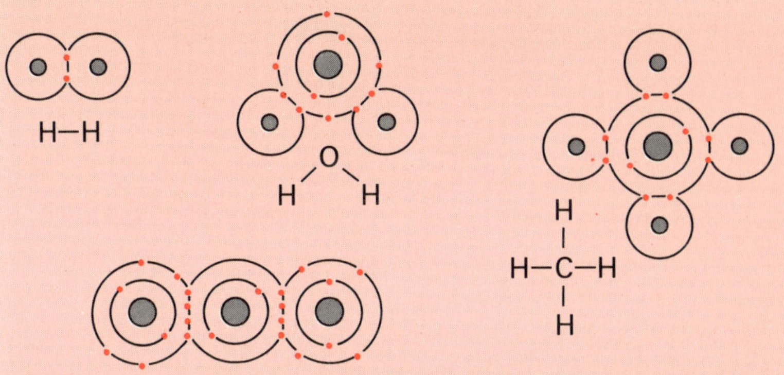

Kovalente Bindungen bestehen in je einem gemeinsamen Elektronenpaar

Diesem Prinzip entsprechend suchen sich Atome Art und Zahl ihrer Partner aus. Ein stabiles, in sich »abgeschlossenes« Molekül liegt immer dann vor, wenn alle zusammengelegten Elektronenbahnen voll besetzt sind. In den Formeln der Chemie wird ein solches Paar von Elektronen, das gleichzeitig zu zwei Atomen gehört, mit einem Strich zwischen den Symbolbuchstaben der Atome dargestellt.

Schon in kosmischen Nebeln finden sich passende Atome zu Molekülen zusammen. Sie können mit Radioteleskopen an ihren Spektren (im cm-Wellenbereich) identifiziert werden. Es werden immer neue und kompliziertere Moleküle in interstellaren Wolken entdeckt. Unter ihnen sind z. B.:

die Blausäure H—C≡N, der Formaldehyd 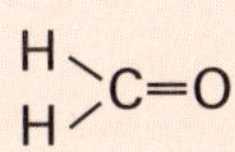

oder das Methylacetylen 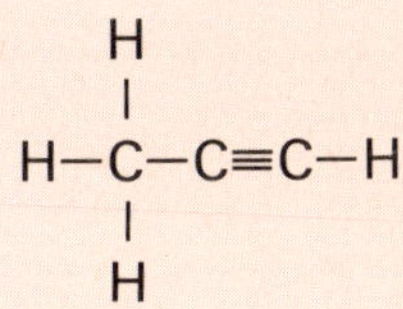

oder (aus bereits je neun Atomen bestehend) der Äthylalkohol und der Dimethyläther (Strukturformeln auf S. 66).

Die Tendenz zur chemischen Bindung schlägt sich bei der Zusammenballung von Atomen zu kalten Himmelskörpern (wie unserer Erde) in einer Fülle verschiedener Substanzen nieder.

Wie beim Aufbau von Atomkernen aus Elementarteilchen wird auch bei der Bildung von Molekülen aus Atomen Energie frei und in Form von Wärme an die Umgebung abgegeben. Die Menge dieser Wärmeenergie ist charakteristisch für jedes Molekül. Sie ist aber durchweg millionenfach kleiner als bei den in Kapitel 2 und 3 besprochenen Kernprozessen. Daher ist die Explosionswirkung von thermonuklearen Bomben so viel größer als die klassischer Bomben, die ihre Energie aus chemischen Reaktionen beziehen.

Um die Bindung eines Moleküls aufzubrechen, muß ihm mindestens die Energiemenge zugeführt werden, die bei seinem Zusammenschluß freigesetzt wurde. Da unter natürlichen Bedingungen solche Energie auf der Erdoberfläche nur selten zur Verfügung steht, sind Moleküle meist stabil. Selbst in einem Knallgasgemisch aus Wasserstoff und Sauerstoff passiert bei normalen Temperaturen nichts, da alle H_2 bzw. O_2 Moleküle in sich abgesättigte Bindungen haben. Ein Zündfunke jedoch bringt das Gemisch zur Explosion. Im Bereich der hohen Temperatur des Funkens nämlich werden die bestehenden Bindungen der Moleküle aufgebrochen. Dadurch können sich je zwei Wasserstoffatome mit je einem Sauerstoffatom zu einem Molekül Wasser vereinigen. Da hierbei mehr Energie freigesetzt wird, als zum Aufbrechen der beteiligten Moleküle nötig war, entsteht Hitze, von der weitere H_2 und O_2 Moleküle zerlegt werden, die jetzt ihrerseits zu Wasser reagieren. Der Prozeß heizt sich also selbst auf, und die gesamte Gasmenge wird unter Hitzeentwicklung zu Wasser umgesetzt (Knallgas-Explosion).

Für jede chemische Reaktion, d. h. Bildung neuer Moleküle aus anderen, müssen also zunächst Bindungen der Ausgangsmoleküle geöffnet werden. Erst dadurch kommen die beteiligten Partner in die Lage – meist unter Wärmeabgabe –, andere, gewöhnlich festere Bindungen einzugehen.

Allein die Fähigkeit der Atome, Bindungen zu schließen, würde jedoch die Komplexität im chemischen Bereich kaum zu wirklich großen Molekülen bringen. Die prinzipielle Begrenzung liegt in folgender Schwierigkeit: Um Moleküle reaktionsfähig zu machen, müssen ja zunächst Bindungen durch Energiezufuhr geöffnet werden. Wird einem Molekül jedoch Energie zugeführt, so lockern sich *alle* Bindungen des Moleküls. Je größer das Molekül schon ist, desto eher wird es also an *irgendwelchen* schwachen Stellen auseinanderfallen und in Teile zerbrechen, statt sich weiter zu vergrößern. Moleküle könnten demnach über eine gewisse Zahl von beteiligten Atomen gar nicht hinauswachsen*. Die Natur hat jedoch einen Weg, diese Begrenzung zu durchbrechen. Der Mechanismus heißt »Katalyse«:

Außer der eigentlichen chemischen Bindung durch gemeinsame Elektronenpaare gibt es noch schwächere »Anlagerungs-Bindungen« (Nebenvalenzen). Wir können die recht komplizierten Einzelheiten solcher Arten von Zusatzbindungen hier beiseite lassen. Wichtig für unsere Betrachtung der Katalyse ist nur, daß schwache Anlagerungsbindungen dann bemerkbar werden, wenn zwischen zwei molekularen Oberflächen ein räumliches Zusammenpassen besteht (rot markierte Stellen in der Abbildung).

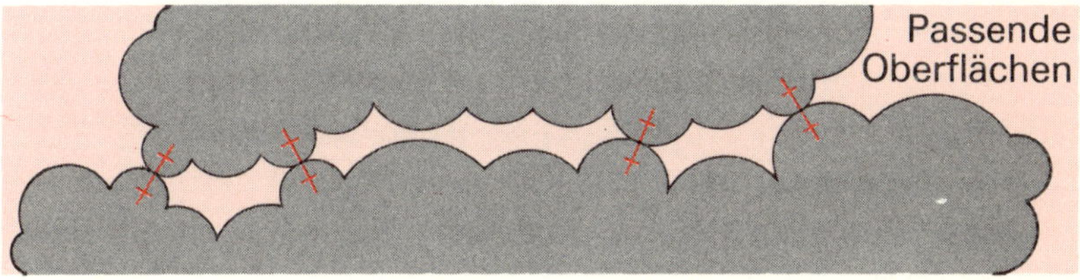

* Üblicherweise werden auch Kristalle als riesige Moleküle betrachtet. Warum wir sie hier unbeachtet lassen, wird im nächsten Kapitel deutlich werden.

Eine oder auch zwei Anlagerungsbindungen sind jedoch viel zu schwach, um etwa zwei kleinere Moleküle länger zusammenzuhalten. Nur bei großen (biologischen) Molekülen, die wir in unserer Darstellung des Aufbaus von Komplexität noch gar nicht erreicht haben, sind solche Anlagerungsbindungen dauerhaft, weil dann die Summe *vieler* schwacher Bindungen insgesamt doch einen festen Zusammenhalt sichern kann.

Kleinere Moleküle können sich jedoch – sei es als Gas, sei es gelöst in Wasser – *vorübergehend* an *passende* Oberflächen anlagern. Wenn das Passen dabei recht gut, aber nicht vollkommen ist, werden solche Moleküle oder Teile von ihnen – um es bildhaft zu sagen – etwas verzerrt. Diese Verzerrung erlaubt es, daß davon betroffene Bindungen (Elektronenpaare) sich leichter öffnen und in neuer Weise mit einem Partnermolekül zusammenschließen. Damit werden chemische Reaktionen möglich, die bei niedrigen Temperaturen (die den Zusammenhalt des ganzen Moleküls nicht gefährden) gar nicht ablaufen dürften. Die »katalysierende« Oberfläche, die selbst nicht direkt an der Reaktion teilnimmt, hat durch die Verzerrung von Molekülen unmöglich Scheinendes möglich gemacht.

So löst feinverteiltes Platin die Knallgas-Explosion schon bei Zimmertemperatur aus. Platin »katalysiert« die Reaktion. Metalle, Halbleiter oder isolierende Substanzen können für bestimmte chemische Reaktionen als Katalysatoren dienen – keinesfalls für alle. Bestimmte Moleküle werden eben nur an bestimmten, molekular passenden Oberflächen gerade so verzerrt, daß ihre Reaktion möglich wird. Auch sehr große Moleküle können so »schonend«, d. h. ohne Gefahr eines Zerbrechens an anderer Stelle, durch Katalyse zusammengefügt werden. Ohne Katalyse (die selbst für die Entstehung interstellarer Moleküle vermutet wird) wären Vielfalt und Größe von Molekülverbänden recht bescheiden geblieben.

Die Natur hat später – in der *biologischen* Evolution – dieses Prinzip der Katalyse zur Perfektion gebracht. Da für bestimmte Reaktionen bestimmter Moleküle ganz spezifische, d. h. speziell passende Oberflächen nötig sind, haben Organismen ein kompliziertes Verfahren entwickelt (vgl. Kap. 7), solche spezifischen Oberflächen planmäßig herzustellen. Von der *Chemie* aus betrachtet, liegt darin der Schlüssel des Lebendigen.

In Zellen aller Organismen werden nämlich bestimmte Riesenmoleküle, die sogenannten »*Enzyme*«, hergestellt. Diese Enzyme gibt es in Tausenden von verschiedenen Typen. Jeder Typ hat eine ganz speziell gestaltete Oberfläche, die nur zu bestimmten Molekülen paßt und als Katalysator für *einen* bestimmten chemischen Reaktionstyp dient. Jedes Enzym hat also die Fähigkeit, gewissen Molekülen bei relativ niedrigen Temperaturen zu einer Reaktion zu verhelfen, die sonst nicht möglich wäre.

Aber auch ohne Enzyme bildet sich schon in der materiellen Phase der Evolution aus einfachen Molekülen eine Fülle verschiedener großer Moleküle. Diese Reaktionen werden durch Katalyse an tonigem Sand, an poröser Lava, an Oberflächen von Gesteinen und Metallen ermöglicht. Besonders vielseitig sind dabei die Verbindungen, an denen Kohlenstoffatome beteiligt sind. Ihre häufigsten Partner sind Sauerstoff, Wasserstoff und Stickstoff. Aus Tausenden von vorbiologisch entstehenden Molekülen hier zwei weitere Beispiele:

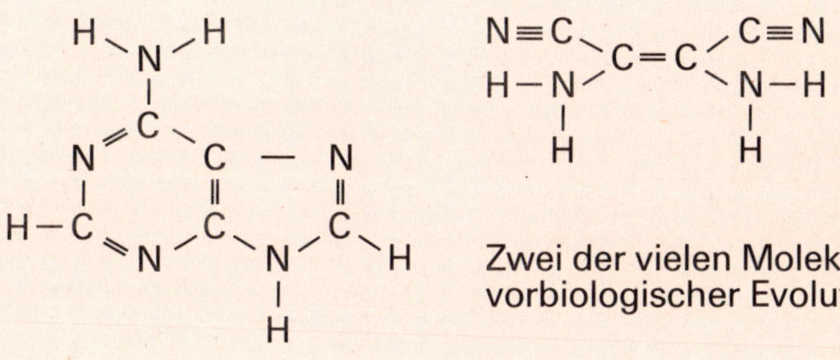

Zwei der vielen Moleküle vorbiologischer Evolution

Wir sind im Aufbau der Natur ein Stück weitergekommen. Die zusammengesetzten *Endprodukte* der ersten Integration, die Atome, sind dabei ihrerseits zu *Bausteinen* geworden. Aus ihnen werden neue, komplexere Gebilde geformt. Aus den ursprünglichen 92 verschiedenen Atomarten haben sich Tausende verschiedener Molekülarten entwickelt.

All die verschiedenen Moleküle aber haben durch ihre Bindungen wieder Eigenschaften gewonnen, die man den einzelnen Atomen, aus denen sie bestehen, nicht zuschreiben konnte. Bricht ein solches Molekül auseinander, so sind auch diese Eigenschaften verschwunden. Die Moleküle sind also wieder *neue Ganzheiten einer höheren Ebene.* Wir können diesen Prozeß als die zweite Integration bezeichnen und diese Verlängerung des roten Fadens symbolisch so wiedergeben:

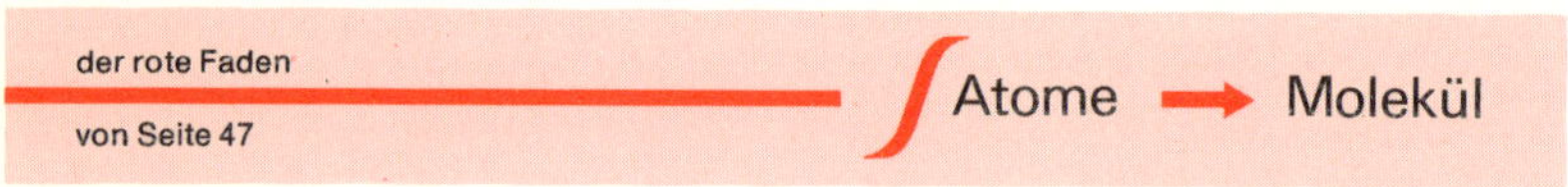

Woher stammen die Eigenschaften der Moleküle? Was legt sie fest? Sie können nur aus den Eigenschaften der Atome erklärt werden. Woher aber kommen diese? Nur die Eigenschaften der Elementarteilchen, die ja die Atome bilden, können die Atom-Eigenschaften erklären. Eigenschaften der Elementarteilchen legen also die Eigenschaften der Atome – und diese wieder die aller Moleküle fest. Infolgedessen sind auch *alle Molekül-Eigenschaften in denen der Elementarteilchen begründet.*

5

Denn das ganze Universum kann man als ein Ding von einer bestimmten Figur betrachten.

Erasmus Darwin

Bauklötze und Muster

Wenn man einem Kind Bauklötze gibt, wird es sie zunächst einmal auf den Boden schütten:

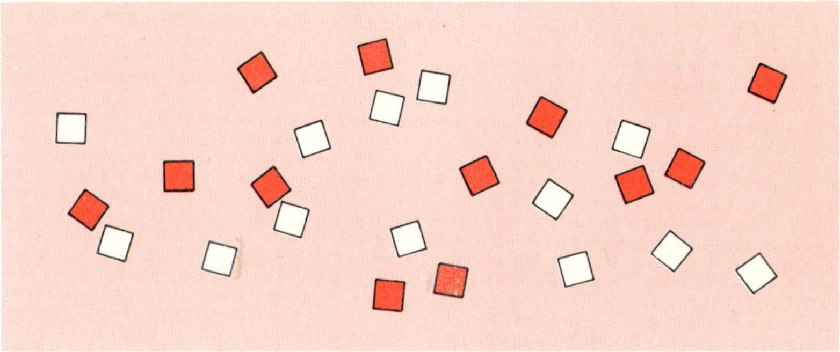

Die so entstandene Anordnung ist »chaotisch«, d. h. die Bauklötze liegen an zufälligen Plätzen. Sie sind einfach hingeworfen, ohne Beziehung zueinander. Chaotische Anordnungen sind dadurch charakterisiert, daß niemand sagen könnte, dieser oder jener Bauklotz läge an falscher Stelle. Es gibt in einer chaotischen Anordnung keine Möglichkeit für einen »Fehler«, weil keine Beschränkungen existieren.

Ein ordnungsliebendes Kind mag das stören. Es packt die Bauklötze sorgfältig – vielleicht schachbrettartig – in den Kasten zurück.

Jetzt haben wir »Ordnung«. Sie ist durch Regelmäßigkeit charakterisiert. Es besteht ein Gesetz, durch das man eventuell Fehlendes ergänzen oder Fehler erkennen kann. Das Gesetz erlaubt keinerlei Freiheiten.

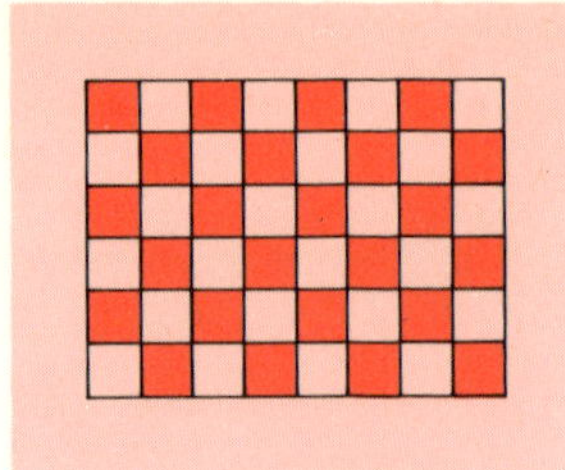

Vielleicht wird das Kind dann anfangen, aus den Bauklötzen *Muster* zusammenzusetzen –

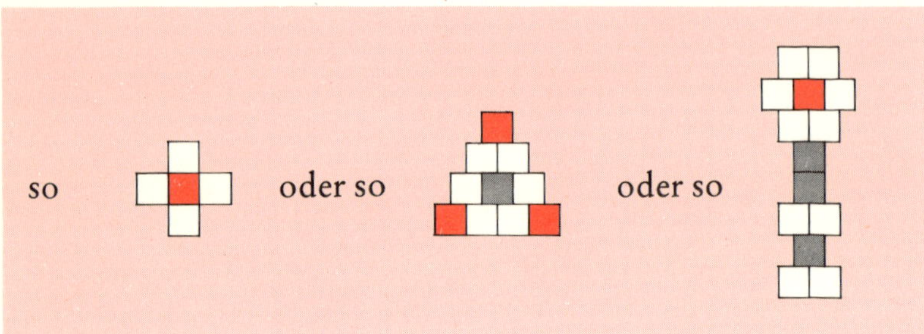

oder gar dieses:

Im Gegensatz zu chaotischen oder regelmäßigen Anordnungen sind diese Gebilde dadurch gekennzeichnet, daß die Bauklötze weder völlig willkürlich noch streng geordnet gruppiert sind. Sie stehen in gewissem Bezug zueinander. Wir müssen dies ausführlicher diskutieren, weil der Begriff des Musters eine zentrale Rolle in diesem Buch spielt.

Das Typische eines »Musters« sind die Abhängigkeiten von Ort und Art seiner Bausteine untereinander. Im Vergleich zu einer chaotischen Anordnung sind die Möglichkeiten eingeschränkt, tragen aber im Vergleich zu einer geordneten Anordnung Freiheiten in sich.

Muster sind nur aus ihrer Entstehung heraus zu begreifen. Diese beruht stets auf einer Kette von Zufällen, in der *die Resultate jeweils vergangener Zufallsereignisse die Wahrscheinlichkeiten der zukünftigen beeinflussen.* Einige Beispiele sollen das verdeutlichen:

Wenn in einem Urwald neue Bäume wachsen, so wird deren Standort zwar zufällig, aber nicht völlig zufällig sein, denn er wird von den bereits vorhandenen Bäumen beeinflußt. Kastanien werden z. B. nur in der Nachbarschaft eines Kastanienbaumes fallen, andererseits werden keimende Samen in unmittelbarer Nähe eines vorhandenen Baumstamms kaum Überlebenschancen haben. Die Anordnung von Bäumen in einem Urwald ist ein Muster.

Ähnlich verhält sich die Verteilung von Feriengästen an einem Badestrand. Im Prinzip ist es zufällig, wo sich jeder niederläßt – zu Anfang jedenfalls. Dann aber werden Familien mit Kindern sich bei anderen Kindern ansiedeln, junge Männer die Nähe attraktiver Mädchen bevorzugen und ältere Personen die Nachbarschaft von Ballspielern meiden. Der gewählte Lagerplatz ist wohl noch zufällig – aber nicht »rein« zufällig.

Und ein letztes Beispiel: Die Anordnung der Räume eines Hauses enthält im Prinzip viele Freiheiten. Dennoch bestehen teils aus technischen, teils aus wohnpraktischen Gründen gewisse Einschränkungen: Räume mit Wasserleitungen z. B. sollten neben- und übereinander liegen, der Eßplatz nahe an der Küche, diese wieder möglichst am Wohnungseingang usw. Wenn ein Architekt einen Grundriß entwirft, werden daher die anfangs getroffenen Festlegungen die weiteren Entscheidungen beeinflussen.

Verallgemeinern wir diese Bilder und stellen wir uns irgendeine Anordnung von Bausteinen vor, die sich in sich selbst verändert oder durch weitere Bausteine ergänzt wird. Wenn für diese Veränderung oder Ergänzung Freiheiten bestehen, also verschiedene Möglichkeiten existieren, wenn aber andererseits die bestehende Anordnung Einfluß nimmt auf das künftige Geschehen, d. h. die Chancen für bestimmte Entwicklungsmöglichkeiten vergrößert, für andere verkleinert oder gar zu Null werden läßt, *dann* haben wir es mit einem *Muster* zu tun.

Ein Muster ist das Resultat eines *Ketten*-Prozesses, bei dem zu jedem Zeitpunkt das schon bestehende Muster die Wahrscheinlichkeiten für die alternativen Möglichkeiten des jeweils folgenden Zufalls bestimmt. Muster wachsen und verändern sich also durch verkettete Zufallsereignisse.

Muster sind Bausteinanordnungen, die sich in »selbstbeschränkender Freiheit« entwickeln.

Es gibt, dieser Definition entsprechend, zwei mögliche »Entartungen« eines Musters, die als Grenzfälle nicht mehr zu den eigentlichen Mustern gerechnet werden dürfen. Die erste Entartung besteht darin, daß die Selbstbeschränkung verschwindet, daß also das Bestehende *keinen* Einfluß mehr auf Zukünftiges hat. Die zweite Entartung besteht umgekehrt in einem Verschwinden der Freiheit, d. h. das bisher Bestehende legt mit Sicherheit alles Zukünftige fest. Entwicklung ist nur auf *eine* Weise möglich. Zufall ist ausgeschlossen.

Die erste Entartung führt zu chaotischen Anordnungen. Diese entstehen, wenn *keinerlei* Beziehungen zwischen den Bausteinen bestehen. Wenn wir z. B. vielfach hintereinander würfeln und die Augenzahl aufschreiben:

4 6 3 3 2 5 4 3 6 5 1 3 2 4 4 1 . . .,

so ist die Zahlenfolge chaotisch, da bei jedem Wurf gleiche Bedingungen bestehen und das Resultat jedes Wurfes völlig unabhängig von den Resultaten der vorausgegangenen Würfe ist. Die einzelnen Augenzahlen sind »rein« zufällig.

Die zweite Entartung führt zu regelmäßiger, einem Gesetz entsprechender Anordnung. Diese kann nicht durch Würfeln erzeugt werden. Im Gegenteil, der Begriff »Ordnung« besagt ja etwa »jedes Ding an seinem Platz«, er besagt also, daß ein Prinzip – eine Regel herrscht und daß »Zufall« ausgeschlossen ist. Der Anfang legt alles Folgende eindeutig fest, z. B.:

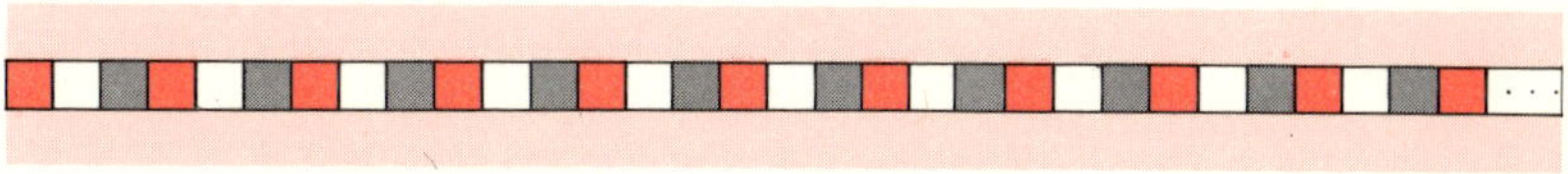

Die Regelmäßigkeit liegt hier in der Periodizität. Oder

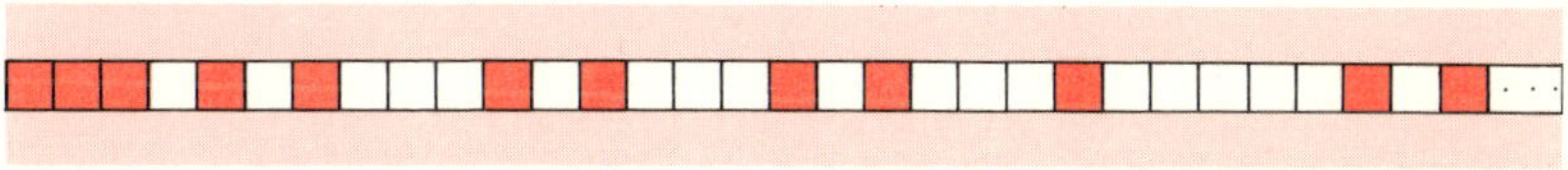

Hier ist es die Regel »Primzahlen rot«, die die Ordnung festlegt.

Wer das Gesetz erkannt hat, kann das Schema beliebig verlängern. Jeder Teil steht in engster Beziehung zu allen anderen Teilen, die *mit Sicherheit festlegen*, wie es weitergeht. Es gibt keinen Zufall – keine Freiheit.

Das *Muster* steht also zwischen den Extremen von Chaos und Ordnung. Im Chaos existiert keinerlei Beschränkung, bei vollkommener Ordnung existiert keinerlei Freiheit. Muster enthalten innere Beziehungen, Selbstbeschränkungen, aber zugleich Freiheiten, unter denen künftiger Zufall entscheidet. Alles Materielle in der Natur entwickelt sich aus dieser Mischung von Selbstbeschränkung und Freiheit.

Bisher waren alle Muster, die wir betrachtet haben, zusammengesetzt aus Bauklötzen oder anderen materiellen Strukturen. Dies ist aber keineswegs eine notwendige Eigenschaft von Mustern. Auch dieses ist ein Muster:

(aus Edition Eulenburg, Nr. 955)

oder die Buchstabenfolge eines Satzes, z. B.:

„WIR WISSEN ERST WENIG VON DEN PRINZIPIEN DES UNIVERSUMS"

In ihr steckt eine Fülle von inneren Wechselbeziehungen und Abhängigkeiten, die ja gerade das Entscheidende, nämlich den Sinn des Satzes, ausmachen. Die Sätze menschlicher Sprache sind also ebenfalls Muster.

Muster, Bilder oder Schrift sind charakterisiert durch das beziehungsvolle Einpassen jedes Bauelements in seine Nachbarschaft und über diese in den Zusammenhang einer Gesamtheit.

In jedem Satz bestehen also auf der einen Seite Beschränkungen, die man daran erkennt, daß bei einem vorgegebenen Satzanfang nicht beliebige Worte den Satz fortsetzen können, auf der anderen Seite gibt es aber keine Festlegung, wie der Satz weitergehen *muß*. Es bestehen Freiheiten.

Ein Satzanfang laute zum Beispiel:

ES WAR EIN TA . . .

Der Satz-(Muster-)Anfang läßt verschiedene – aber keineswegs beliebige – Fortsetzungen zu, z. B.:

ES WAR EIN TAG.
ES WAR EIN TAFELGESCHIRR IHRER ELTERN.

Erweitert man den Satzanfang, etwa zu:

ES WAR EIN *SCHÖNER* TA . . .,

so führt die Muster*erweiterung* zu *zusätzlichen* Beschränkungen für die Satzverlängerung. Manche bisher mögliche Fortsetzungen sind jetzt nicht mehr erlaubt. Dennoch bleiben unzählbare Möglichkeiten offen, z. B.:

ES WAR EIN SCHÖNER TANNENZAPFEN FÜR EIN HUNGRIGES EICHHÖRNCHEN.

Der Begriff des Musters ist mit einer merkwürdigen *Unschärfe* verbunden. Nehmen wir z. B. die Buchstabenfolge

ZNAM

Ist sie ein Muster? Wer nicht weiß, daß dies ein Wort der serbischen Sprache ist, mag sie für ein chaotisches Zufallsprodukt halten. Liegt *nur eine*, und zwar eine *kleine* Struktur vor, so ist ihr prinzipiell nicht anzusehen, ob sie ein Muster ist oder ob sie aus beziehungslosen, unabhängigen Zufallsergebnissen zusammengesetzt ist. Ebenso bleibt ein eventuelles Bildungsgesetz noch verborgen, wenn erst wenige Bausteine vorliegen. In engem Zusammenhang damit steht die Tatsache, daß eine chiffrierte Nachricht nur dann entziffert werden kann, wenn sie genügende Länge besitzt. Anderenfalls sind die inneren Beziehungen nicht von Gesetz oder Zufall zu unterscheiden.

Diese Betrachtung führt auf eine andere Frage, nämlich auf den Zusammenhang der Begriffe *»Muster«* und *»Information«*. (Zur Vermeidung von Mißverständnissen sei betont, daß in diesem Buch der Ausdruck »Information« im Sinne des üblichen Sprachgebrauchs, also etwa von »Nachricht« und nicht als Begriff der Wahrscheinlichkeitstheorie benutzt wird.)

Alle Informationsübertragung (z. B. gesprochene Sätze) und alle Informationsspeicherung (z. B. in einem Buch) erfolgt durch Muster. *Wo keine Muster sind, ist auch keine Information.* Wenn intelligente Wesen eines anderen Planeten Muster durch Radiosignale empfangen würden, könnten sie erkennen, daß es sich nicht um chaotische Anordnungen handelt, sondern daß Abhängigkeiten zwischen Ort und Art der einzelnen Signalbausteine bestünden. Sie würden mit Sicherheit diese Muster als Nachrichten deuten.

Heißt das, *alle* Muster enthielten Information? Es ist sicher zweckmäßig, den Begriff »Information« in diesem weiten Sinne zu definieren und die Frage zu bejahen. Die Existenz von Information ist dann also unabhängig davon, ob jemand da ist, der die vorliegende Information »versteht«. Eine alte Inschrift in fremder Sprache enthält Information, auch wenn kein lebender Mensch mehr diese Information lesen kann. Vielleicht wird sie ja schon morgen von einem Wissenschaftler entschlüsselt.

Gebrauchen wir das Wort »Information« im engeren, ursprünglichen Sinne als »Nachricht«, so ist immer jemand da, der diese Nachricht übermitteln wollte. Aber auch diese Notwendigkeit entfällt, wenn wir *allen* Mustern einen Informationsgehalt im weiteren Sinne zuschreiben. Entscheidend ist, daß *von einem Muster ganz bestimmte, für dieses Muster charakteristische Wirkungen ausgehen können.* Ob eine solche Wirkung tatsächlich stattfindet, hängt davon ab, in welcher Umgebung das Muster ist. Es hängt davon ab, mit welchen anderen Mustern es in Wechselwirkung tritt, z. B. ob ein Mensch da ist, der die Sprache versteht.

Die Wirkungen sind spezifisch für das betreffende Muster. Ein und dasselbe Muster wird jedoch in Wechselwirkung mit verschiedenen anderen Mustern auch verschiedene spezifische Wirkungen haben. Zum Beispiel die Meldung »Mannschaft C siegt über Mannschaft A« wird Freude oder Enttäuschung auslösen, je nachdem, ob ein Anhänger der einen oder anderen Mannschaft sie hört.

Auch Muster, die nicht der menschliche Geist geschaffen hat, sondern die als Produkte der Evolution in der Natur entstehen, besitzen die *Potenz für spezifische Wirkungen,* und *das ist Information.* Wir werden uns sehr bald ausführlich mit einer besonderen Gruppe von Mustern beschäftigen, deren spezifische Wirkung darin besteht, Kopien des eigenen Musters herzustellen. All diese Muster enthalten eine bestimmte Art von Information.

Musterbildung ist das Grundphänomen aller Evolution. Wenn sich beim Prozeß der ersten Integration Elementarteilchen zu Atomen vereinigen, so ist das der Anfang von immer wachsenden Mustern. Deren Bausteine nämlich werden durch Zufall, aber nicht willkürlich zusammengefügt, nicht alle vorstellbaren Kombinationen sind möglich. Es gibt zwischen den Bausteinen

Beeinflussungen, die bestimmte Erweiterungen, bestimmte Muster, nicht erlauben.

So ist ein Atomkern aus 4 Protonen ebensowenig stabil wie ein Heliumkern mit 3 umlaufenden Elektronen. Auf der anderen Seite gibt es Freiheiten. Ein Verband aus drei α-Teilchen (Kohlenstoffkern) kann sich z. B. durch Aufnahme eines weiteren Protons oder eines weiteren α-Teilchens vergrößern.

Genauso unterliegt die Bildung von Molekülen Beschränkungen, die aus den Wechselwirkungen der atomaren Elektronenhüllen erwachsen. Zum Beispiel können an ein Muster

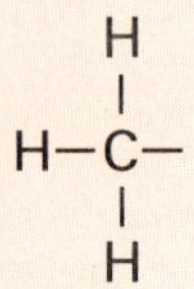

rechts ein weiteres H
oder ein O-H
oder viele andere Teilmuster,

aber *keineswegs beliebige* Atome angefügt werden. Atome und Moleküle sind also Bausteinanordnungen mit selbstbeschränkenden Freiheiten – das heißt: Muster.

Es gibt Moleküle, die aus genau den gleichen Atomen bestehen wie andere Moleküle. Ihr Unterschied liegt in der Anordnung der Atome. So haben z. B. Äthylalkohol und Dimethyläther die gleiche Gesamtzusammensetzung – nämlich C_2H_6O, aber verschiedene Strukturformeln:

Äthylalkohol   Dimethyläther

Eine solche Anordnung gleicher Atome in verschiedenen Mustern führt zu verschiedenen Eigenschaften – verschiedenen

Wirkungen der Moleküle. Ort und Art der Bausteine legen die Eigenschaften eines Musters fest.

Ein interessanter Spezialfall ist die Unterscheidung von Rechts-Links-Symmetrien. Hierbei haben zwei Molekülarten spiegelsymmetrische Muster – genau wie eine linke und eine rechte Hand. Man kann sie drehen und wenden, wie man will – in unserem dreidimensionalen Raum sind eine rechte Hand und eine linke Hand immer zu unterscheiden. Es wird deutlich, daß alle Muster der Natur selbstverständlich *räumliche* Muster sind, die auf der Fläche eines Papiers nur mangelhaft wiedergegeben werden können.

Chemie ist die Wissenschaft, die die Möglichkeiten molekularer Muster beschreibt und praktisch anwendet. Auch die dabei so wichtige katalytische Wirkung molekularer Oberflächen ist ihrer Gestalt, also dem Muster ihrer Atome, zu verdanken. *Muster wirken mit bei der Entstehung neuer Muster.* Diese sich immer steigernde Wirkungspotenz wird uns durch das ganze Buch begleiten.

Das durch Integrationen stufenweise fortschreitende Wachstum der Muster geht einen langsamen Weg. Die Tendenz zur Vereinigung ist aber so stark, daß förmlich »aus Ungeduld« – so möchte man vermenschlichend sagen – Atome oder Moleküle einen schnelleren Weg des Musterwachstums einschlagen: sie bilden Kristalle, ordnen sich also zu *regelmäßigen* Strukturen aus sich immer wiederholenden Bausteinen an. Jedes Sandkorn, jeder Felsen ist aus solchen Kristallen aufgebaut. In dem Riesenmuster eines Kristalls bestehen starke Beschränkungen, nahezu perfekte Ordnung. Der Kristall ist ein fast entartetes Muster.

Deswegen wollen wir den »kristallinen Seitenzweig des Musterwachstums« nicht weiter verfolgen. So hilfreich und nötig er im Gesamtablauf der Evolution auch ist, er führt nicht zu den uns interessierenden Gebilden höherer Wirkungsfähigkeit. Der mühsame Weg von aufeinander folgenden Integrationsschritten, bei dem von Stufe zu Stufe neue Ganzheiten höherer Komplexität entstehen, ist nämlich – wie wir sehen werden – das eigentliche Prinzip der Evolution. Es kommt offenbar darauf an, mit möglichst wenigen Bausteinen ein Maximum an Komplexität zu gewinnen, das ein Maximum an Wirkungen gestattet.

Die beiden bisher diskutierten Integrationen der Evolution zeigen das gleiche Grundphänomen, nämlich den Aufbau von Mustern aus wenigen Arten von Bausteinen. Musterwachstum ist das Fundamentalgesetz aller Materie. Wir wollen jetzt sehen, wie dieses Wachstum sich fortsetzt.

6

... das Prinzip des Lebens wird eines Tages als Teil oder Folge eines allgemeinen Gesetzes erkannt werden.
Charles Darwin

Schriftmoleküle

Das Musterwachstum der Natur beruhte bisher auf stufenweise einander folgenden Integrationen. Es war ein hierarchischer Aufbau. Das heißt, die neuen Ganzheiten der vorigen Integration wurden zu den Bausteinen der nächsten Stufe. Es wurde einem Muster nicht etwa Elementarteilchen auf Elementarteilchen angegliedert, sondern es wurden »vorfabrizierte« Ganzheiten (Atome) zusammengefügt.

Wenn dieses Prinzip eines hierarchischen Musterwachstums weiterhin gültig ist, sollten jetzt Großmoleküle nicht durch fortlaufende Hinzufügung einzelner Atome entstehen, sondern es sollten kleinere Moleküle als fertige Bausteine zu höheren Einheiten zusammengeschlossen werden.

Tatsächlich beobachtet man gerade das in der Natur. Ein hierarchischer Aufbau ist (wie auch mathematisch nachzuweisen) der weit schnellere Weg zu Musterkomplexität. Unter den Tausenden von verschiedenen Molekülen gibt es einige Molekülarten, die sich zu langen *Ketten* vereinigen können. Sie sind die Bausteine der nächsten Integration. Wir wollen die Vielfalt derartiger Molekülketten diskutieren, auch wenn wir damit für eine Weile den roten Faden der Evolution (von Seite 56) aus den Augen verlieren und erst auf Seite 92 wieder aufnehmen.

Man kann Molekülketten am besten durch den Vergleich mit Zusammensteckperlen veranschaulichen. Nehmen wir Perlen in vier verschiedenen Farben. Wie viele verschiedene Ketten können wir damit bilden? Wie viele verschiedene Dreiergruppen solcher Perlen sind zum Beispiel möglich?

Für die erste Perle der Kette gibt es offensichtlich 4 Farbmöglichkeiten:

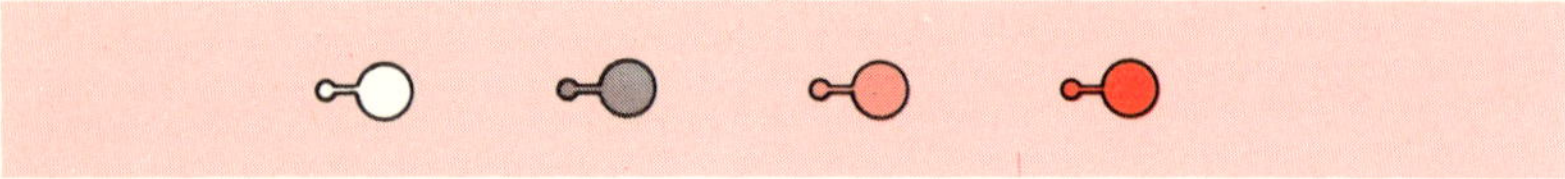

Als zweite Perle kann an jede von diesen 4 wieder jede der 4 Farben angefügt werden:

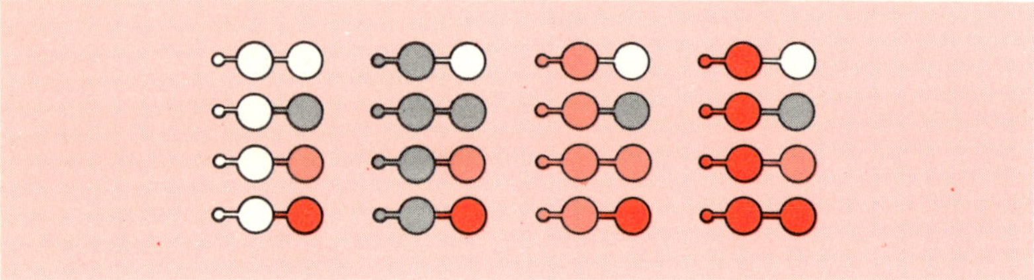

Insgesamt gibt es also $4 \cdot 4 = 4^2 = 16$ verschiedene Konfigurationen aus zwei Steckperlen. Auch die dritte Perle kann in jeder der vier Farben an diese 16 Paare angeschlossen werden. Man kann also $16 \cdot 4 = 4^3 = 64$ verschiedene Dreierverbände bilden.

Verlängert man die Kette weiter, so liefert jedes neue Kettenglied 4 mal mehr Möglichkeiten. Die Mannigfaltigkeit steigt – wie der Mathematiker sagt – »exponentiell« mit der Kettenlänge an. Bei einer Länge von 10 Perlen gibt es demnach

$$4 \cdot 4 \cdot 4 \cdot 4 \cdot 4 \cdot 4 \cdot 4 \cdot 4 \cdot 4 \cdot 4 = 4^{10} = 1\,048\,576,$$

$$\text{bei 20 Perlen} \quad 4^{20} = 1\,099\,511\,627\,776$$

verschiedene Möglichkeiten. Für Ketten aus 100 Perlen gäbe es gar 4^{100}, d. h. rund

$1\,600\,000\,000\,000\,000\,000\,000\,000\,000\,000\,000\,000\,000\,000\,000\,000\,000\,000\,000\,000\,000 = 1{,}6 \cdot 10^{60}$ verschiedene Sequenzen (Reihenfolgen) von Farben. Wenn die ganze Menschheit jahrtausendelang solche Hunderterketten zufallsgemäß aus vier Farben zusammenstecken würde, entstünden praktisch sicher keine zwei Ketten, die gleiche Farbsequenzen hätten. Die Fülle der Möglichkeiten ist unvorstellbar groß – und das bei Ketten aus nur 100 Perlen, die in jeder Position bloß vier verschiedene Farben haben können.

Chemiker nennen ein solches Kettenmolekül ein »Polymer«. In der Natur gibt es zwei Gruppen von Polymeren, die für die Betrachtung der weiteren Evolution von grundlegender Bedeutung sind: die Nucleinsäuren und die Proteine.

Nucleinsäuren

bestehen, wie das eben benutzte Perlenmodell, aus 4 verschiedenen molekularen Bausteinen, den sogenannten Nucleotiden. Nur um die Größe und Komplexität dieser Bausteine zu zeigen, sei einer als chemische Formel und in seiner aus »Atomkugeln« zusammengesetzten »wirklichen« Gestalt wiedergegeben. Die 3 anderen Nucleotide sind ähnlich.

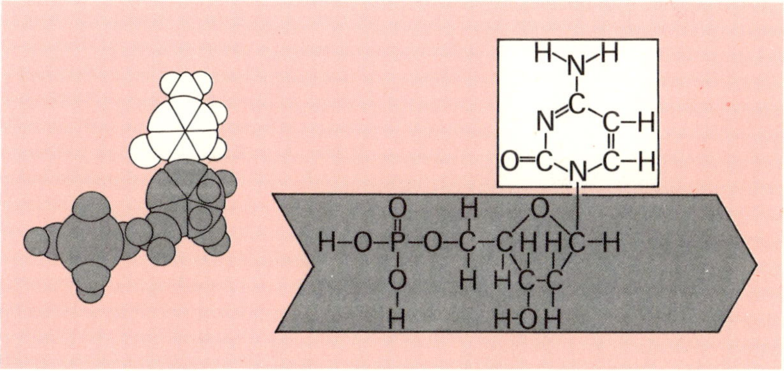

Der untere Teil des Moleküls (grau) ist bei allen vier Nucleotiden völlig gleich, schematisiert durch: 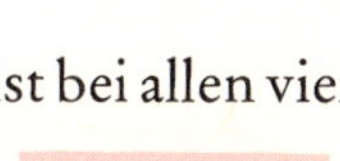 . Die oberen

Molekülteile (hell) sind verschieden. Wir berücksichtigen das durch folgendes Schema:

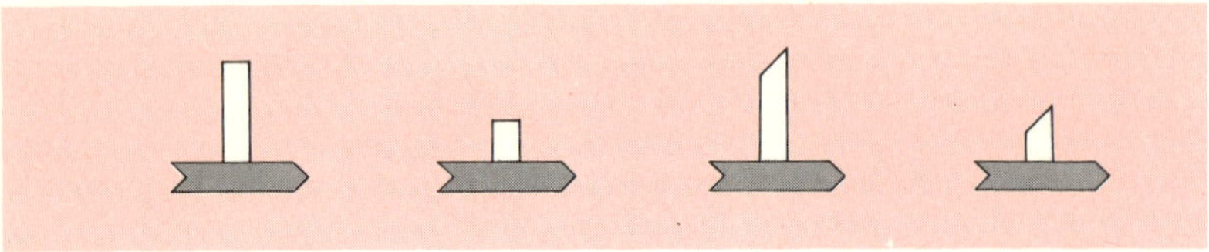

Die unteren Teile sorgen für den Kettenzusammenschluß:

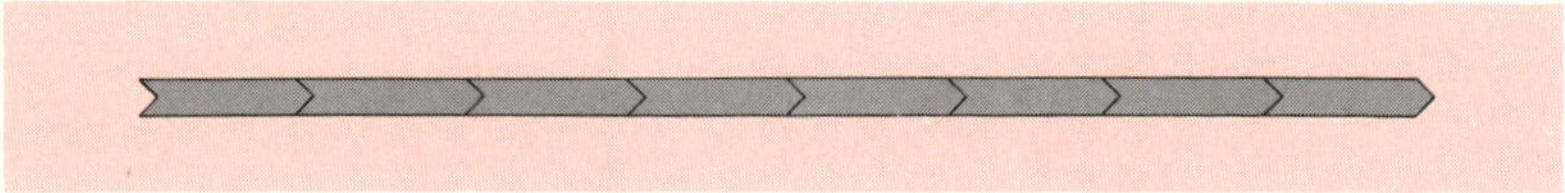

Sie sind dabei fest (kovalent, also durch gemeinsame Elektronenpaare) miteinander verbunden.

Die oberen, verschiedenen Teile der Kettenglieder sorgen durch Unterschiede in ihrer Reihenfolge für die ungeheure Mannigfaltigkeit solcher Molekülketten:

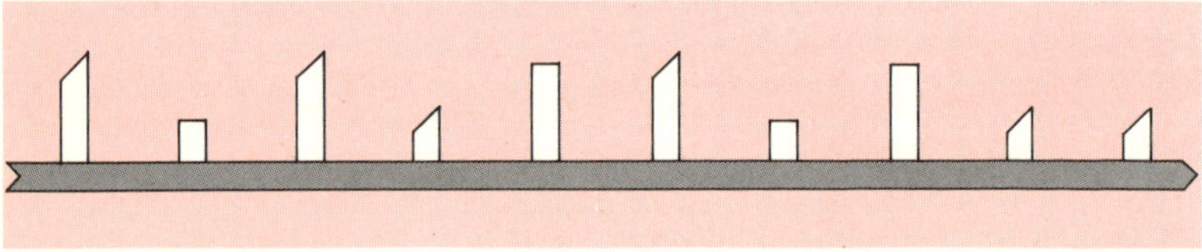

Es gibt zwei Arten von Nucleinsäuren, die sich etwas (u. a. in dem Molekülteil der Kettenachse) unterscheiden. Die eine ist die Desoxyribo-Nucleinsäure, abgekürzt DNA (oder auch, veraltet, DNS). Diese DNA ist der molekulare *Speicher der Erbinformation* aller Lebewesen.

Es war ein Durchbruch zu einem viel tieferen Verständnis des Lebendigen, als erkannt wurde, daß die Reihenfolge der Nucleotide der DNA aller Organismen weder chaotisch (völlig zufällig) noch periodisch (also gesetzmäßig) ist. Die Reihenfolge ist vielmehr ein Muster, das innere Abhängigkeiten und Wechselbeziehungen zeigt. Die DNA von Lebewesen kann also – nicht nur oberflächlich – mit einer *Schrift* verglichen werden. Die Erbinformation aller Organismen ist in schriftartigen Kettenmolekülen niedergelegt.

Wir werden im nächsten Kapitel auf die Bedeutung der DNA zurückkommen. Was uns zunächst interessieren soll, ist die Fähigkeit solcher DNA-Kettenmoleküle, sich zu *Doppel*ketten zusammenzufügen:

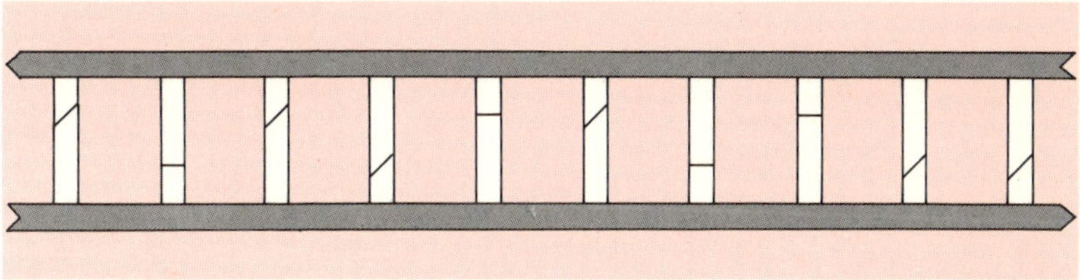

Die unterschiedlichen, hell gezeichneten Teile der vier Bausteine (die Adenin, Thymin, Guanin und Cytosin heißen) haben nämlich solche Gestalt, daß gerade je zwei von ihnen paarweise zusammenpassen und so die »Sprossen« einer Molekül-»Leiter« bilden können. Die chemischen Bindungen in den Sprossen, die jeweils die beiden »Halbsprossen« zusammenfügen, sind schwache Anlagerungsbindungen. Ihre große Zahl sorgt aber für einen festen Zusammenhalt der Doppelkette, wenn diese nur lang genug ist.

Die Sequenz der Bausteine von zwei Einzelketten muß jedoch *genau* aufeinander passen, um eine Doppelstruktur (eine Leiter) zu ermöglichen. Das Passen ist aber nur gegeben, wenn dem Baustein Adenin ein Thymin auf der anderen Seite gegenüberliegt, während Guanin immer einen Cytosin-Partner braucht. Chemiker sprechen direkt von der »Paarung« der Nucleotide. Thymin paart also stets mit Adenin, Cytosin mit Guanin. Die Leitersprossen sehen dann in Wirklichkeit wie das folgende Bild aus. Darin sind die dunklen Ansatzstellen die Verbindungen zu den »Leiterholmen«. Die rot hervorgehobenen Atome entscheiden die Paßform (Anlagerungsbindungen) zwischen den jeweils paarenden Nucleotiden:

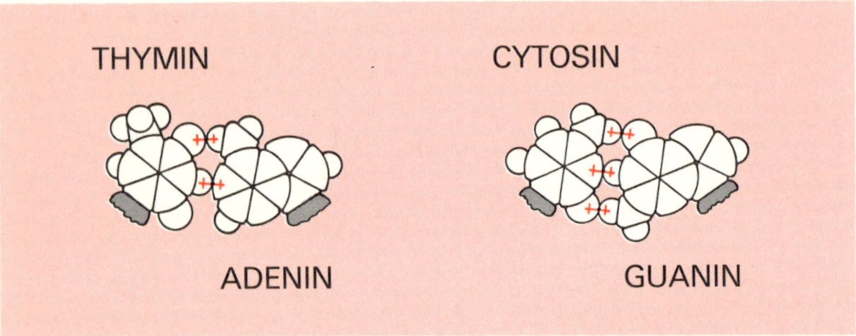

Nun sind die Abmessungen der Bausteine aber dergestalt, daß die Molekül-Leiter gar nicht flach sein kann, wie eben gezeichnet, sondern schraubenförmig gedreht sein muß – sonst passen die Bausteine nicht zusammen. Die nächste Abbildung zeigt schematisch ein Stück der gewendelten Leiter und – um eine wirklichkeitsnähere Vorstellung der DNA-Doppel-Schraube zu geben – ein Leiterstück, aus einzelnen Atomen aufgebaut (Nucleotidpaare stehen jetzt senkrecht zur Bildebene, je eine Scheibe).

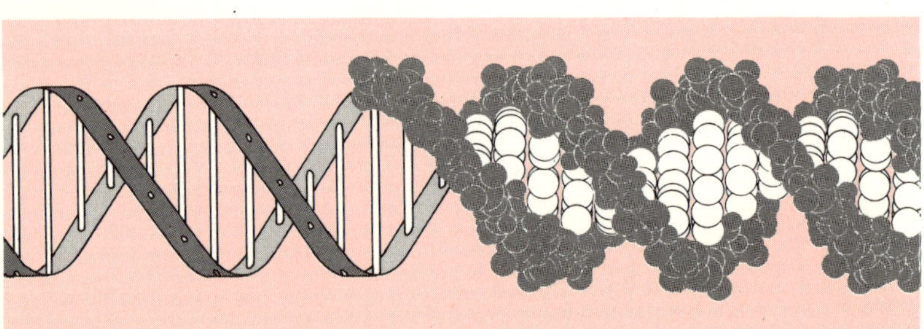

Wer hätte Protonen, Neutronen und Elektronen angesehen, daß sie sich zu derartig komplizierten räumlichen Mustern zusammenschließen können?

Die zweite Art von Nucleinsäuren, die *Ribo-Nucleinsäure*, abgekürzt RNA (oder veraltet RNS), hat verschiedene helfende Funktionen in der lebenden Zelle (siehe Kap. 7). Auch RNA hat 4 Nucleotide als Bausteine, die zu Ketten zusammengeschlossen werden. Diese sind etwas verschieden von denen der DNA.

Obwohl RNA ihrer Struktur nach ebenfalls Doppelketten bilden kann, liegt RNA meist nur als einfaches Kettenmolekül vor, das eng mit bestimmten Proteinen zusammenarbeitet. Proteine sind die zweite, biologisch wichtige Art von Kettenmolekülen, denen wir uns jetzt zuwenden.

Proteine

bestehen ebenfalls aus Bausteinen (vgl. folgende Abb.), deren einer Teil (dunkel) immer gleich ist und eine chemisch fest verbundene Kettenachse bildet, während der andere (rote) Teil die Verschiedenheit der Bausteine ausmacht. Insgesamt gibt es bei Proteinen jedoch 20 verschiedene Kettenbausteine, die sogenannten Aminosäuren. Als Beispiel ist ein Kettenstück aus sechs Bausteinen in schematischer Form wiedergegeben:

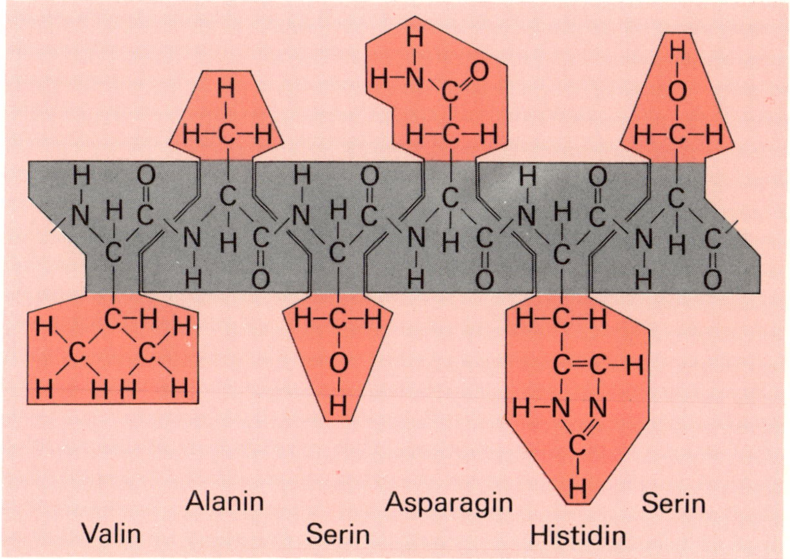

Ganz anders als bei der DNA, die immer gleiche Gestalt hat, nämlich die gewendelte Leiter (welche Sequenz von Bausteinpaaren auch immer in der Doppelschraube vorliegt), falten sich Proteinketten von selbst zu unübersichtlichen räumlichen Knäueln zusammen, die durch viele Anlagerungsbindungen zusammengehalten werden, wie zwei schematische Beispiele solcher Faltungen zeigen sollen:

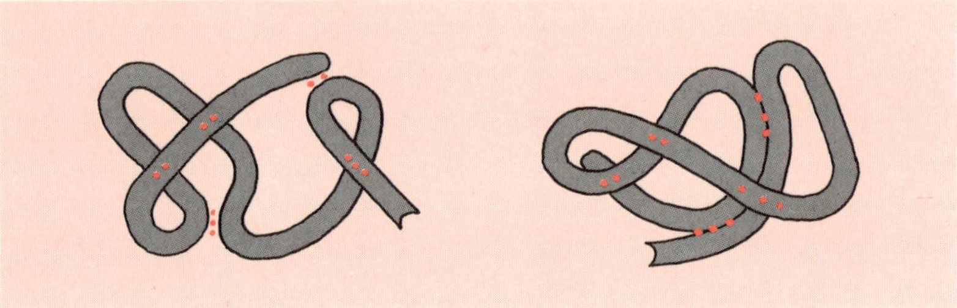

Die Faltungsgestalt ist keineswegs zufällig, sondern ergibt sich zwangsläufig aus der vorliegenden Sequenz, d. h. aus der »Schrift« der Aminosäuren in der Kette. Proteinketten mit identischer Reihenfolge von Aminosäuren knäueln sich nämlich in genau gleicher Weise zusammen.

Diesen in der Sequenz von Bausteinen liegenden Zwang für eine bestimmte Faltung soll das Schema oben auf der nächsten Seite veranschaulichen. Die Faltungsregeln der Proteine sind natürlich viel komplizierter als in diesem einfachen Modell.

Da verschiedene Sequenzen zu verschiedenen Faltungen führen, ist auch die Fülle der möglichen Knäuelgestalten praktisch unendlich. Auf Seite 70 hatten wir für eine DNA-Kette aus 100 Bausteinen $4^{100} = 1,6 \cdot 10^{60}$ verschiedene Sequenzmöglichkeiten berechnet. Die Zahl der möglichen Proteine mit einer Kettenlänge von 100 ist noch ungeheuer viel größer, da ja 20 verschiedene Aminosäuren als Bausteine statt der 4 Nucleotide zur Auswahl stehen. Sie beträgt:

$$20 \cdot 20 \cdot 20 \cdot 20 \ldots = 20^{100} \approx 1,3 \cdot 10^{130},$$

Schrift wird zu Gestalt: Faltung eines eindimensionalen Schriftbandes zu einer zweidimensionalen Struktur entsprechend der im Schriftband selbst enthaltenen Anweisung

R = rechts abknicken
L = links abknicken

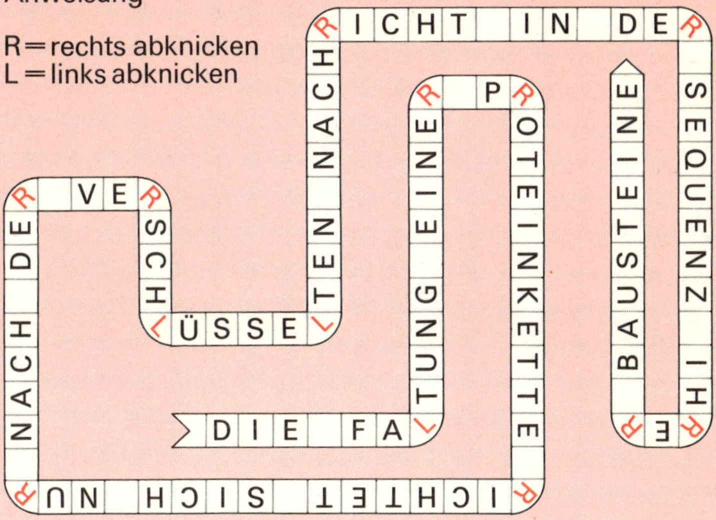

also mehr als eine 1 mit hundertdreißig Nullen. (Die Gesamtzahl aller Elementarteilchen des bekannten Universums liegt nach Rechnungen der Physik bei etwa 10^{80}.) Die Zahl der möglichen Proteinmuster ist *unvorstellbar* viel größer.

Die Kettenmoleküle von DNA und Proteinen haben die Größe von Mustern anwachsen lassen. Wenn sich 100 Aminosäuren zusammenfügen, ist das Muster 100 mal so groß wie das der einzelnen Aminosäure. Die Mannigfaltigkeit der *möglichen* Muster ist aber dabei förmlich »explodiert« zu einer für unseren Verstand nicht mehr faßbaren Zahl.

Wenn wir alle Materie des für uns sichtbaren Universums nehmen könnten, um daraus lauter verschiedene Proteinketten der Länge 100 zu bilden, so würde diese Materie nur für einen winzigen winzigen winzigen Bruchteil aller möglichen Sequenzen ausreichen. Im gesamten sichtbaren Universum können gleichzeitig also nur verschwindend wenige all dieser Möglichkeiten als verwirklichte Muster vorkommen. Von der Schwelle der Polymere an kann die Natur die Fülle ihrer Mustermöglichkeiten gar nicht mehr ausschöpfen.

Die Evolution der Materie, die in diesen Kapiteln beschrieben wurde, führt so stufenweise von einer einfachen Ausgangssituation zu einer unübersehbaren Vielfalt kleiner Muster. Der mehrfache Integrationsprozeß, der dabei abläuft, ist ein Vorgang einer automatischen Selbstorganisation der Materie. D. h. die *Möglichkeit* zu solcher Musterfülle und auch die verschiedenen Eigenschaften kleiner und großer Moleküle sind letztlich in den Eigenschaften der so einfach scheinenden Elementarpartikel begründet.

Dieser Satz sagt nicht, daß alle biologischen Eigenschaften der Materie auf ihre chemisch erfaßbaren und diese wiederum auf ihre physikalisch beobachtbaren Eigenschaften zurückgeführt werden könnten. Auf jeder Integrationsstufe treten gänzlich neue Eigenschaften der neuen Ganzheiten auf, die nicht aus der additiven Summe ihrer Teile verstehbar sind, sondern nur als Folge der entstandenen *Muster*.

Doch die Möglichkeit, zu derartigen neuen Ganzheiten integriert zu werden, steckt bereits als vielfältige Eigenschaft in den Elementarteilchen. Und diese erlauben Integrationen gerade zu solchen Mustern, die wiederum integrationsfähig sind, wodurch mit neuen Ganzheiten nochmals neue Eigenschaften entstehen und so weiter und so weiter.

Die Bausteine der Materie sind wundersame Gebilde.

Evolution des Lebendigen

7

Das Leben ist als Subjekt und Prozeß wesentlich mit sich selbst vermittelte Tätigkeit.

Hegel

Vom Wirkungszyklus der Zelle

Wir haben die Darstellung der Evolution schon mit der Beschreibung von Nucleinsäuren und Proteinen unterbrochen. Jetzt wollen wir diesem Seitenweg noch ein Stück weiter folgen und die Molekularprozesse diskutieren, auf denen alles Leben unseres Planeten beruht. Ein solcher Vorgriff wird nützlich sein, wenn wir im nächsten Kapitel die Entstehung des Lebens behandeln, weil wir dann bereits wissen, worauf es bei der Bildung »lebender« Strukturen ankommt.

Betrachten wir eine Bakterienzelle. Sie enthält eine Fülle von kleinen und großen Molekülen. Das weitaus größte Molekül ist eine DNA-Doppelkette, die etwa 500 mal länger ist als das ganze Bakterium. Dieser 1 mm lange, hauchdünne Faden ist die »Erbsubstanz« der Zelle. Die Sequenz der etwa 3 Millionen Nucleotidpaare enthält verschlüsselt alle notwendigen Anweisungen für die biochemischen Prozesse, die die Zelle am Leben erhalten und ihre Vermehrung ermöglichen. In guter Nährlösung teilt sich die Zelle alle 20 Minuten.

Bei jeder solchen Teilung bekommen beide Tochterzellen das Erbgut der Mutterzelle mit auf den Lebensweg. Dafür muß zuvor eine genaue *Kopie der Sequenz aller 3 Millionen Nucleotidpaare* des langen DNA-Fadens hergestellt werden, denn in dieser Reihenfolge stecken – wie in einer Schrift – die Anweisungen für die Zelle. Eine solche Verdopplung (»Replikation«) der DNA erscheint auf den ersten Blick eine fast unmögliche Aufgabe. Die Eigenschaften der DNA bieten jedoch dafür ein überraschend einfaches Verfahren. Das DNA-Doppelmolekül kann nämlich wie ein Reißverschluß geöffnet werden:

Die schwachen Anlagerungsbindungen in den Sprossen setzen dem fast keinen Widerstand entgegen. Wenn wir nun *eine* Kette eines geöffneten DNA-Moleküls betrachten,

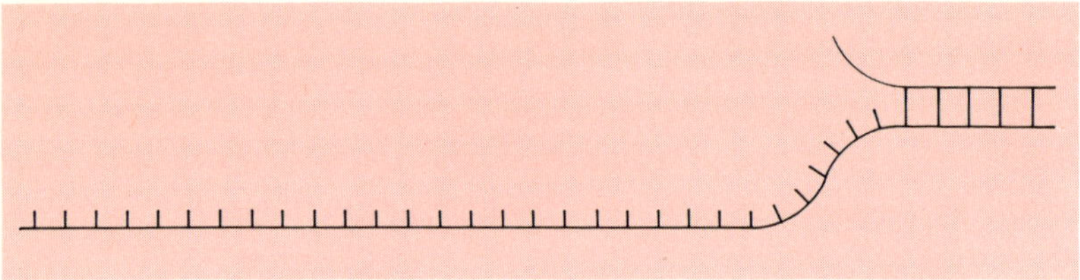

so genügt diese, um anzugeben, wie das Doppelmolekül ausgesehen haben muß. Wir wissen nämlich, daß jedem Adenin stets ein Thymin gegenüberstand, während jedes Guanin mit einem Cytosin gepaart war. Wenn also auch nur *ein* Faden des Doppelmoleküls vorliegt, kann man mit der Paarungsregel sofort die andere Seite angeben. Genau diesen Weg beschreitet die Natur. In der Zelle werden nämlich (mit der katalytischen Hilfe darauf spezialisierter Enzyme, vgl. S. 55) an beiden geöffneten Einzelsträngen der DNA *passende* Einzelnucleotide angelagert (hier nur ein Strang gezeigt)

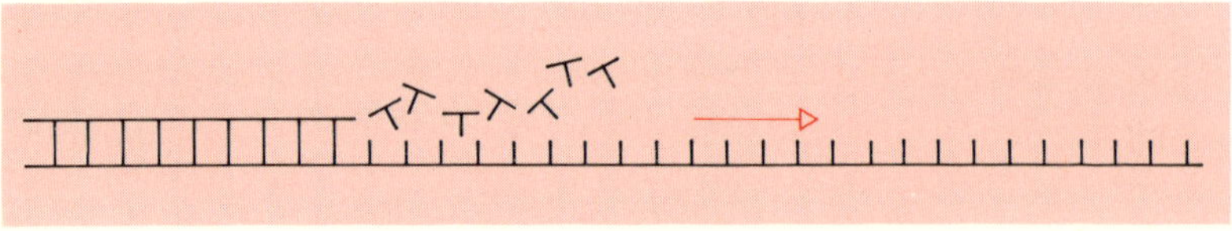

und zu einer neuen Kette zusammengeschlossen:

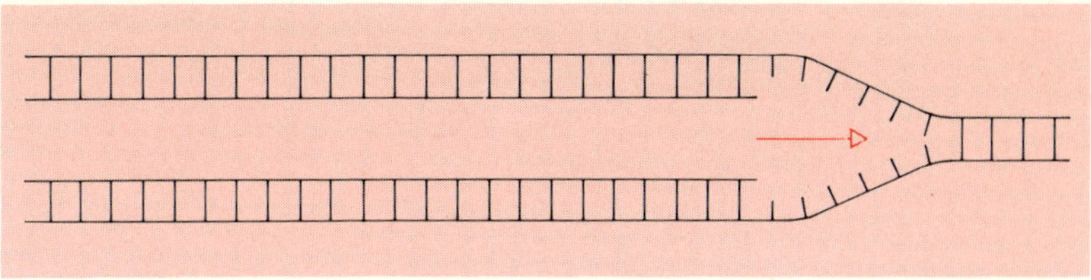

Die 3 Millionen Nucleotidpaare können so in wenigen Minuten in genau richtiger Reihenfolge anhand der Vorlage ergänzt werden. Wir haben dann zwei Exemplare des ursprünglichen Schriftmoleküls. Jeder der beiden DNA-Doppelfäden hat eine Hälfte vom alten Doppelfaden erhalten und die andere dazu passend ergänzt.

Dies ist das Prinzip der DNA-Replikation, auf dem alles Leben beruht. Die Doppelstruktur der DNA-Schriftmoleküle ermöglicht es, die verschlüsselten Anweisungen schnell zu kopieren und bei der Zellteilung beide Tochterzellen mit der gleichen Erbinformation zu versorgen.

Wie aber kann DNA ihre zweite Aufgabe erfüllen, nämlich durch die Sequenz der Nucleotide »Anweisungen« an die Zelle zu geben? Wie wird die in der DNA verschlüsselte Nachricht gelesen – wie wird die »genetische Information« wirksam?

Hier kommt die zweite Art von Nucleinsäuren ins Spiel: die RNA. Der geöffnete Reißverschluß kann nämlich nicht nur zur DNA-Replikation benutzt werden, sondern es kann an ihm (wieder mit Hilfe eines anderen speziellen Enzyms) auch eine *RNA*-Kette, genau der Sequenz der Nucleotide entsprechend, gebildet werden (die vier Nucleotide der RNA sind denen der DNA äußerst ähnlich). Solche RNA-Ketten kopieren aber nicht den ganzen DNA-Faden, sondern jeweils nur einzelne Abschnitte. Sie bleiben auch nicht mit der DNA verbunden, sondern werden noch während ihrer Synthese am schon fertigen Ende abgelöst, so daß sich der Reißverschluß der DNA wieder schließen kann. Die »Öffnungsblase« zur RNA-Synthese läuft an der DNA entlang:

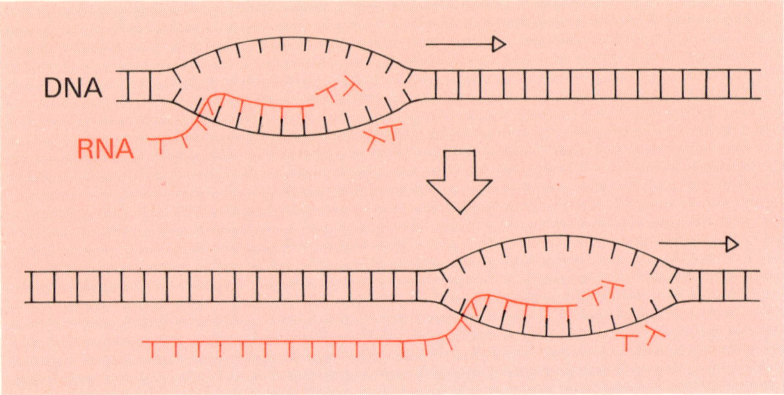

Wozu das Ganze? Nun, wir können die DNA vergleichen mit einem dicken Kochbuch der Zelle, das diese von ihren Vorfahren geerbt hat. Um es zu benutzen, werden zunächst einzelne Kochrezepte, die alle in DNA-Schrift gegeben sind, übertragen auf einen Zettel in RNA-Schrift. Dieser Zettel wird jetzt als einzelnes Kochrezept in die »Küche« geschickt. Die RNA bringt die Botschaft, was zu kochen ist. Daher auch ihre Bezeichnung Botschafter-(messenger-)RNA.

In der Zelle gibt es kleine Kügelchen, die sogenannten *Ribosomen*, die sich an eine solche RNA anlagern. Es sind dies die »Köche«, die das Rezept lesen können. Sie übersetzen nämlich jetzt die RNA-Schrift in eine Protein-Schrift, d. h. sie synthetisieren eine Kette aus *Aminosäuren, deren Sequenz bestimmt ist durch die Sequenz der Nucleotide* in der RNA. Dieser Vorgang ist vergleichbar der Übertragung eines Wortes aus Morse-Schrift in den Klartext aus gewöhnlichen Buchstaben:

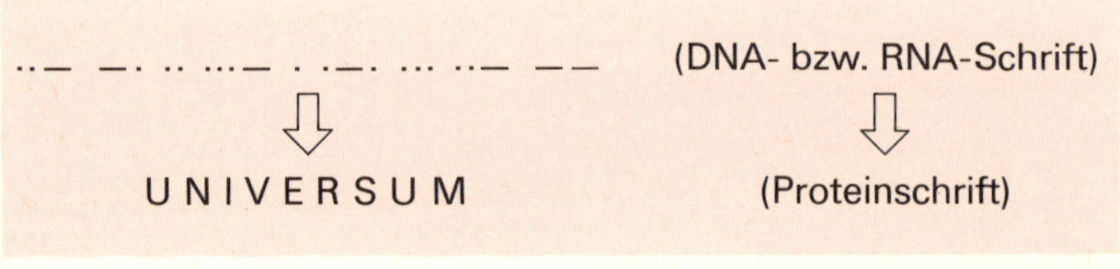

Die Entschlüsselung der RNA-Schrift ist dabei denkbar einfach. Vom Ende der RNA-Kette her werden je drei Nucleotide (Abkürzungen A, G, U oder C) abgezählt, und für jede solche Gruppe wird eine Aminosäure genommen, z. B.

	1 2 3	1 2 3	1 2 3	1 2 3	1 2 3	1 . .
Sequenz der RNA	A U G	G C A	U C A	G G C	C G C	. . .
zu einer	↓	↓	↓	↓	↓	
Protein-Kette:	Met	Ala	Ser	Gly	Arg	. . .

(Abkürzungen für verschiedene Aminosäuren)

Für jede Dreiergruppe aus Nucleotiden ist festgelegt, welche der 20 Aminosäuren genommen werden muß. Dieses »Übersetzungslexikon« ist der sogenannte *»genetische Code«*.

Die kritische Frage ist natürlich die: Woher »wissen die Köche«, also die Ribosomen, welche Aminosäure sie nehmen müssen, wenn eine Nucleotiddreiergruppe vorliegt? Die Antwort ist vereinfacht leicht – in allen Einzelheiten aber recht schwer zu geben: Das Ribosom (und eine Reihe anderer Moleküle, die bei dem Vorgang der Übersetzung helfen, nämlich aktivierende Enzyme, Transfer-RNAs und Translationsfaktoren) sowie vor allem die zu übersetzende Dreiergruppe der RNA passen einfach so aneinander und ineinander, daß in die kritische Stelle der Proteinkette sich schließlich nur eine bestimmte der 20 Aminosäuren einfügen läßt.

Der entscheidende Gesichtspunkt ist das »Passen«. Die ganze Maschinerie des Ribosoms und seiner Helfermoleküle ist so konstruiert, daß immer wieder bestimmte räumliche Moleküloberflächen ganz spezifische Paßformen zu anderen Moleküloberflächen haben. Diese tragen dafür Sorge, daß chemische Reaktionen nur in ganz bestimmter Reihenfolge mit ganz bestimmten Partnermolekülen ablaufen.

Das Ganze ist ein großes Muster, in dem Beziehungen zwischen einzelnen Teilen bestehen, die zueinander »passen«. Es existieren gegenseitige Abhängigkeiten, d. h. Paßformen zwischen den Oberflächen der Moleküle, die an diesem Übersetzungsprozeß beteiligt sind. Woher aber kommen denn überhaupt all diese so speziell geformten Oberflächen mit ihren zueinander passenden Teilmustern – woher kommt die ganze Maschinerie des molekularen Übersetzungsmechanismus?

Nun, wir hatten gesehen, daß entsprechend der Kochbuchanweisung (d. h. der DNA-Nucleotidsequenz) eine bestimmte Aminosäuresequenz synthetisiert wird. In Kapitel 6 hatten wir besprochen, wie eine bestimmte Reihenfolge von Aminosäuren zu einer bestimmten Knäuelung der Proteinkette führt. Jede Sequenz liefert so ein Protein mit einer charakteristischen Oberfläche. Das aber sind gerade die Molekülmuster, die wir für die Maschinerie brauchen.

Die Proteinsynthese-Maschinerie stellt also *selbst* – mit Hilfe der Anweisung der DNA-Schrift – mehr von all den benötigten spezifischen Oberflächen her. Sie baut selbst Stück für Stück die Teile neuer Maschinen. Für jedes Teilstück – für jede einzelne kritische Oberfläche gibt es einen bestimmten DNA-Abschnitt, der verschlüsselt die Bauvorschrift für gerade diese Musteroberfläche enthält.

Ein Ribosom z. B. besteht aus 58 verschiedenen Bauteilen, deren charakteristische Teilmuster verschlüsselt in 58 Abschnitten des riesigen DNA-Musters vorgegeben sind. Das Muster eines solchen DNA-Abschnitts erzeugt also (mit Hilfe der Maschinerie) ein ganz *anderes* (Protein-)Muster, dessen Gestalt aber in dem DNA-Muster eindeutig vorgeschrieben ist.

Etwa so:

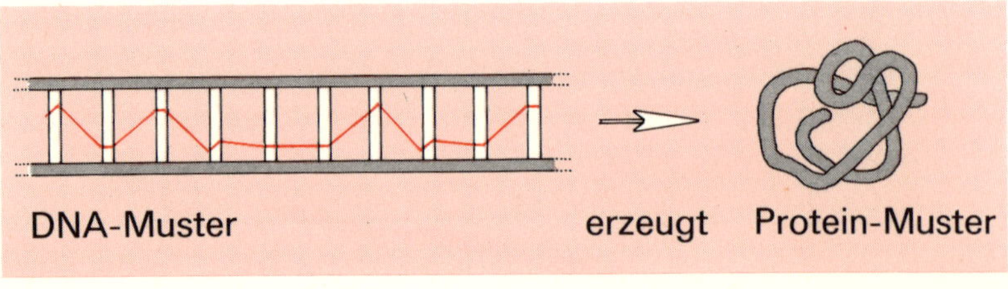

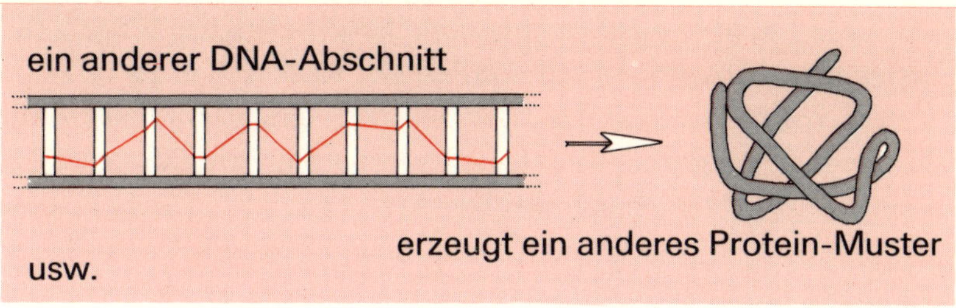

Die von der DNA mit Hilfe der Maschinerie erzeugten Protein-Muster setzen sich dann (wegen ihrer passenden Oberflächen) *von selbst* (Anlagerungsbindungen) zu neuen Protein-Synthese-Maschinen zusammen, die jetzt ihrerseits Übersetzungen durchführen können.

Der Übersetzungsmechanismus ist also verschlüsselt in der *Gesamtheit* des DNA-Musters. Seine verschiedenen, aufeinander abgestimmten Musterbereiche bestimmen die Muster der Ribosomenteile und die ihrer Helfer. Da Ribosomen aber schon vorliegen müssen, um die Information dieser DNA-Abschnitte umzusetzen, ist das Ganze ein Kreisprozeß vielseitiger Musterpaßformen, bei dem insgesamt bestimmte komplizierte Muster mehr solche Muster hervorbringen.

Besonders interessant ist dabei die Übertragung *eindimensional* aufbewahrter Muster (die DNA ist in ihrer Eindimensionalität leicht replizierbar) in die *drei*dimensionalen Paßformen von Proteinen. Es wäre viel schwieriger, dreidimensionale Oberflächen zu replizieren.

Den Musterabschnitt der DNA, der für eine Proteinkette verantwortlich ist, nennt man ein *»Gen«*. Die vielen Gene der eindimensionalen DNA enthalten die Information für je eine Proteinkette. Diese faltet sich automatisch und bildet so eine dreidimensionale Musteroberfläche, die im Gesamtprozeß der Zellreplikation eine ganz bestimmte Funktion erfüllt.

Wir haben bei der Beschreibung der Katalyse bereits erwähnt, daß lebende Zellen die Fähigkeit haben, auch solche molekularen Oberflächen planvoll herzustellen, die in der Lage sind, bestimmte, sonst praktisch unmögliche Reaktionen ablaufen zu lassen. Wir haben jetzt das Verfahren kennengelernt, das für die Bildung derartiger »Enzyme« benutzt wird: die Nucleotidsequenz eines DNA-Abschnitts beschreibt ein bestimmtes Protein mit dem benötigten Oberflächenmuster. Ein DNA-Abschnitt, ein Gen, »codiert« ein Enzym, das eine bestimmte chemische Reaktion ermöglicht.

Die Zelle braucht vielerlei solcher Enzyme, nicht nur für die Übersetzungsmaschinerie. Sie muß ja in der Lage sein, für alle Synthesen von DNA, RNA und Proteinen die erforderlichen Bausteinmoleküle bereitzustellen und alle Synthesen mit dem nötigen Treibstoff, d. h. mit energiereichen Molekülen zu versorgen.

Ein großer Teil der DNA einer Zelle erfüllt nur diese Aufgabe, nämlich für die vielen Enzyme zu sorgen, die ihrerseits Energie und Bausteine für alle biochemischen Prozesse bereitstellen. Andere Gene produzieren – wie wir gesehen haben – die Maschinerie für die Übertragung der DNA-Muster in Protein-Muster. Wieder andere liefern spezielle Proteine, die die Replikation der DNA bewerkstelligen.

Die DNA steht so im Zentrum aller Lebensvorgänge. Ihr Muster hat die faszinierende Eigenschaft, sich selbst zu replizieren mit Hilfe von Enzymen, die sie selbst erzeugt – erzeugt unter Mitwirkung einer Maschinerie, die ihrerseits in dem Muster der DNA verschlüsselt ist und die die Fähigkeit besitzt, Musterabschnitte der DNA in Protein-Muster zu übertragen.

Das Gesamtmuster der DNA steht so letztlich nur im Dienste der eigenen Replikation. *Leben hat nur eine Funktion: neues Leben zu erzeugen.*

Die Beschreibung der Molekularprozesse des Lebendigen wäre unvollständig, wenn das Phänomen der *Mutation* unerwähnt bliebe. Mutationen sind die Ereignisse, die ständig Veränderungen hervorbringen und damit die Grundlage für die biologische Evolution bilden.

So wie der besten Sekretärin beim Abschreiben eines Textes gelegentlich ein Tippfehler unterläuft, funktioniert auch die Kopierung der DNA-Schrift nicht absolut fehlerfrei. Unter den Millionen Buchstaben (Nucleotiden), die bei einer Replikation in richtiger Sequenz aneinandergereiht werden müssen, kommt es selten – sehr selten – zu einem Fehlgriff durch die beteiligten Enzyme. Irgendwo schleicht sich ein falscher Buchstabe ein, oder einer wird ausgelassen, oder ein zusätzlicher gerät in den Text.

Auch größere Fehler kommen vor, ein ganzer Abschnitt kann übersprungen oder versehentlich doppelt abgeschrieben werden, ein Abschnitt kann auf dem Kopf stehen oder an eine falsche Stelle geraten. Alle Fehler, die beim Setzen eines Buches vorkommen können, unterlaufen gelegentlich auch bei der DNA-Replikation. Der Begriff »Mutation« umfaßt all diese Fehlermöglichkeiten.

An welchen Stellen der DNA aber welche Fehler passieren, ist dem Zufall überlassen. Diese »Zufälligkeit« der Mutation ist nicht etwa nur ein Wort, hinter dem sich unsere Unfähigkeit versteckt, Kausalzusammenhänge korrekt zu erfassen. Mutationen können vielmehr ausgelöst werden durch kurzzeitige Molekülumlagerungen, die prinzipiell nicht vorhersehbar sind. Sie folgen aus Quanten-Vorgängen, für die die »Unschärfe-Relation« der Physik gilt. Ebenso wie niemand prinzipiell voraussagen kann, wann welche Atomkerne zerfallen, sind Art, Ort und Zeitpunkt von Mutationen prinzipiell unbestimmt. Der Zufallscharakter der Mutation ist also in den Grundeigenschaften der Materie begründet. Diese Unschärfe wird uns noch häufiger beschäftigen.

In jedem Fall ist das Resultat einer Mutation eine veränderte

Anweisung für die Zelle. Welche Konsequenzen hat das? Änderungen im DNA-Muster werden durch den Übersetzungsvorgang auch zu Änderungen im entsprechenden Proteinmuster. Manchmal wird das unwesentlich sein, dann können wir diese Mutation vergessen. Manchmal aber ist die kritische Oberfläche eines Proteins betroffen. Dieses kann dann wegen des Fehlers seine Funktion nur noch mangelhaft oder gar nicht mehr ausüben. Geringere Lebensfähigkeit des Organismus ist die Folge. Schlimmer natürlich noch ist das Fehlen ganzer DNA-Abschnitte. Der Ausfall mehrerer Proteine bedeutet sicheren Tod.

Wenn DNA-Muster so weit entwickelt sind, daß sie nur gute Paßformen der Proteine erzeugen, wird fast jede Änderung nachteilige Folgen haben. Es ist eben sehr unwahrscheinlich, daß ein Goethe-Gedicht durch einen Druckfehler schöner würde. Nur in Ausnahmefällen wird also durch die veränderte DNA-Information ein Protein entstehen, das seine Funktion noch besser als bisher erfüllt, oder gar eines, das zu einer neuen Funktion fähig wäre.

Das gilt aber nur, wenn alle Paßformen schon hochentwikkelt sind. In Anfangsstadien einer neuen Funktion wird diese noch recht unvollkommen sein. Dann ist die Chance weit größer, daß ein zufälliger Fehler zu einer Verbesserung führt.

Mutation ist also eine zweischneidige Angelegenheit: Auf der einen Seite werden durch sie viele defekte Organismen hervorgebracht, auf der anderen Seite bieten ja nur Veränderungen die Möglichkeit zur Verbesserung einer noch unvollkommenen Funktion. *Die Fehler der Replikation sind so Antrieb aller biologischen Evolution.*

8

Ich werde nie glauben, daß Gott mit der Welt Würfel spielt.

Einstein

Ein Turmbau der Unwahrscheinlichkeit

Als unsere Erde vor 4,6 Milliarden Jahren durch Gravitations- und Rotationskräfte zusammen mit dem ganzen Sonnensystem geboren wurde, war sie zunächst recht heiß und lebensfeindlich. Ihre Atmosphäre bestand aus Wasserdampf, aus Wasserstoff, Kohlendioxyd, Ammoniak, Stickstoff, Methan und anderen Gasen. [Die jetzige Atmosphäre aus Stickstoff (78 %) und Sauerstoff (21 %) ist eine Folge der Photosynthese, vgl. Kap. 11.] Der Wasserdampf kondensierte in den kühleren Bereichen der Gashülle, regnete auf den heißen Boden und verdampfte sogleich wieder. Langsam kühlte sich die Oberfläche unseres Planeten ab, und aus dem niederströmenden Regen wurden Flüsse, Seen und Meere.

In der Atmosphäre und gelöst im Wasser gab es einfache kleine Moleküle. Ihre Bindungen wurden aufgebrochen vom ultravioletten Licht der Sonne, von der Energie der Blitze elektrischer Entladungen, von der Erdwärme selbst, die aus Unterwasser- und Land-Vulkanen mit flüssiger Lava und Gasen aus dem Inneren des Planeten quoll. Einmal aufgebrochen, konnten sich aus den einfachen Molekülen größere, kompliziertere Moleküle bilden. Sie wurden durch den Regen aus der Atmosphäre in die Seen und Meere getragen und reicherten sich dort allmählich an. Es hat sich eingebürgert, diese wäßrige Lösung präbiologischer Moleküle die »Ursuppe« zu nennen.

Die chemischen Reaktionen unter diesen frühen Bedingungen unseres Planeten wurden in Laboratorien nachvollzogen. Es entstanden bei vielen dieser Experimente Bausteine für Kettenmoleküle und für andere Bestandteile heutiger Zellen.

Aber nicht nur auf unserem Planeten, auch sonst im Universum müssen entsprechende Reaktionen stattfinden. Der am 28. 9. 1969 in Australien niedergegangene »Murchison-Meteorit« enthielt eine Reihe von Aminosäuren (Glycin, Alanin, Glutamin, Valin, Prolin und andere) sowie verschiedene Kohlenwasserstoffe, von denen manche, aber nicht alle, in den Lebewesen unseres Planeten vorkommen.

An dieser Stelle wollen wir endlich den roten Faden der Evolution wiederaufnehmen mit der Frage, ob in – oder am Rande – der Ursuppe spontan ein Zusammenschluß von Bausteinen zu den Kettenmolekülen von Proteinen und Nucleinsäuren eintreten wird.

Auch hierzu sind in Laboratorien Versuche durchgeführt worden. Der spontane Zusammenschluß von Aminosäuren zu kleinen Proteinketten erfolgt zum Beispiel bei trockener Erhitzung der Bausteine auf etwa 160 Grad. Auch in wäßriger Lösung bilden sich Proteinketten in Gegenwart von Blausäure (HCN) und Ammoniak (NH_3). Ähnliche Resultate wurden – wenn auch weniger überzeugend – für kurze Ketten aus Nucleotiden erzielt.

Derartige Experimente sind notgedrungen auf chemische Reaktionen beschränkt, die zumindest nach einigen Monaten erfaßbare Mengen komplexer Substanzen liefern. Das große Laboratorium der Ursuppe hatte dagegen nicht nur an vielen Stellen der Erde ganz verschiedene Bedingungen, sondern hatte vor allem Zeit – Millionen und Millionen von Jahren.

Waren aber erst einmal kurze Kettenstücke vorhanden, so konnten diese selbst wieder andere Synthesen ein kleines bißchen katalysieren. Nicht daß solche Hilfe der katalytischen Wirkung späterer Proteine vergleichbar gewesen wäre – es waren erste, schwache Anfänge. Und doch, in Gegenwart dieser oder jener kurzen Proteinkette mochte manche Reaktion ein wenig schneller eintreten – auch hie und da das Zusammenfügen von Kettenbausteinen. Je länger die Ketten wurden, desto mehr konnten sie die verschiedenen chemischen Reaktionen anderer Moleküle erleichtern, desto schneller wuchs die Zahl komplexerer Moleküle in der Ursuppe an. Es war ein Prozeß, der sich selbst beschleunigte.

Auch ohne Kenntnis der Einzelheiten des historischen Ablaufs können wir heute also – gesichert durch viele Laborversuche – auch die nächste Stufe der Evolution als spontane Entwicklung erkennen, die unter geeigneten Umweltbedingungen ablaufen muß. Wir symbolisieren diese dritte Integration durch:

der rote Faden
von Seite 56

$\int$ Moleküle → Polymer.

Wieder ist – wie schon zweimal zuvor – durch das Zusammenfügen von einfachen Bausteinen – diesmal zu Ketten – eine höhere Ebene von Komplexität erreicht, die jetzt über eine praktisch unbegrenzte Fülle von Mustermöglichkeiten verfügt.

Vergessen wir einmal zur Vereinfachung, daß es Proteine aus 20 und Nucleinsäuren aus 4 verschiedenen Bausteinen gibt, und nehmen wir an, wir hätten es nur mit einer Art von Kettenmolekülen zu tun, die sich aus 10 verschiedenen Bausteinen *a, b, c, d, e, f, g, h, i, k* bilden würden. Diese 10 Bausteine sollen in der Ursuppe etwa in gleicher Häufigkeit vorliegen und sich auf irgendeine Weise zu zufälligen Ketten zusammenfügen.

Wir müssen offen lassen, wie wahrscheinlich Ketten aus zum Beispiel sechs Bausteinen wären – das hinge von den katalytischen Bedingungen der Ursuppe ab und soll uns jetzt nicht interessieren. Wenn aber eine Sechserkette vorläge, so können wir die Wahrscheinlichkeit angeben, daß sie die Bausteinfolge »*kafdid*« zeigt:

Die Wahrscheinlichkeit für ein *k* als erstes Glied der Sechserkette in $1/10$, da wir 10 gleich häufige Bausteine angenommen haben. Auch für *a* als zweites Glied ist die Wahrscheinlichkeit $1/10$ usw. Bei zufälliger Bildung einer Sechserkette ist also die Wahrscheinlichkeit für die Sequenz *kafdid*:

$$\frac{1}{10} \cdot \frac{1}{10} \cdot \frac{1}{10} \cdot \frac{1}{10} \cdot \frac{1}{10} \cdot \frac{1}{10} = \frac{1}{10^6} = 10^{-6}$$

Die gleiche Wahrscheinlichkeit hat auch jede andere Sechsersequenz, also z. B. »*gabedi*«.

Wenn nun viele winzige Tröpfchen vorlägen mit den verschiedensten Sechserketten, von denen eines die Kette *kafdid* enthielte, und wir fragten, welches Tröpfchen wohl die größte Wahrscheinlichkeit für eine Siebenerkette »*kafdida*« hätte, so wäre dies sicher das *kafdid*-Tröpfchen. In diesem Tröpfchen nämlich brauchte nur die *schon vorhandene* Sequenz mit dem richtigen Baustein verlängert zu werden, was gar nicht so unwahrscheinlich wäre.

In einem Tröpfchen, das die Ketten »*kafdida*« und »*gabedi*« enthielte, hätte sogar eine 13er-Sequenz »*kafdidagabedi*« eine Chance, durch Zusammenschluß zu entstehen, obwohl bei einer solchen Kettenlänge nur eine unter 10^{13} Ketten dieser Länge gerade diese Bausteinsequenz hätte.

Wir erkennen: die Sequenz größerer Polymere entsteht aus anfänglichen Zufallsereignissen, auf denen sich Schritt für Schritt weitere Zufallsereignisse aufbauen. Je weiter dieser Prozeß geht, je mehr sich also »Unwahrscheinlichkeit auf Unwahrscheinlichkeit türmt«, desto weiter entwickelt sich das molekulare Muster zu einer Sequenz, für die im voraus nur eine winzig kleine Chance bestanden hätte. Die schließlich verwirklichten Muster waren *a priori* extrem unwahrscheinlich.

Wenn wir fragen, ob eine entstehende zufällige Hunderterkette eine im voraus beliebig vorgegebene Sequenz zeigen könnte, so ist die Antwort unbedingt »nein«, da die Wahrscheinlichkeit dafür 10^{-100} beträgt. Das heißt, auch wenn wir noch so lange warten, *genau diese* Sequenz würde wohl *niemals* in unserer Ursuppe auftreten – sie ist praktisch unmöglich. Dennoch – wenn unsere Ursuppe die Fähigkeit hat, Ketten solcher Länge zu bilden, müssen diese ja *irgendeine* Sequenz haben, d. h. irgendeine von den unvorstellbar vielen verschiedenen, »praktisch unmöglichen« Kettensequenzen kommt dann eben doch zustande.

Der atemberaubenden Unwahrscheinlichkeit der einzelnen Sequenz steht eine ebenso atemberaubende Fülle von Möglichkeiten gegenüber. Ein Turmbau von Unwahrscheinlichkeit führt zum »Unmöglich-Scheinenden«.

Die so entstandenen größeren und kleineren Polymere existieren nun nicht einfach beziehungslos in der Ursuppe nebeneinander her, sie stoßen gelegentlich zusammen und bleiben vorübergehend aneinander haften. Manche, die zufällig viele Anlagerungsbindungen schließen können, bleiben lange zusammen und lagern eventuell bei Gelegenheit noch einen zusätzlichen Partner oder auch kleinere Einzelmoleküle an. Eventuell sammeln sie sich auch auf bestimmten Gesteinsoberflächen – in winzigen Höhlungen.

So bilden sich – wie auch im Experiment mit Stücken von Proteinketten und Nucleinsäuren nachvollziehbar – »Aggregate« aus nur wenigen Kettenmolekülen oder auch größere Klümpchen aus zahlreichen Polymeren. Irgendwann zerbrechen sie wieder in kleinere Aggregate oder in einzelne Molekülketten. Diese lagern sich mit anderen Partnern zusammen – und zerfallen aufs neue. In diesem Gleichgewicht von Zusammenschluß und Zerfall werden unvorstellbare Zahlen von immer anderen Kettenkombinationen mit verschiedensten Bausteinsequenzen erprobt.

In den Aggregaten gehen gelegentlich chemische Reaktionen vor sich. Die beteiligten Proteine bieten vielerlei Oberflächen, an denen diese oder jene Umwandlung eines Moleküls erfolgen kann. Manchmal auch werden einzelne Bausteine an schon bestehende Polymere angefügt, manchmal zwei Ketten zusammengeschlossen. Aber wenn ein Verband – ein Aggregat – zerbricht, sind wieder Einzelketten oder kleinere unorganisierte Verbände da – völlig verschieden voneinander.

Auch an dieser Stelle könnte alle Evolution enden. Es würde Aggregate geben und neue Aggregate – bis in alle Ewigkeit immer andere Aggregate. Aber die Fähigkeit der Materie zu Musterwachstum ist nicht erschöpft.

Wir sind an die Schwelle des Lebens vorgedrungen. Jede einzelne Polymerkette beruht auf einem Turmbau von Unwahrscheinlichkeiten. Jedes Aggregat aus mehreren solchen Ketten setzt diesen Turmbau fort. Die Unwahrscheinlichkeiten der einzelnen Ketten multiplizieren sich. Es ist eine solche unübersehbare Fülle von Aggregaten möglich, daß diese alle untereinander verschiedene Turmbauten sind. *Jedes Aggregat ist ein neuer Versuch, die Schwelle zum Leben zu überschreiten.*

Wie groß ist die Aussicht auf Erfolg? Können wir die entscheidende Frage beantworten? Nämlich diese:

> Muß sich Leben zwangsläufig entwickeln, d. h. wird auf 100 anderen Planeten mit ähnlichen Bedingungen überall Leben entstehen,
> oder
> ist das Leben auf unserer Erde ein »Wunder«, das alle Wahrscheinlichkeitserwartungen gegen sich hatte – mit der daraus folgenden Konsequenz, daß das Leben auf diesem Planeten auch wohl das einzige Leben im für uns sichtbaren Universum ist?

Diese Frage ist aus Überlegungen zu Aggregatwahrscheinlichkeiten *nicht* zu beantworten. Man kann nämlich zwar abschätzen, wie viele Aggregatversuche es in einer Million Jahre gab, und auch, wie groß wohl Strukturen sein müßten, um Anfänge von Leben zeigen zu können, aber wir haben *absolut keinen Anhaltspunkt* für die entscheidende Frage:

Wie groß ist der *Anteil* aller Zufallsaggregate, die erste Anzeichen von Leben enthalten? Eines unter 10^5, eines unter 10^{10} – unter 10^{20}, 10^{50}, 10^{100}? Niemand weiß es. Die Wahrscheinlichkeit der Entstehung des Lebens läßt sich nicht berechnen.

Deswegen sind Behauptungen, die sich nur auf Wahrscheinlichkeiten der Aggregatbildung stützen – sei es die Behauptung, das Leben auf unserem Planeten sei ein einmaliges, einzigartiges Ereignis, es sei eigentlich also ein »Wunder« –, ebenso nur das Spiegelbild eines persönlichen Vorurteils wie die umgekehrte Feststellung, das Leben sei ein zwangsläufiges Resultat der sich bildenden Aggregate. Beide Behauptungen basieren auf unbeweisbaren Zahlenannahmen und verlassen gleichermaßen den Boden der heute gesicherten wissenschaftlichen Erkenntnis. Wir werden in den letzten Kapiteln des Buches auf dieses Problem zurückkommen und dann in einem größeren Zusammenhang diese für das Selbstverständnis des Menschen so wichtige Frage nochmals aufwerfen.

9

Das Gewebe der Welt besteht aus
Zufall und Notwendigkeit.

Goethe

Der Durchbruch

Polymer-Aggregate entstehen und zerfallen. Unter ihnen sind manche mit besonders bindungsfreudigen Polymeren, die sich weitere Moleküle und Polymere anlagern. Sie wachsen allmählich, bis auch sie eines Tages auseinanderbrechen. Noch ist keine Rede davon, daß dabei etwa ähnliche Verbände entstünden. Aber manche Tochterstrukturen lagern neue Polymerketten an, und wieder zerfallen sie – oder teilen sie sich?

Der Weltraumfahrer eines anderen Planeten steht vor dem Tümpel solcher Ursuppe. Kann er Leben entdecken? Werden die biochemischen Labors seiner Heimat in der entnommenen Wasserprobe Lebensspuren finden? Sicher werden sie Aggregate, Polymere und Moleküle identifizieren, aber Wachstum und Teilung der Aggregate sind viel zu langsam, um erkennbar zu sein.

Dennoch hat im Tümpel in aller Stille etwas völlig Neues begonnen: ein Wettlauf jedes Aggregats gegen seinen eigenen Zerfall. Wird ein Verband sich in zwei Verbände aufteilen, bevor er selbst zerstört wird – durch ultraviolettes Licht, durch Hitze? Werden die Aggregate einer »Vermehrungsfamilie« (also auseinander hervorgegangene) weiter wachsen, sich weiter teilen, oder werden sie alle Opfer des Zerfalls, bevor sich die Familie »fortpflanzen« kann? Nur Verbände mit festem Zusammenhalt haben eine Chance. *Wettbewerb hat seinen Anfang genommen.*

Aber noch sind »Vermehrungsfamilien« keine wirklichen Familien. Ihre Mitglieder haben kaum Anzeichen von Ähnlichkeit. Oder etwa in manchen Familien doch? Kommen vielleicht bei ihren Mitgliedern kurze Nucleinsäureketten vor, die ähnliche Nucleotidsequenzen haben? Haben diese Aggregate vielleicht Proteine, die helfen, dies Stückchen Nucleinsäure zu replizieren – langsam, ganz langsam?

Wir hatten die stufenweise Integration von Atomen und Molekülen beobachtet. Auf jeder Stufe der Bausteinzusammenfassung entstanden neue Musterganzheiten mit neuen Eigenschaften. Doch alles Bisherige an Neuheit verblaßt gegenüber der jetzt auftretenden neuen Musterfähigkeit.

Sehen wir uns an, was da passiert beim Übergang der materiellen zur biologischen Phase der Evolution: In der Ursuppe gibt es eine Fülle verschiedener molekularer Muster (Polymere aus Aminosäuren oder aus Nucleotiden). Wir wollen ihren Mustercharakter vereinfacht durch rote, graue und weiße Felder so veranschaulichen:

Solche Polymere fügen sich zu Aggregaten zusammen:

Eines Tages zerfallen diese, aber die Bausteine der Aggregate beteiligen sich an der Bildung neuer Aggregate. Und wieder Zerfall und wieder neuer Zusammenschluß mit anderen Partnern. Zufall stellt eine *unübersehbare Fülle verschiedener Muster* zusammen. Durch Jahrmillionen herrschen so Aufbau und Zerfall.

Aber was ist das? Irgendwann, irgendwo entsteht im Zufallsreigen der Aggregate ein ungewöhnliches Großmuster. Seine Bausteine haben bestimmte innere Beziehungen. Durch Zufall passen Teilbereiche seiner Polymere auf ganz besondere Art zueinander. Das ist das Entscheidende an einer lebendigen Struktur. Ihre Einzelteile hängen nicht zusammenhanglos nebeneinander – sie haben einen bestimmten inneren Bezug. Sie haben eine ganz *besondere Art von Aufeinander-Abgestimmtsein.* Diese ist es, die das Aggregat zur *Selbstreplikation* befähigt, d. h. ihm die Potenz verleiht, sich zu verdoppeln.

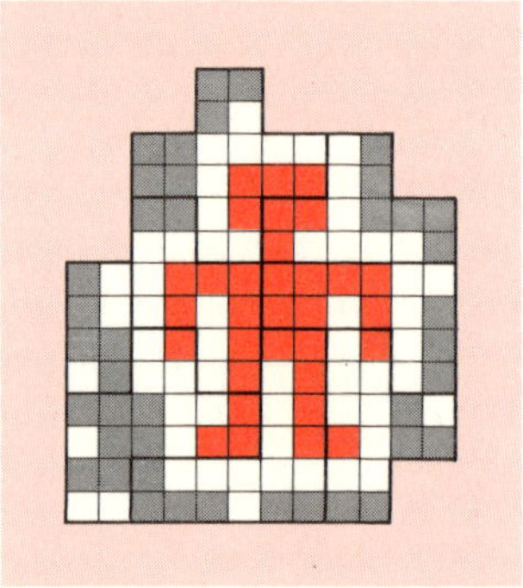

Es gibt nämlich Proteine in diesem Aggregat, die helfen können, die Sequenz der Bausteine von Nucleinsäuren in Sequenzen von Aminosäuren zu übertragen. Andere können die Replikation der Nucleinsäuren bewerkstelligen. Die Nucleinsäuren des Aggregats enthalten Sequenzen, die zur Synthese solcher Proteine führen. Die Schicksale von Proteinen und Nucleinsäuren sind zu einem Kreisprozeß verknüpft. »Wissen« (Nucleinsäure) und »Handeln« (Proteine) sind zu *einem* Muster verflochten.

Dieser auf sich selbst rückwirkende Kreisprozeß ist die neue, auf dem Planeten vorher nie dagewesene Art von einzigartigem Zusammenpassen von Muster-Teilbereichen. Eine ganz neue Potenz von Musterwirkung ist entstanden – eine ganz besondere Art von Information (vgl. Kap. 5). Man nennt diese Art von Information, die die Replikation des eigenen Musters gestattet, die *genetische Information* des Musters. In unserem Modell wird sie symbolisch als »Bild« veranschaulicht.

Eine lebendige, also replikationsfähige Einheit muß so beschaffen sein, daß sie die Vorschriften ihrer Nucleinsäuren lesen kann – die Vorschriften der Nucleinsäuren andererseits müssen wieder Strukturen, Moleküle mit dieser Lesefähigkeit erzeugen (vgl. Kap. 7). Wir erkennen eine auf sich selbst zurückwirkende, vernetzte Abhängigkeit, bei der Einzelteile in sinnvoller, harmonischer Beziehung zum Ganzen stehen. In diesem kreisartigen Ineinandergreifen liegt die genetische Information eines biologischen Musters. Schon die ersten, schlecht replizierenden Klümpchen aus Polymeren müssen *Anfänge* dieses Zueinanderpassens unter ihren Musterteilbereichen besitzen – Anfänge, die durch Zusammenfügen kleinerer Muster zufällig entstanden sind.

Bisher war die wichtigste Mustereigenschaft die, als Baustein für größere Muster-Ganzheiten dienen zu können. Es war im wesentlichen eine passive Rolle. Jetzt werden Muster möglich, die selbst äußerst aktiv an der Mustervermehrung mitwirken. Sie bauen weitere, sich selbst ähnliche Muster aus den Bausteinen der Umgebung zusammen. Sie haben angefangen zu leben. Eine neue Welt entfaltet sich. Wenn molekulare Muster entstehen, die von sich aus mehr und ähnliche Muster herstellen, muß sich die Oberfläche dieses Planeten verändern – mit solchen Mustern füllen.

Die ersten Muster mit einem Anfang von genetischer Information sind extrem unvollkommen. Sie replizieren sich nur äußerst langsam und bringen nicht identische, sondern nur entfernt ähnliche Strukturen hervor. Mit anderen Worten: das Prinzip der Selbstreplikation funktioniert nur äußerst mangelhaft. Vom Standpunkt späterer Biologie aus gesehen, werden noch viel zu viele »Fehler« gemacht – zufällige Fehler in dieser und jener Richtung. Doch gerade diese »Unschärfe« der Replikation ist die Stärke der unvollkommenen Strukturen:

Unter all den vielen Veränderungen (Mutationen) nämlich, die die schwache Replikationsfähigkeit wieder verschlechtern oder gar zunichte machen, werden gelegentlich auch solche Veränderungen sein, die zufällig die Genauigkeit oder die Geschwindigkeit der Replikation ein wenig steigern.

Wenn sich nun aber alle Klümpchen mehr oder minder genau und mehr oder minder schnell nebeneinander replizieren, werden *zwangsläufig* nach einer Weile in der Fülle der Strukturen diejenigen Einheiten am häufigsten sein, die sich schneller als andere replizieren. Weiter wird unter diesen schnellen Replizierern dasjenige Muster am häufigsten vorkommen, das sich mit möglichst großer Genauigkeit repliziert. Dieses nämlich wird immer mehr Muster des eigenen Typs herstellen, während die ungenauen Replizierer alle Arten von fehlerhaften Varianten produzieren. In der Riesenmenge der verschiedensten replikationsfähigen Einheiten werden sich so *zwangsläufig als häufigste Typen diejenigen herausbilden, die sich schneller als andere und korrekter als andere replizieren können.*

Das Prinzip der *unscharfen Replikation* enthält so in sich selbst eine *Automatik zur Verbesserung* – d. h. zu schnellerer und korrekterer Replikation. Es ist, als ob sich das Muster – wie einst Münchhausen – am eigenen Schopf aus dem Sumpf von Ungenauigkeit und Langsamkeit emporzöge.

Die Unschärfe führt zwar meist zu einer Verminderung der Replikationsfähigkeit, doch werden sich all diese Muster ja noch langsamer oder noch fehlerhafter oder gar nicht mehr replizieren – sie sinken schnell in Bedeutungslosigkeit. Dagegen führen die weit weniger häufigen Änderungen, die durch Zufall eine Verstärkung der Potenz zur Replikation bewirken, zu mehr von gerade diesen verbesserten Mustern.

Diejenige Einheit also, die am besten in ihren Teilbereichen auf sich rückwirkend zusammenpaßt, wird sich durchsetzen. »Survival of the fittest« heißt auf dieser Stufe der Entwicklung vor allem das Überleben des »Passendsten«, das Überleben des in sich harmonischsten Musters.

Wir sind gewohnt, Unschärfe für etwas Negatives zu halten. Aber es ist gerade Unschärfe, die die Replikation verbessert. Es ist Unschärfe, die – wie wir später sehen werden – sprachliche Kommunikation möglich macht. Es ist Unschärfe, die in der Physik der Elementarteilchen als fundamentales Prinzip auftritt. Unschärfe der Natur liegt aller Evolution zugrunde. Sie ist der Zufallsaspekt des Geschehens – die *Freiheit* der sich selbstbeschränkend entwickelnden Muster.

Die Selbstorganisation des Lebens ist also durch Unschärfe ins Rollen gekommen. Zufallsänderung folgt auf Zufallsänderung. Zufällig auftretende Harmonie-Verstärkung der genetischen Information bleibt jedesmal erhalten, zufällige Verschlechterungen sinken in die Masse der nicht-replikationsfähigen Aggregate zurück.

Der Turmbau der Unwahrscheinlichkeit wächst ins Unvorstellbare: Mit jeder Mutation, die Replikations-verbessernd im Muster erhalten bleibt, vergrößert sich nämlich die rechnerische »Unmöglichkeit« der Struktur. Das Ganze ist wie ein Würfelspiel, bei dem nur die glücklichen Würfe, die mit einer Sechs, zu Protokoll genommen werden. Nur sie bleiben ja erhalten. Nur sie geben ihr Würfelprotokoll als Erbinformation an viele Nachkommen weiter. Alle anderen Protokolle werden einfach vergessen, weil sie ohne Bedeutung für die Zukunft bleiben. Wer das immer weitergegebene Protokoll später liest, wird beim Anblick lebender Strukturen sagen: Das ist einfach unmöglich, das kann kein Würfel-Protokoll sein. Die Organismen unserer Welt sind solche *Auswahl-Protokolle*, nur die Glückstreffer wurden registriert – nur das Positive an Nachkommen weitergereicht. Alle anderen Würfe – und das waren viel, viel mehr – sind dem Vergessen anheimgefallen.

Eine lebende Struktur ist ein Muster. In ihm treten zufällige Änderungen oder Erweiterungen auf. Ob diese aber erhalten bleiben, aufgenommen werden in das Erbprotokoll der Struktur, hängt nur davon ab, ob sich solche Änderungen harmonisch *in das schon bestehende Muster einfügen.*

Das vorhandene Muster beeinflußt nicht den ersten Schritt. Die Möglichkeiten von Mutationen sind nicht beschränkt. Aber *dann* wird jede auftretende Änderung gemessen an den *schon vorhandenen* Harmonien der Struktur. *Passende* Mutationen werden aufgenommen, bleiben erhalten – nicht-passende werden verworfen. Das Zufallsergebnis der Mutation wird »gesiebt«. Nur das bleibt im »Sieb« hängen (Selektion), was sich in das vorher Gewachsene einfügt.

Was verbleiben darf, wird bestimmt durch das vorher aus Zufällen aufgetürmte Muster. Vergangene Zufallsereignisse entscheiden, welche neuen Zufallsereignisse akzeptiert werden und welche nicht. Vergangenes wirkt auf Zukünftiges. Das Muster wächst weiter.

> Die letzten drei Seiten sind von größter Wichtigkeit zum Verständnis aller Evolution. Auch wenn alles klar schien, wäre es gut, diesen Abschnitt nochmals langsam zu durchdenken.

Muster gewinnen nicht nur immer wirkungsvollere genetische Information, sie nehmen auch an Größe zu. Immer wieder nämlich wird mal hier, mal dort eine Kette um ein oder einige Glieder verlängert und dadurch vielleicht noch mehr befähigt, ihre Funktion wahrzunehmen. Manchmal wird ein ganzes Polymer neu aufgenommen, und gelegentlich kann es sogar zu einem Zusammenschluß zweier replikationsfähiger Muster kommen. Dabei mag eine besonders gut und schnell replizierende Struktur entstehen, weil der eine Verschmelzungspartner diese, der andere jene Fähigkeit aufgrund seiner Muster besser beherrscht. Vereint sind beide damit all ihren Geschwistern überlegen.

Wir wollen all diese Vorgänge der Verbesserung durch ungenaue Replikation, der Erweiterung des Musters durch zufällige Kettenverlängerungen oder durch Zusammenschluß von bereits replikationsfähigen Mustern in einer sprachlichen Analogie nochmals veranschaulichen. Dafür seien Polymer-Aggregate durch Buchstabenfolgen dargestellt, wobei die genetische Information von Mustern, also ihre Replikationsfähigkeit, symbolisiert wird durch den *sprachlichen Sinn* der Buchstabenfolge. Je mehr sprachlicher Sinn darin steckt, desto schneller und korrekter sei die Replikation des Musters.

Die Buchstabenfolge »ES« charakterisiert demnach ein zwar sehr kleines, aber in sich harmonisches Muster mit Replikationsfähigkeit (sprachlicher Sinn). Dagegen gibt die längere Folge »RVSLMA« ein nicht harmonisches Aggregat wieder. Ihm fehlt sprachlicher Sinn, also Replikationsfähigkeit.

Kehren wir nun noch einmal zum Beginn des Lebens zurück. Die Ursuppe ist gefüllt mit Polymeren und Polymer-Aggregaten:

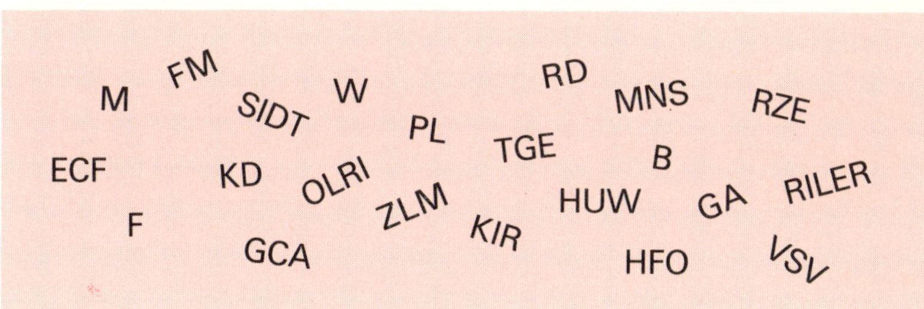

Irgendwo, irgendwann taucht ein erstes sprachlich sinnvolles Muster auf:

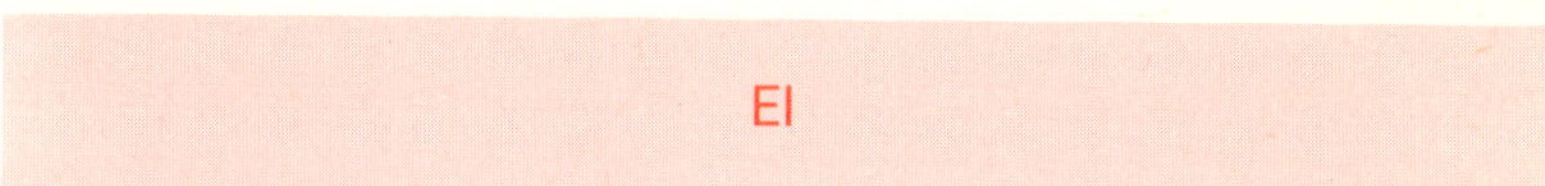

Seine Replikationsfähigkeit ist durch roten Druck hervorgehoben. Dieses Muster wird also anfangen, ähnliche Muster aufzubauen, und sich gelegentlich auch fast korrekt replizieren:

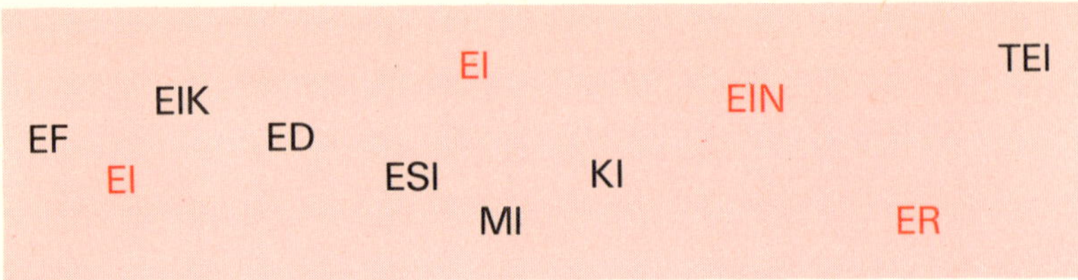

Manche von diesen Tochtermustern sind wieder in sich harmonisch (sprachlicher Sinn und Rotdruck), die meisten sind es nicht – sie können sich also nicht replizieren und werden eines Tages wieder zerfallen, ohne Spuren auf diesem Planeten zu hinterlassen. Verfolgen wir die Entwicklung weiter:

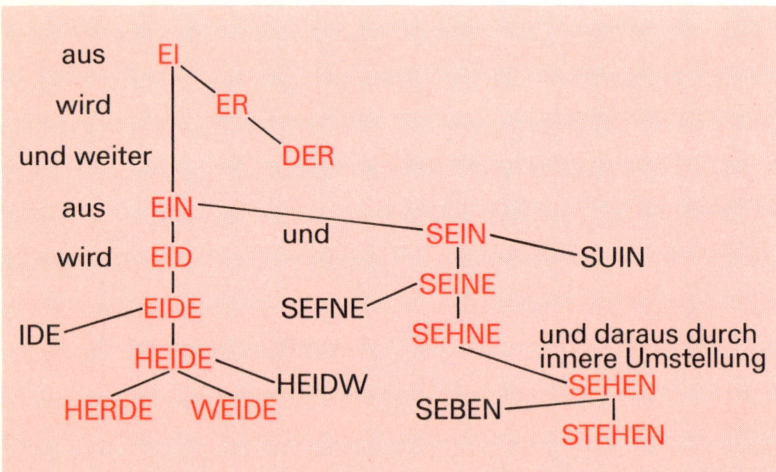

Es entwickeln sich so aus einem Ursprung viele verschiedene Replikations-Muster. Alle unterliegen immer wieder Veränderungen, doch die nicht-harmonischen, sprachlich unsinnigen Muster haben keine Nachkommen. Wir können sie daher bei der weiteren Betrachtung einfach weglassen.

Jedes Sinn-Muster wird aber auch sich selbst herstellen, und zwar um so häufiger, je schöner sein sprachlicher Sinn – seine genetische Information ist. Wir brauchen auch das nicht immer wieder hinzuschreiben.

In der Ursuppe ist vielleicht auch an anderer Stelle durch Zufall ein neues Sinnwort entstanden:

Auch eine dritte Familie mag entstehen:

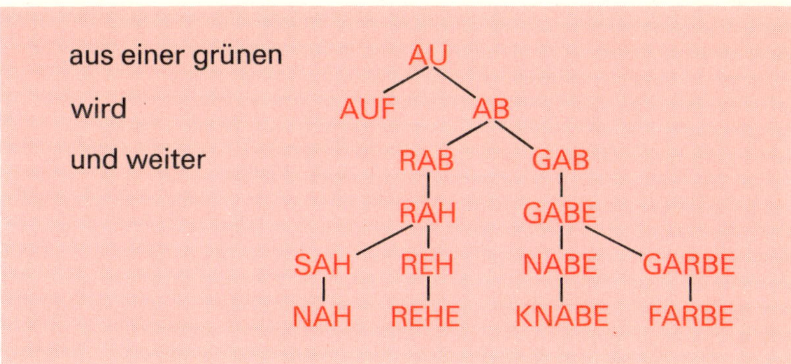

Während sich so die Familien weiter ausbreiten und fortentwikkeln, setzt auch der Vorgang der Vereinigung zweier Muster ein:

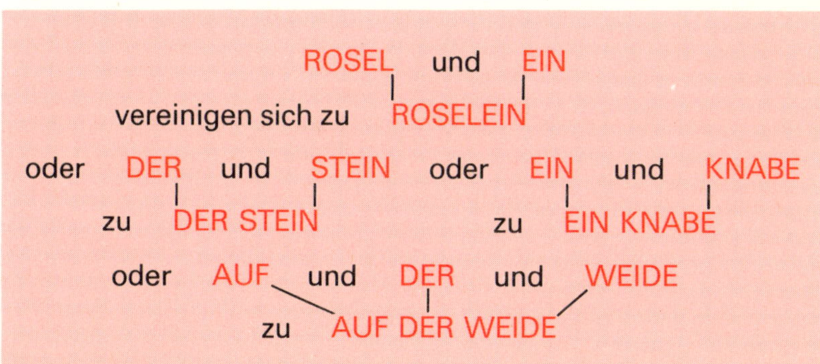

Die genetische Information, d. h. die Replikationsfähigkeit, verbessert sich schnell. Der Zusammenschluß geht weiter:

SAH EIN ROESLEIN (innere Umgruppierung von ROSELEIN)

EIN KNABE STEHEN

SAH EIN KNABE EIN ROESLEIN STEHEN

ROESLEIN AUF DER WEIDE

Der sprachliche Sinngehalt unseres Musters ist gewaltig angewachsen; nur noch wenige Zusammenschlüsse, einige unwesentliche Veränderungen, und die Harmonie der genetischen Information ist vollkommen:

SAH EIN KNAB EIN ROESLEIN STEHN – ROESLEIN AUF DER HEIDEN

In diesem sprachlichen Modell findet – ebenso wie bei der Entwicklung des Lebens – ein ständiges Wachstum von Information statt. Und das in zweifachem Sinne: einerseits nehmen die Muster an Größe zu, andererseits wächst zunehmend die innere Abgestimmtheit, die harmonische Wechselbeziehung zwischen den Teilen des Musters, die deren Wirkungspotenz ausmacht.

Die sprachliche Analogie der Entstehung eines voll replikationsfähigen Großmusters betont darüberhinaus nochmals die fundamentale Eigenart dieses Vorgangs: den Turmbau der Unwahrscheinlichkeit.

Anfängliche Zufallsereignisse (EI, ROT, AU) entwickeln sich durch weitere Zufallsereignisse zu immer größeren Mustern. Jeder Schritt baut auf Zufallsereignissen der Vergangenheit auf. Je größer das Muster wird, desto mehr verschiedene

Formen kann es annehmen. Die Fülle dieser *Freiheit* ist jedoch *beschränkt* durch die Zufallsereignisse früherer Entwicklung. Um dies grob, aber deutlich zu veranschaulichen: In dem betrachteten Bereich der Ursuppe hätte sehr wohl ein sprachliches Replikationsmuster

EINSTEIN SAH EIN ROSS UND EINEN RABEN AUF DER WEIDE

entstehen können. Dafür waren alle Teilvoraussetzungen gegeben. Unmöglich jedoch wäre – auf *diesen* Anfängen aufbauend – die Entstehung des Musters:

BEDECKE DEINEN HIMMEL, ZEUS, MIT WOLKENDUNST

Wir haben die zweite Phase der Evolution des Universums erreicht. Integrationen haben zu replikationsfähigen Mustern geführt. Es sind noch keine vollständigen Zellen wie die jetzt lebenden Organismen, aber doch in sich harmonische Einheiten. Fachleute nennen sie »Protobionten«, also etwa »Urlebewesen«. Wir können in unserer symbolischen Schreibweise diesen so bedeutungsvollen Schritt charakterisieren durch

der rote Faden
von Seite 93
∫ Polymere → Protobiont

Das Leben hat von der Oberfläche des Planeten Besitz ergriffen. Neue, biologische Prinzipien gestalten den weiteren Weg.

10

. . . eine neue Wissenschaft, der ich den Namen Biologie geben will.

Lamarck

Wie das Leben leben lernte

Biologische Evolution beruht auf der Fähigkeit von Mustern, neue Muster zu erzeugen. Schon in der materiellen Phase ist dieses Prinzip gelegentlich erkennbar: Im Innern von Sternen nämlich kann ein Kohlenstoffkern (bei genügend hoher Temperatur) nacheinander vier einzelne Protonen aufnehmen und als α-Teilchen wieder ausstoßen (Kohlenstoff-Zyklus). Später in der materiellen Evolution sorgt Katalyse für den Aufbau molekularer Muster an bereits vorhandenen Musteroberflächen.

Mit dem Auftreten »lebender« Einheiten hat das Prinzip des *»Muster erzeugen mehr Muster«* in der Selbstreplikation eine Stufe neuer Perfektion erreicht. Das Perfekteste der Replikationsfähigkeit ist jedoch ihre »Nur-fast-Perfektion«. Ohne Ungenauigkeit nämlich, d. h. ohne gelegentliche Zufallsfehler, wäre jede Entwicklung unmöglich. Replikationsirrtümer und anschließende Selektion der »passenden« Änderungen sind die Triebkräfte des jetzt immer schneller ablaufenden Musterwachstums.

Die Weiterentwicklung ist zwangsläufig. Die Unschärfe der Musterreplikation läßt keine andere Wahl. Zugleich sorgt sie dafür, daß Unschärfe weiter bestehen bleibt. Selbst dann nämlich – oder besser: gerade dann, wenn einige Muster das Pseudo-»Ideal« einer fehlerfreien Replikation erreichen würden, wären sie für die weitere Evolution bedeutungslos, da diese Irrtumsfreiheit sie auf dem erreichten Niveau *erstarren* ließe, wo sie bald von anderen, weniger perfekt replizierenden Mustern erreicht und überholt würden. Merkwürdig, daß gewisse große Molekülaggregate gerade *diese* neue Eigenschaft der unvollkommenen Selbstreplikation mit dem unabdingbaren Zwang zur Fortentwicklung gewinnen.

Der Übergang zur zweiten Phase der Evolution macht Musterwachstum und Mustervermehrung unabhängig von früheren Hilfen, die in der materiellen Phase eine wesentliche Rolle spielten. Mehr noch, diese bisher förderlichen physikalischen Faktoren werden jetzt sogar Muster-schädlich. Während früher z. B. elektrische Entladungen, Hitze oder ultraviolettes Licht zum Aufbau komplexerer Moleküle wichtig waren, werden biologische Muster jetzt durch solche Ereignisse bedroht. Ihre Strukturen sind so fein abgestimmt, daß jede grobe Außenwirkung zur Störung der inneren Harmonie führt. Die in der Vergangenheit aufbauenden physikalischen Zufallsprozesse werden jetzt zu einem Hemmnis des Musterwachstums. Der Beginn der biologischen Phase bringt nicht nur neue Fähigkeiten, sondern auch neue »Spielregeln«, z. B. den Wettbewerb. Ein analoges Phänomen wird uns beim Übergang von biologischer zu intellektueller Phase begegnen.

Bisher haben wir nicht gefragt, woher bei der Replikation biologischer Muster die Bausteine für die Tochterstrukturen stammen. Wir haben stillschweigend angenommen, daß diese in der Ursuppe vorhanden sind und von dem Mutter-Muster aufgesammelt werden. Nach erfolgtem Zusammenbau teilt sich dann das Gebilde in zwei ähnliche Einheiten, die den Vorgang der Replikation von neuem beginnen.

Da die Ursuppe beim Auftreten der ersten biologischen Einheiten angereichert war mit einer Riesenmenge vielfältiger Moleküle, war zunächst die Beschaffung der erforderlichen Bausteine kein Problem. Das frühe Leben benutzte einfach die in Jahrmillionen aufgespeicherten Vorräte der chemischen Evolution.

Doch je mehr Replikation fortschritt, desto rascher wuchs der Bedarf. Schon bald wurde die erste Art von Baustein-Molekülen knapp. Damit kam die Replikation aller Einheiten ins Stocken. Die Nachlieferung des fehlenden Moleküls durch Spontanentstehung erfolgte extrem langsam. Der Fortbestand des Lebens schien in Frage gestellt.

Die Millionen und Abermillionen von biologischen Mustern hatten aber durch Ungenauigkeit der Replikation eine riesige Vielfalt erreicht. Eine Fülle von verschiedenen Protein-Oberflächen war in der Gesamtheit aller Lebewesen enthalten. Das war die Rettung. Durch Zufall nämlich waren bei diesem oder jenem Protobionten Oberflächen vorhanden, die einen anderen, noch nicht verknappten Baustein *umwandeln* konnten in das zum Engpaß gewordene Molekül.

Einige dieser Protobionten hatten sogar zufällig Nucleinsäure-Abschnitte, die solche, plötzlich lebenswichtig gewordenen Proteinmuster erzeugten. Sie hatten das große Los gezogen. Sie konnten das fehlende Molekül selbst herstellen. Ihre und ihrer Nachkommen Fortpflanzung war gesichert. Der *Stoffwechsel* – charakteristische Eigenschaft aller Organismen – hatte seinen Anfang genommen. Alle anderen Einheiten aber blieben in ihrer Vermehrung stehen, sie mußten früher oder später den thermodynamischen Tod erleiden – sie mußten zerfallen.

Lange bevor sich noch die rettende Proteinstruktur perfektionieren konnte, waren aber auch weitere Bausteine knapp geworden. Andere, zufällig vorhandene Proteine wurden wichtig, die diese neuen Mangelmoleküle durch Umbau noch vorhandener »Ersatz-Moleküle« herstellen konnten. Das Spiel wiederholte sich mehrmals.

In allen Fällen waren zu Beginn die katalytischen Oberflächen noch unvollkommen, d. h. langsam. Unscharfe Replikation führte jedoch – mal hier, mal dort – zu einer Verbesserung der Synthesefähigkeit. Die in unserer Betrachtung in einzelne Schritte aufgelöste Entwicklung war also eher ein breiter, sich zeitlich überlappender Prozeß ständiger Vervollkommnung und Erweiterung vieler Stoffwechselleistungen.

Die Fortpflanzung einer Einheit war zunehmend davon abhängig, welche und wie viele der nötigen Bausteine sie selbst aus verfügbaren, anderen Molekülen synthetisieren konnte. Diese Situation setzte eine »Prämie« auf den Zusammenschluß biologischer Muster (vgl. das Modell des Heiderösleins): Wenn die eine Einheit das Mangelmolekül X, eine andere das Mangelmolekül Y selbst herstellen konnte, waren sie *vereint* von *beiden* Substanzen unabhängig.

Ein Zusammenschluß oder auch schon eine zufällige Verdopplung von einzelnen DNA-Abschnitten bot noch eine andere Möglichkeit zur schnelleren Entwicklung: Wenn ein Gen vorlag, das ein bestimmtes, für den Stoffwechsel nötiges Enzym erzeugte (vgl. Kap. 7), durfte dieses Gen sich nicht wesentlich ändern, da ja die Funktion des Enzyms gebraucht wurde. Wenn jedoch durch Verdopplung *zwei* Kopien dieses Gens vorhanden waren, stand die eine von ihnen für beliebige Umwandlungen zur Verfügung, da die andere weiter für die Herstellung des nötigen Enzyms sorgte.

Eine Vergrößerung der DNA-Menge stellt so Material bereit, mit dem Mutationen »spielen« können. Mehr noch, solches Ausgangsmaterial liefert bereits ein Protein, das Paßformen zu bestimmten Molekülen besitzt. Durch relativ kleine Änderungen können daraus Proteine werden, die z. B. Paßformen zu ähnlichen Ersatzmolekülen haben.

Mit fortschreitender Molekülverknappung der Ursuppe jedenfalls mußten immer mehr Bausteine aus noch vorhandenen Molekülen durch geeignete Proteine selbst erzeugt werden. Bald wurden sogar Ersatzbausteine knapp, so daß auch diese erst wieder aus anderen Molekülen hergestellt werden mußten. Schrittweise entwickelten sich so lange »Fließbänder« zur Molekülumwandlung. Die immer größer werdenden replikationsfähigen Einheiten hatten ganze Batterien von lebenswichtigen Teilmustern angesammelt (die in DNA verschlüsselten Enzyme des Stoffwechsels), die dafür sorgten, daß alle zur Replikation notwendigen Moleküle in ausreichender Zahl hergestellt wurden.

Es waren noch mehr Probleme zu lösen. Eine lebende Einheit brauchte so viele Enzyme – die Komplexität der Struktur war so angewachsen –, daß längst eine Umhüllung nötig geworden war, die einerseits nichts Wichtiges aus dem Inneren verlorengehen ließ, aber andererseits alle notwendigen Moleküle aus der Umgebung aufnehmen konnte. Erfolgreich im Wettbewerb waren daher nur Muster, die »selektiv-permeable« Hüllmembranen entwickelt hatten, mit denen sie den Molekülverkehr zwischen Außen und Innen regulierten und auswählten, welche Moleküle passieren durften.

Wahrscheinlich besaßen bereits die ersten replikationsfähigen Muster eine primitive Hülle, die sich spontan aus Proteinen bildete. Vielleicht spielte diese sogar eine wesentliche Rolle bei der Entstehung des Lebens. Mit wachsender Komplexität mußte jedenfalls auch diese Mantelstruktur immer raffiniertere Eigenschaften gewinnen.

Die aber wohl wichtigste Frage zur Anfangsphase des Lebens ist die nach der Entstehung des genetischen Codes. Wir erinnern uns, daß hiermit die Übersetzungsvorschrift einer Dreiergruppe von Nucleotiden in den Aminosäure-Baustein eines Proteins gemeint ist, die durch eine Menge von aufeinander abgestimmten Molekülmustern bewirkt wird (vgl. Kap. 7).

Alle heute lebenden Organismen – seien es Pflanzen oder Tiere, Bakterien oder Menschen – benutzen dabei das *gleiche Übersetzungslexikon* (Universalität des genetischen Codes). Wenn dieser höchst komplizierte Prozeß der Proteinsynthese in allen Organismen unseres Planeten auf den gleichen Musterpaßformen beruht, so gibt es dafür zwei mögliche Erklärungen:

1. Das Code-Lexikon ist wirklich so zufällig, wie es uns erscheint. Die Zuordnungen sind ein Produkt des Turmbaus von Unwahrscheinlichkeit und hätten ebensogut anders aussehen können. Dann besäßen lebende Organismen anderer Planeten zwar vielleicht auch einen ähnlichen Code, aber sicher andere Zuordnungen.

Unter solcher Annahme ergibt sich zwingend die Schlußfolgerung, daß alle Organismen unseres Planeten von einer gemeinsamen Urzelle abstammen, die zufällig als erste eine entscheidende Erfindung machte, vielleicht gerade die des genetischen Codes. *Ein* biologisches Muster war jedenfalls irgendwann all seinen Konkurrenten so überlegen, daß alle anderen, damals noch lebenden Strukturen, im Laufe der Zeit überwuchert wurden und schließlich ganz ausstarben.

2. Andererseits ist es denkbar, daß die uns zufällig erscheinenden Zuordnungen des Code-Lexikons doch nicht zufällig sind, sondern sich so und nur so entwickeln konnten, weil die Gestalten der beteiligten Moleküle gar nichts anderes zuließen. Mit anderen Worten: in welchen Urorganismen auch immer ein Code zur Perfektion reifte, er konnte aufgrund der *Eigenschaften der Moleküle* zu gar keinem anderen Lexikon führen, auch wenn wir wegen der Kompliziertheit das noch nicht verstehen. Auch auf anderen Planeten müßte sich dann der gleiche Code entwickeln.

Die Molekulargenetik hat diese Alternative bisher noch nicht entscheiden können. Vielleicht wird die Frage offenbleiben, bis wir auf irgendeinem anderen Planeten Leben mit einem unabhängigen Ursprung kennenlernen.

In jedem Fall kann ein einmal etablierter Code – sei er ein Zufallsprodukt oder chemisch determiniert – sich bei weiterer Evolution nicht mehr wesentlich ändern. Es können nur Raffinessen hinzukommen. Eine Änderung im Übersetzungslexikon würde nämlich die so mutierte biologische Einheit sofort zur Katastrophe führen. Wenn z. B. durch eine Mutation die Maschinerie der Proteinsynthese so verändert wäre, daß an allen Stellen, wo bisher die Aminosäure Alanin eingebaut wurde, jetzt die Aminosäure Threonin eingesetzt würde, wären praktisch *sämtliche* Proteine davon betroffen. Viele Proteine würden aber dadurch ihre Funktionsfähigkeit verlieren. Das könnte der Organismus nicht überleben. Er würde sehr schnell der Selektion zum Opfer fallen.

Die Alternative, Ableitung allen terrestrischen Lebens von einer zufällig allen anderen weit überlegenen Urzelle *oder* chemische Gründe für gerade diesen Code, tritt noch ein zweites Mal auf:

In Kapitel 5 war die Rede von Molekülen, die in spiegelbildlichen Konfigurationen (wie linke und rechte Hände) vorkommen. Seit langem wissen nun die Biochemiker, daß Lebewesen unserer Erde von diesen beiden, an sich völlig gleichberechtigten Mustern jeweils nur die eine Form verwenden – und zwar *alle* Organismen die *gleiche*. Ein großer Teil aller möglichen Moleküle bleibt so biologisch ungenutzt.

Theoretisch wären aber alle biologischen Muster dieses Planeten in ihrer gespiegelten Version ebenso funktionsfähig. Wieder stellt sich also die Frage, ob alle Spiegel-Asymmetrie und damit alles Leben auf eine einzige Urzelle zurückgeht, die erfolgreicher war als ihre Konkurrenten, oder ob sich Gründe finden (Polarisation des Sonnenlichts oder anderer Strahlungen, Magnetfelder oder Rotationsrichtungen), die von beiden Spiegelformen auf unserer Erde die eine begünstigten. Außerhalb unseres Planeten bilden sich jedenfalls, wie Meteorite zeigen – genauso wie bei allen Labor-Synthesen – beide Spiegelformen der Moleküle in praktisch gleichen Häufigkeiten.

Wäre die Rechts-Links-Entscheidung nur eine Frage des Zufalls, so sollten 50% aller belebten Planeten ein »Links-Leben«, 50% ein »Rechts-Leben« zeigen, je nachdem, was sich gerade durchgesetzt hätte. Wenn Menschen einmal einen unserer Erde ähnlichen, aber biochemisch gespiegelten Planeten entdecken würden, könnten wir nicht vom Wild seiner Wälder leben. Unsere Verdauungsenzyme könnten mit den gespiegelten Molekülen nichts anfangen. Ja, auch irdische Hasen könnten sich nicht vom Gras dieses Planeten ernähren. All unser Dasein ist nun einmal auf Links-Aminosäuren festgeschrieben. Wir müßten *unser* Gras pflanzen und *unsere* Kühe mitnehmen, um dort zu existieren.

Beide Probleme, der Ursprung der einheitlichen Rechts-

Links-Asymmetrie biologischer Moleküle und die Entstehung des genetischen Codes, erwarten noch ihre wissenschaftliche Lösung. Beide Phänomene wären aber gemeinsam erklärt, wenn in der Mischung von Links- und Rechts-Organismen vor langer Zeit einmal *eine* Urzelle entstanden wäre, die allen anderen Organismen aus irgendwelchen Gründen (Perfektion des Codes?) überlegen war. Alles heute existierende Leben wäre dann von dieser Urzelle hergeleitet und hätte deren Spiegelseite und deren genetisches Lexikon beibehalten.

Diese Annahme ist nicht gleichbedeutend mit der Hypothese, daß auf diesem Planeten *nur ein einziges Mal* ein replikationsfähiges Muster entstand, obwohl dies eine mögliche Deutung wäre. Selbst wenn Code und Asymmetrie sicher als Folgen von Zufall erkannt würden, wäre damit nur gezeigt, daß es irgendwann in früher Lebensentwicklung eine Urzelle gab, die so viel besser als alle anderen funktionierte, daß allein ihre Nachkommen jetzt diesen Planeten bevölkern. Es *könnte* dies die erste und damals einzige replikationsfähige Einheit sein, aber ebenso eine erst später unter vielen anderen auftretende Urzelle mit einer neuen, extrem wichtigen Fähigkeit.

Viele Stufen waren also nach Bildung erster replikationsfähiger Muster zu durchlaufen. Ein ganzes System von Hunderten von verschiedenen Enzymen für den Stoffwechsel mußte zwangsläufig entstehen, die Hülle des Organismus mußte perfektioniert und den Erfordernissen des Stoffwechsels angepaßt werden. Der genetische Code mit der komplizierten Maschinerie zur Proteinsynthese war nötig. Über all dies hinaus mußte die *innere Organisation* des Musters verbessert werden. Allein die Sicherung der korrekten Weitergabe der in DNA gespeicherten genetischen Information an beide Tochterstrukturen verlangte viele Schritte langsamer Vervollkommnung, z. B. die zeitliche Abstimmung von DNA-Replikation und Teilung oder die Zusammenfügung all der DNA-Stückchen mit den Kochrezepten für die einzelnen Enzyme zu einem oder wenigen langen DNA-Fäden. All dies *mußte* geschehen, weil das Spiel des Zufalls die vorhandenen Muster nach allen Richtungen abwandelte, aber der Wettbewerb nur die überlegenen Varianten am Leben ließ.

Wenn man diese Fülle neuer Fähigkeiten, diese Verbesserungen innerer Organisation, diese Wirkungspotenz der genetischen Information mit den ersten »lebenden« Mustern vergleicht, wird deutlich, welch gewaltiger Weg von der Evolution in rund einer Milliarde Jahren zurückgelegt wurde.

II

Die Pflanzenwelt bildet ein Reservoir, in welchem die flüchtigen Sonnenstrahlen fixiert und zur Nutznießung geschickt niedergelegt werden; eine ökonomische Fürsorge, an welche die physische Existenz des Menschengeschlechts unzertrennlich geknüpft ist.

J. R. Mayer

Zwei Lösungen der Energiekrise

Wir haben bisher immer nur von Bausteinen und Ersatzmolekülen gesprochen, ohne besonders die Frage der Energie eines Moleküls zu diskutieren. Damit Moleküle chemisch reagieren können, also z. B. als Bausteine für eine Kettenverlängerung brauchbar sind, muß in ihrer Molekularstruktur genügend Energie stecken, die beim Schließen einer chemischen Bindung zum Teil als Wärme freigesetzt wird.

Beim Stoffwechsel geht es deswegen oft darum, von einem energiereichen, aber sonst als Baustein ungeeigneten Molekül den speziell energietragenden Molekülteil abzuspalten und auf ein zwar als Baustein geeignetes, aber an Energie zu armes Molekül zu übertragen. »Ersatz-Moleküle« sind daher mit fortschreitender Entwicklung entweder als potentielle Kettenbausteine wichtig oder als Energielieferanten.

Die schnelle Ausbreitung der vermehrungsfähigen Strukturen in der Ursuppe erschöpft zwangsläufig eine Molekülart nach der anderen. Unter dem Selektionsdruck dieser Verknappung werden die Stoffwechselfähigkeiten Schritt um Schritt ausgebaut. Mehr und mehr der großen Moleküle werden so als Bausteinmaterial oder als Energielieferant in den Replikationsprozeß der lebenden Materie einbezogen. Zurück bleiben schließlich nur kleine Moleküle, die weder dem einen noch dem anderen Zweck dienen können.

Diese Erschöpfung der Ursuppe hat zwei wichtige Konsequenzen: Erstens ist kein neuer Lebensbeginn, *keine neue Ur-*

zeugung mehr möglich. Dafür fehlen jetzt die Polymere zur Aggregatbildung. Zweitens hat selbst die materielle Evolution, d. h. der spontane Aufbau von komplexeren Molekülen, im Wirkungsbereich biologischer Muster keine Möglichkeit mehr, sich fortzusetzen, denn alle auch nur mittelgroßen Moleküle, die zum Komplexitätsaufbau der materiellen Evolution geeignet wären, sind längst von den lebenden Strukturen verbraucht worden. *Die Ausbreitung des Lebens entzieht der materiellen Evolution jegliche Grundlage.* Wo die zweite Phase den roten Faden übernimmt, muß die erste Phase enden. Überall sonst im Universum geht materielle Evolution weiter. Jeder leuchtende Stern am nächtlichen Himmel legt Zeugnis davon ab.

Die Produkte der materiellen Phase haben damit nicht etwa ihre Bedeutung verloren – ganz im Gegenteil, sie sind ja gerade die Bausteine, die jetzt durch die Eigengesetzlichkeit des Lebens in vielseitige Beziehungen zueinander gebracht und eingefügt werden in das übergeordnete System biologischer Muster. Materie bildet weiter die Grundlage aller Evolution.

Das zwangsläufige Ende der materiellen Phase wird eine Parallele finden beim Übergang von der zweiten (biologischen) zur dritten (intellektuellen) Phase der Evolution (Kapitel 20). Auch dieses Geschehen wiederholt sich also auf einer Stufe höherer Komplexität.

Die Erschöpfung der Ursuppe hat für die biologischen Einheiten eine tiefgreifende Folge: Eine Krise bahnt sich an – viel grundsätzlicher als die erste Verknappung eines Bausteinmoleküls. Bisher konnte mit Hilfe der Enzyme immer noch Ersatz herbeigeschafft werden. Jetzt sind alle Energievorräte der früheren, materiellen Evolution verbraucht, die Ursuppe ist einfach »kahl gefressen«. Das Leben scheint in hemmungsloser Selbstvermehrung sich selbst den Boden seiner weiteren Existenz entzogen zu haben. Ohne energiereiche Moleküle muß jede Replikation zum Stillstand kommen. Wie kann es weitergehen? Kann es überhaupt weitergehen?

Wir stehen an der Weggabel von Botanik und Zoologie. Alle Entwicklungen biologischer Muster auf anderen Planeten müssen an diesen Punkt kommen. Auf unserer Erde wurden zwei Lösungen als Ausweg aus dieser zwangsläufigen Energiekrise gefunden: Pflanzen und (sekundär) Tiere. Anderswo im Universum werden es vermutlich die gleichen sein.

Pflanzliche Organismen sind zur Photosynthese fähig. Was heißt das? Photosynthese ist der Prozeß, bei dem Energie des Sonnenlichts benutzt wird, um aus den (energiearmen) Molekülen von Kohlendioxyd und Wasser energiereiche Zuckermoleküle aufzubauen. Gewissermaßen als »Abfall« entsteht dabei auch Sauerstoff. Insgesamt gilt die chemische Gleichung

$$6\,CO_2 + 6\,H_2O + \text{Sonnen-Energie} \rightarrow C_6H_{12}O_6 + 6\,O_2\,.$$

In allen grünen Pflanzenzellen findet man bestimmte Strukturen, die »Chloroplasten«. Sie enthalten das Chlorophyll, den grünen Blattfarbstoff, der Sonnenlicht absorbiert und dessen Energie den chemischen Reaktionen zuführt, die in den Chloroplasten ablaufen.

Photosynthese erschließt so eine neue Energiequelle, die pflanzliches Leben unabhängig macht von dem Vorhandensein energiereicher Moleküle. Während Pflanzen noch kleine, energiearme Moleküle aus der Umgebung aufnehmen – später in der Evolution durch Wurzeln und Blätter –, werden energiereiche Moleküle, die zur Replikation notwendig sind, durch Photosynthese von der Pflanze selbst hergestellt. Auch an diesem Prozeß ist eine Reihe von Enzymen mit ganz spezifischer Musteroberflächen beteiligt.

Dieses neue Verfahren der Energie-Gewinnung führt im Laufe vieler Jahrmillionen zu einer tiefgreifenden Veränderung der Atmosphäre unseres Planeten. Die Konzentration des Abfallprodukts Sauerstoff steigt langsam an und macht die Existenz sauerstoffatmender Lebewesen möglich.

Zunächst wichtiger noch ist aber eine andere Folge der Photosynthese: Sauerstoff und das aus ihm in Höhen von mehr als 20 km gebildete Ozon (O_3) schirmen die kurzwellige ultraviolette Strahlung der Sonne ab, die durch ihre zerstörende Wirkung bis dahin verhindert hatte, daß die Urzellen an Land oder an der Wasseroberfläche existieren konnten. Das Leben schafft sich so selbst einen Schutzschild, der das lebensnotwendige (weil energiebringende) Licht der Sonne passieren läßt, aber den lebensfeindlichen Teil der Sonnenstrahlen abfängt.

Doch zurück zur Energiekrise. Die damals noch einzellige Pflanze war die eine Lösung des Energiedilemmas. Wie sah die andere – wie sah der zoologische Weg aus?

Tierische Organismen decken den zur Vermehrung notwendigen Bedarf an Energie und Bausteinmolekülen durch das Fressen anderer biologischer Einheiten. Sie verleiben sich Pflanzen oder auch andere Tiere ein, die sie in molekulare Bausteine auflösen, um ihre eigene Existenz aufrechtzuerhalten und ihre Muster zu replizieren. Muster werden zerstört, um aus ihrem Material und der darin enthaltenen chemischen Energie andere Muster aufzubauen. Analoges fand schon in der materiellen Evolution statt, wenn in chemischen Reaktionen Moleküle zerbrochen wurden, um aus ihnen andere (evtl. kompliziertere) Moleküle zu bilden.

Die ersten, noch einzelligen Tiere müssen ebenfalls recht komplexe Strukturen entwickeln, die diese Fähigkeit des Fressens ermöglichen – Strukturen, die zunächst das Verschlingen des anderen bewerkstelligen, dann die Auflösung des erbeuteten Musters bewirken. Vor allem muß dabei sichergestellt werden, daß die Fähigkeit, Muster aufzulösen, sich nicht gegen Teile des eigenen Musters richtet, sondern sich beschränkt auf die Strukturen der »Beute«. Wie kritisch diese Aufgabe ist, sieht man daran, daß selbst ein so weit entwickelter Organismus wie der Mensch mit diesem Problem noch gelegentlich Schwierigkeiten hat: Bei Magengeschwüren wird ja bekanntlich die Magenwand von den eigenen Verdauungssäften angegriffen.

Das »Leben frißt Leben«-Prinzip hätte allein keine Chance für eine dauerhafte Existenz. Nur in Verbindung mit pflanzlichem Leben, das ständig Sonnenenergie und zusätzliche Materie in die Gesamtheit der biologischen Muster einspeist, kann es Bestand haben. Photosynthese als permanente Quelle von Energie bildet so die grundlegende Voraussetzung zur Fortführung der Evolution. Das Auftreten von Tieren, also die Notwendigkeit, Beute zu erjagen, und umgekehrt die neue Gefahr des Gefressen-Werdens bringt andererseits neuen Selektionsdruck. Dieser wird zur entscheidenden Triebkraft aller wichtigen Weiterentwicklung.

Überlebensaussicht haben nur biologische Muster, die sich zumindest ebensoschnell vermehren, wie sie gefressen werden. Je besser sich Organismen vor dem Gefressen-Werden schützen können und je perfekter sie Photosynthese oder das Erbeuten anderer Strukturen beherrschen, desto größer sind ihre Zukunfts-Chancen.

Wir haben damit das Organisationsniveau erreicht, auf dem man von *einzelligen Organismen* im heutigen Sinne sprechen kann. Ein großer Teil aller biologischen Evolution liegt an dieser Stelle bereits hinter uns.

Seit den ersten Anfängen von Replikationsfähigkeit hat es dabei vermutlich mehrfach Vereinigungen von Protobionten gegeben. Besonders für die Entstehung der vielseitigen Stoffwechselleistungen scheinen solche Verschmelzungen wichtig gewesen zu sein. Darüber hinaus sind wahrscheinlich alle heute existierenden höheren Zellen hergeleitet aus einer Einverleibung von früher selbständigen, aber schon hochentwickelten Protobionten mit speziellen Fähigkeiten. So sind z. B. die Chloroplasten aller Pflanzen, also die Zellstrukturen, in denen die Photosynthese abläuft, aber auch Mitochondrien (spezielle Zellorganellen zur Umsetzung Energie-tragender Moleküle) ausgerüstet mit eigener DNA und einer eigenen Maschinerie zur Synthese von Proteinen. Man vermutet daher, daß diese früher selbständige Einheiten waren, die sich mit anderen Zellen vereinigten und dann ganz zu Spezialstrukturen für eine bestimmte Aufgabe wurden. Dabei verloren sie andere Fähigkeiten, die von den übrigen Teilen der Zelle für sie wahrgenommen wurden.

Wir müssen all diese seit Beginn der Replikation erfolgten Vereinigungen von Protobionten als eine weitere Integration betrachten:

der rote Faden
von Seite 109

∫ Protobionten → Zelle.

Die bei dieser Integration schließlich entstehenden Einzeller sind entweder Pflanzen, also zur Photosynthese befähigte Organismen, wie einzellige Algen, oder – wie die Amöben – einzellige Tiere, die Energie und Bausteine zu ihrer Vermehrung durch das Fressen anderer gewinnen. Daneben existieren auch heute noch primitivere Einzeller, wie Bakterien, die in alter Weise von größeren Molekülen leben. Diese Moleküle stammen allerdings jetzt nicht mehr aus der materiellen Evolution in der Ursuppe, sondern zumeist aus den Überresten abgestorbener Tiere oder Pflanzen.

Zur Abrundung des Bildes der Eigenschaften von einzelligen Organismen fehlen uns jetzt noch zwei wichtige Gesichtspunkte: Sexualität und Regulation. Sie sollen Gegenstand der nächsten beiden Kapitel sein.

12

Alle Dynamik des Kosmos entsteht aus dem Trieb zur Vereinigung.

Fredericus

Erste Liebe

Leben ist Fortpflanzung der im Wettbewerb von Vorfahren bewährten Information – ist Replikation des durch einen Turmbau von Unwahrscheinlichkeiten entstandenen Musters. Aus einer Zelle werden zwei – aus zweien werden vier – dann acht und so fort. Dies ist die ursprüngliche Art aller Fortpflanzung – die *»vegetative«* Fortpflanzung:

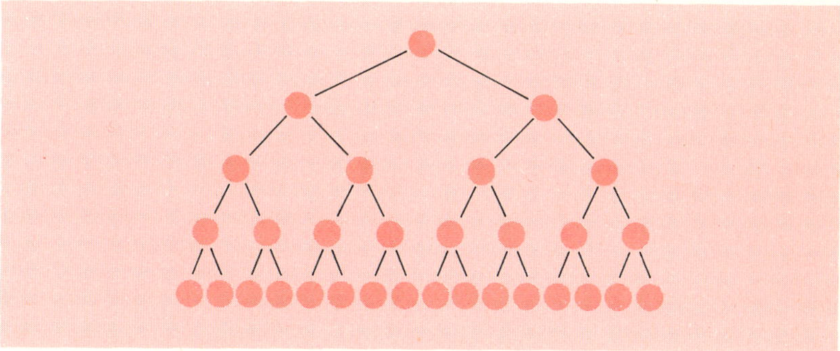

Je mehr die Komplexität biologischer Einheiten anwuchs, desto fehlerfreier mußte Replikation ablaufen. Ohne Verschärfung der Genauigkeit hätten die immer komplizierter werdenden Muster nämlich bald nur noch Ausschußzellen produziert, weil bei jeder Replikation das eine oder das andere der jetzt so zahlreichen, lebenswichtigen Teilmuster durch eine Mutation defekt geworden wäre. Korrekter replizierende Einheiten hatten mehr lebensfähige Nachkommen, und das war ein Selektionsvorteil. Groß gewordene Muster, die noch bei früherer Fehlerhäufigkeit geblieben waren, konnten sich nicht mehr behaupten.

Aber die notwendige Erhöhung der Replikationsgenauigkeit hatte auch Nachteile. Wenn weniger Änderungen auftraten, also weniger defekte Tochterstrukturen produziert wurden, sank zugleich auch die Wahrscheinlichkeit für Verbesserungen – für Entwicklung. Evolution müßte mit wachsender Komplexität also immer langsamer werden – Fortschritte immer seltener. Zwang sich die Entwicklung so selbst stehenzubleiben?

Neue Fähigkeiten traten nur noch gelegentlich auf, die eine in dieser, eine andere in jener Zell-Linie. In der Frühphase des Lebens konnten unabhängig entstandene Fortschritte einfach durch Verschmelzung zweier Einheiten kombiniert werden. Das war natürlich im Prinzip immer noch möglich. Doch wuchs dabei jedesmal die Größe der Zelle auf etwa das Doppelte an. Das aber war gar nicht nötig – im Gegenteil, die Replikation des Musters wurde erschwert, weil alle Strukturen dadurch überflüssigerweise verdoppelt wurden. Wichtig war ja nur, die beiden zusätzlichen Verbesserungen in einer Zelle zu vereinen.

In dieser Situation entstand *Sexualität*, d. h. ein Mechanismus, der Stücke genetischer Information, also *Teilmuster* einer Zelle, mit denen einer anderen verband. Die Selektionsprämie für das Zusammenführen von zwei Verbesserungen war so hoch, daß Strukturen, die solche Übertragung von Teilmustern möglich machten, sich durchsetzen mußten.

Das erfolgreichste Verfahren dazu, das alle höheren Pflanzen und Tiere anwenden, bestand dabei in der einfachen Verschmelzung zweier Zellen, die nach Durchmischung ihrer genetischen Information sich wieder aufteilten, aber so, daß jede Tochterzelle *eine vollständige Ausrüstung* aller DNA-Teilmuster erhielt (Rekombination der gespeicherten Information).

Langsam entwickelten sich daher Zellen mit kontaktfreudigen Oberflächen, die gelegentlich ihr Erbmaterial vereinigten und dann – zuerst wohl recht unsystematisch – wieder unter sich teilten. Später in der Evolution erfolgte diese Teilung – was erwarten wir anderes von Mustern – einerseits zufällig, aber andererseits unter der Einschränkung, daß jede Zelle eine komplette Information erhalten mußte.

Auf diese Weise konnten bewährte und vorteilhafte Teilmuster A und B aus zwei verschiedenen Linien in *einer* neuen Einheit zusammengeführt werden. Diesen Vorgang nennt die Biologie *»sexuelle Fortpflanzung«*. Wie in der folgenden Abbildung schematisiert, blieb dabei bis heute bei vielen Organismen die vegetative Fortpflanzung (Pfeile →) neben der neuen, sexuellen Fortpflanzung (Pfeile ⇨) noch erhalten.

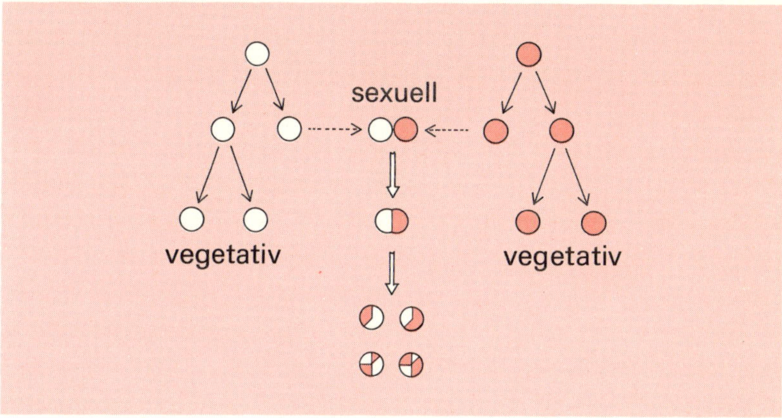

Einzellige Organismen wie Hefezellen oder Pantoffeltierchen vermehren sich meist vegetativ (durch einfache Teilung), können aber gelegentlich auch sexuelle Fortpflanzung durchlaufen. Ebenso haben viele höhere Pflanzen neben der sexuellen noch die Möglichkeit zur vegetativen Vermehrung (z. B. Bildung von »Ablegern«) beibehalten. Dagegen ist bei höheren Tieren, die wir bald besprechen werden, wegen des großen Selektionsvorteils die sexuelle Fortpflanzung zur einzig möglichen Vermehrungsweise geworden. Die Ortsbeweglichkeit der Tiere läßt sie praktisch immer einen Sexualpartner finden, so daß die ständige Notwendigkeit der Sexualität keinen wesentlichen Nachteil bedeutet.

Das Auftreten von Sexualprozessen brachte einen neuen Gesichtspunkt in die Biologie: Bis dahin gab es nur eine Riesenmenge von mehr oder minder ähnlichen Einheiten. Scharfe Grenzen existierten nicht. Alle pflanzten sich *nebeneinander* vegetativ fort. Jeder war jedes anderen Konkurrent. Jeder stand in seiner Zukunftshoffnung allein.

Nun aber bilden sich in diesem Kontinuum Sexualgruppen. Lebewesen, die einander ähnlich genug sind, um sich als Kontaktpartner zu eignen, treten in Wechselbeziehung, denn sehr ähnlich muß der Partner sein, sonst fügen sich die neu kombinierten Teilmuster nicht harmonisch genug zusammen.

Ein Band wird geschlungen um eine solche Gruppe, ähnlich einer Integration. Es erfolgt eine Abgrenzung gegen alle anderen – die Bildung einer Schicksalsgemeinschaft, deren Mitglieder auch im Laufe vieler Generationen einander ähnlich bleiben, da sie in einem dauernden Austausch von DNA stehen. Die genetische Information aller ist zum *gemeinsamen* Besitz der Gruppe geworden. Eine solche Gruppe – verbunden durch Sexualität – wird in der Fachsprache als »Spezies« oder »Art« bezeichnet. Bisher hatte es nur Einzelorganismen gegeben. Jetzt wird Sexualität zum eigentlichen Ursprung der Arten.

Auch die Art ist eine neue begriffliche Ganzheit, ein zusammengehöriges Riesenmuster aus lauter sehr ähnlichen Bausteinen. Sie alle bilden zusammen ein »Netzwerk«. Es ist recht klar abgegrenzt, wer dazu gehört und wer nicht, doch ist die *räumliche* Anordnung der Teilmuster untereinander dabei nicht festgelegt.

Im Grunde haben wir eine solche Verallgemeinerung des Musterbegriffs auch schon vorher benutzt. Auch das Innere einer Zelle ist ja zum Teil flüssig. Ihre Musterbereiche sind nicht alle starr verbunden. Entscheidend ist, daß innerhalb der Zelle eine größere Zahl von verschiedenen (mehr oder minder starren) Teilmustern harmonisch *zusammenwirkt.* Diese Abhängigkeit der Bausteine voneinander ist das Charakteristische eines Musters.

So gibt es in der räumlichen Anordnung innerhalb einer Zelle gewisse Notwendigkeiten, d. h. Beschränkungen, aber in vielen Punkten auch Freiheiten. Zum Beispiel ist die Stückzahl, in der ein Teilmuster (etwa ein Enzym) vorkommt, nicht sehr kritisch. Wichtig ist nur, welche Teilmuster überhaupt zusammengebündelt auftreten. Schon die Zelle ist – wie jetzt die Art – gewissermaßen ein *halbflüssiges* Muster.

Wir haben am Anfang des Kapitels die Notwendigkeit zu immer größerer Replikationsgenauigkeit diskutiert. Auf jedem Entwicklungsstand gibt es einen optimalen Wert für die Häufigkeit von Mutationen. Dieser darf nicht zu groß sein, um genügend lebensfähige Nachkommen zu erlauben, und nicht zu klein, um die Möglichkeit zur Weiterentwicklung offenzuhalten.

Das Entstehen von Sexualgruppen, also von Arten, in der Riesenmasse der Organismen verschob gewiß dieses Optimum weiter zu höherer Replikationsgenauigkeit. Einerseits nämlich mußten die Mitglieder einer Sexualgruppe einander ähnlich genug bleiben, um den Zusammenhalt der Art zu wahren, andererseits entfiel jetzt die Notwendigkeit, neue Fähigkeiten A und B *nacheinander* in *derselben* Generationskette zu erzeugen. Die Sexualität erlaubte es ja, Fähigkeiten aus verschiedenen Ketten der vegetativen Vermehrung zusammenzuführen. Mit anderen Worten: das einzelne Muster war nicht mehr auf sich allein gestellt – es war nicht mehr darauf angewiesen, in der *eigenen* Generationskette alle notwendig werdenden Fortschritte zu erzielen; es konnte vielmehr die Neuerwerbungen anderer Artgenossen mit den eigenen durch Sexualität kombinieren.

Es ist wichtig, daß die Replikation der DNA von ganz bestimmten Enzymen besorgt wird, die darauf spezialisiert sind, passende Nucleotidbausteine bei der Replikation einzusetzen. Nur gelegentlich unterläuft dabei ein Irrtum. Diese Replikationsenzyme sind aber, wie alle anderen, in einem bestimmten DNA-Abschnitt verschlüsselt und werden, wie alle anderen, durch die Protein-Synthese-Maschinerie hergestellt.

Wenn nun gerade in dem Abschnitt der DNA, der das Replikationsenzym codiert, eine Mutation eintritt, wird ein verändertes Enzym gebildet. Dieses mag so ungeeignet sein, daß gar keine vernünftige DNA-Replikation mehr erfolgen kann. Eine solche Mutation ist tödlich für die Zelle. Es mag aber auch eine nur wenig gesenkte oder gar eine erhöhte Replikationsgenauigkeit zeigen. Im einen Falle würde die Zelle mehr Mutationen produzieren als ihre Vorfahren, im anderen Falle würden Mutationen seltener als bisher.

Die Häufigkeit von Mutationen ist also selbst der Veränderung durch Mutation unterworfen. Damit ist die Möglichkeit gegeben, die Zahl der Replikationsfehler (durch Selektion) auf ein Niveau zu bringen, das für den erreichten Entwicklungsstand gerade optimal ist. Das heißt, durch Veränderung der Replikationsgenauigkeit kann in gewissen Stadien der Evolution höhere oder niedere Mutationshäufigkeit erreicht werden, je nachdem, was gerade vorteilhaft für die Art ist.

Dieser Gesichtspunkt einer anpaßbaren Mutationshäufigkeit, für die noch weitere molekular-biologische Ursachen bekannt sind, entzieht oft angestellten Rechnungen den Boden, die zeigen sollen, daß die Mutationshäufigkeit ausreichte oder auch nicht ausreichte, um die Fortschritte der Evolution in der gegebenen Zeit allein aus dem Auftreten von Mutationen zu deuten.

Der Genauigkeitsgrad der Replikation von DNA, d.h. der Stabilitätsgrad der genetischen Information von Organismen, ist also keineswegs eine von der Natur vorgegebene Konstante, sondern selbst eine Eigenschaft, die durch Selektion der jeweiligen Situation angepaßt werden kann.

Mit dieser Betrachtung haben wir einen weiteren wesentlichen Aspekt der Evolution berührt, dem wir uns jetzt zuwenden wollen, nämlich der Anpassung biologischer Muster an ihre jeweilige Außenwelt.

13

Leben ist eine ununterbrochene Anpassung der inneren Beziehungen an die äußeren Umstände.

Spencer

Kein Innen ohne Außen

Wenn eine Zelle in ihrer Umgebung eine zur Zellvermehrung notwendige Aminosäure – z. B. Tryptophan – nicht vorfindet, muß sie dieses wichtige Molekül mit eigenen Enzymen synthetisieren, sonst kann sie sich nicht replizieren. Lebt sie dagegen in einem Milieu mit genügend Tryptophan, so sind diese Enzyme überflüssig und deren Produktion ein unnötiger Aufwand, der Energie und molekulare Bausteine verbraucht, ohne die Zellvermehrung zu fördern. Das ist eine Verschwendung von Vorräten.

Gäbe es eine »sparsame« Zelle, die ihre Enzyme nur bei Bedarf produzierte, hätte sie einer »verschwenderischen« Zelle gegenüber einen Vermehrungsvorteil. Um so sparen zu können, brauchte sie aber einen Mechanismus, der das Angebot der Umgebung an Bausteinen prüft und dann je nach Marktlage die erforderlichen Enzyme produziert oder nicht produziert. Eine solche *Regulation der Enzymsynthese* wäre für viele Enzyme des Stoffwechsels wünschenswert. Eine Zelle sollte also alle zur Zeit *nicht* benötigten Gene (das waren die Abschnitte der DNA, die je ein Enzym codieren) nicht ablesen, d. h. nicht in Proteinketten übersetzen.

Auf den ersten Blick scheint eine Regelbarkeit der Genablesung je nach Außenwelt die gehirnlosen Molekularmuster einer Zelle zu überfordern. Es ist faszinierend zu sehen, wie ein solcher molekularer Regelvorgang dennoch geleistet wird. Hierzu müssen wir ein wenig weiter ausholen.

Wir haben schon mehrfach die Bedeutung der Proteine für alle Lebensvorgänge betont. Es war die unbegrenzte Möglichkeit, verschiedene molekulare Oberflächenmuster zu bilden, die die Proteine so unersetzlich machte. Als ob das nicht schon genug wäre – Proteine verfügen über noch eine Eigenschaft, die sie auch für Regulationsaufgaben geeignet macht, die *»Allosterie«*.

Viele Proteine sind gewissermaßen wie Regenschirme. Sie kommen nicht nur in einer Gestalt vor, sondern können *zwei* Zustände, zwei verschiedene Knäuel-Konfigurationen annehmen, sozusagen zusammengeklappt oder aufgespannt.

Dabei ist ihr jeweiliger Zustand nicht zufällig, sondern von der An- oder Abwesenheit eines bestimmten kleinen Moleküls abhängig. So befindet sich ein Protein bei Fehlen seines spezifischen Kleinmoleküls ›**a**‹ in einer Form ›**A**‹, bei dessen Anwesenheit aber in der Form ›**A'**‹:

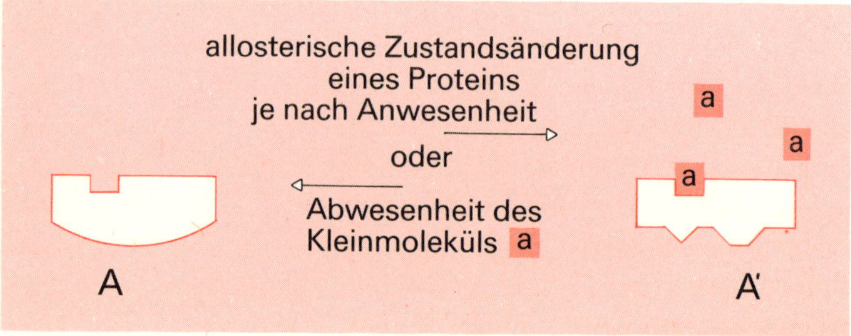

Ebenso wird ein anderes Protein in Gegenwart des Kleinmoleküls ›b‹ die Form ›B'‹, bei dessen Fehlen die Form ›B‹ annehmen usw.

Diese Allosterie von Proteinen ist der Molekularmechanismus zur Regulation von Lebensprozessen. Im Laufe der biologischen Evolution entstanden nämlich Proteine, deren Molekularmuster zu ganz bestimmten Musterabschnitten der DNA passen. Solche Proteine heften sich an bestimmten Stellen der DNA, d. h. an bestimmten Nucleotidsequenzen an

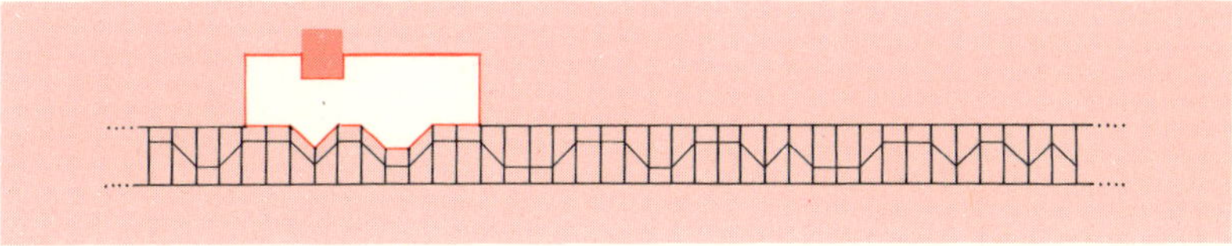

und blockieren so die Genablesung in dem betroffenen DNA-Abschnitt.

Ein derartiges Regelprotein ist allosterisch, d. h. es gewinnt erst durch Anlagerung eines bestimmten (zum Protein passenden) Kleinmoleküls seine Paßform zur DNA. Ohne Kleinmolekül kann das Protein nicht an der DNA haften und läßt diese zur Ablesung frei. Die in diesem DNA-Abschnitt codierten Enzyme werden also nur dann produziert, wenn das passende Kleinmolekül fehlt. Die regulierbare Gen-Ablesung ist erreicht. Machen wir uns das noch einmal am Beispiel des Tryptophans deutlich:

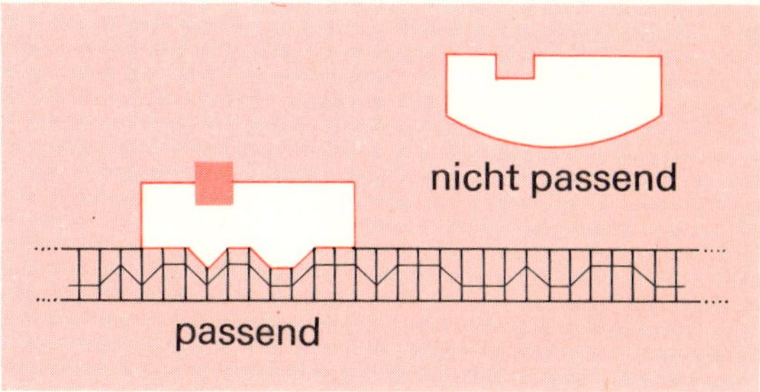

Es gibt einen DNA-Abschnitt, in dem die Enzyme für die Tryptophan-Synthese codiert sind. Außerdem existiert in der Zelle ein allosterischer Proteintyp, der gerade auf diesen DNA-

Abschnitt paßt – jedenfalls wenn er ein Tryptophan-Molekül angelagert hat. Ohne angelagertes Tryptophan hat er keine Paßform zur DNA.

Wenn also das Tryptophan in der Zelle knapp ist, werden die allosterischen Tryptophan-Regel-Proteine kein Tryptophan anlagern können und nicht auf die DNA passen:

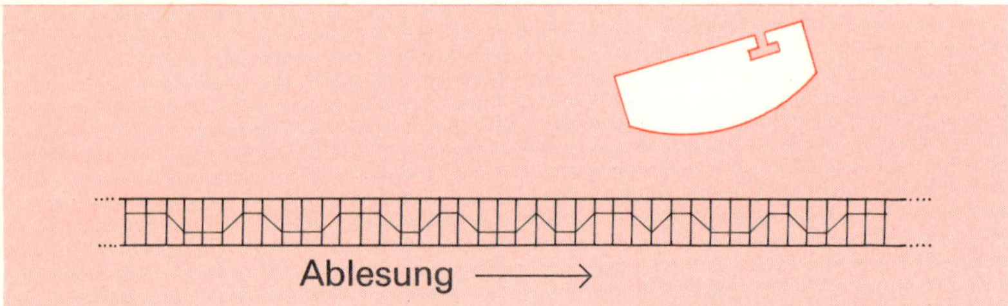

Dann werden die Gene abgelesen, d. h. Enzyme zur Tryptophan-Synthese werden produziert und sorgen ihrerseits für das benötigte Tryptophan. Steigt nun aber durch diese Eigensynthese oder durch Aufnahme aus der Umgebung dessen Menge in der Zelle über das laufend benötigte Maß an, so lagern sich Tryptophan-Moleküle (T) an ihre Regelproteine. Diese klappen dadurch in die andere allosterische Form um und gewinnen so die Paßform zur DNA:

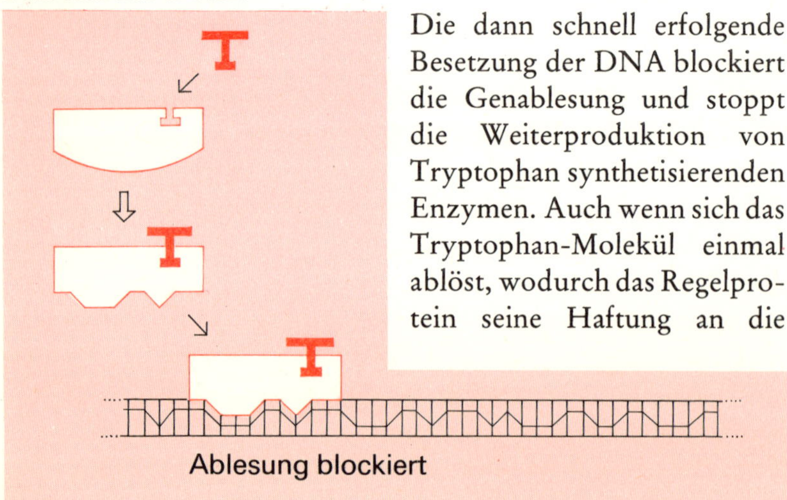

Die dann schnell erfolgende Besetzung der DNA blockiert die Genablesung und stoppt die Weiterproduktion von Tryptophan synthetisierenden Enzymen. Auch wenn sich das Tryptophan-Molekül einmal ablöst, wodurch das Regelprotein seine Haftung an die

DNA verliert, wird dieses schnell wieder ein (anderes) Tryptophan anlagern und die DNA erneut blockieren, solange nur genügend Tryptophan-Moleküle vorhanden sind.

Entsprechende Mechanismen gibt es auch zur Regelung anderer Enzyme. Jede Enzymgruppe hat dabei ihr spezifisches Regelprotein mit Paßformen zu den jeweils richtigen Kleinmolekülen auf der einen und zu den richtigen DNA-Abschnitten auf der anderen Seite.

Aber wie werden die Wächter bewacht? Auch alle Regelproteine sind natürlich wieder in speziellen DNA-Abschnitten codiert. Sie werden in allen Lebenslagen, jedoch stets nur in *wenigen* Exemplaren pro Typ von der Zelle hergestellt. Allosterie und Paßformen dieser Regelproteine ermöglichen so einer Zelle die äußerst sparsame Nutzung von Energie und Bausteinen. Sie sorgen dafür, daß nur die Proteine produziert werden, die unter den augenblicklichen Verhältnissen zur Zellreplikation nötig sind.

Wie sind solche Regelmechanismen im Laufe der Evolution entstanden? Zweifellos in genau der gleichen Weise wie die Enzyme des Stoffwechsels selbst. Zufällige Anfänge bieten einen kleinen Selektionsvorteil und werden deswegen weitergegeben. Replikationsunschärfe und Selektion sorgen dann schnell für die Verbesserung der neuen Regulationsfähigkeiten.

So wird nacheinander oder nebeneinander die Regelbarkeit für mehr und mehr Enzyme gewonnen. Immer wieder wird dabei das gleiche Prinzip, die Allosterie eines Proteins, angewandt. Ohne diese seltsame Eigenschaft bestimmter Proteine, unter dem Einfluß eines spezifischen kleinen Moleküls das eigene Muster von einer in die andere Form zu verwandeln, wäre die Entwicklung zum Vielzeller kaum denkbar gewesen.

Wir haben in diesem Kapitel unser Gesichtsfeld wesentlich erweitert. Bisher hatten wir biologische Strukturen als recht isolierte Einheiten betrachtet und uns auf die Diskussion der *inneren* Beziehungen ihrer Muster beschränkt. Wir hatten gesehen, wie dort im Laufe biologischer Evolution mehr und mehr Abhängigkeiten (Paßformen von Musteroberflächen) entstanden. Die Außenwelt dieser Muster aber wurde nur gelegentlich am Rande erwähnt.

Von jetzt ab wird in unseren Betrachtungen die Einbeziehung der Außenwelt eine ständig wachsende Rolle spielen. Die Vermehrung der wechselseitigen Beziehungen und Abhängigkeiten beschränkt sich nämlich nicht auf innere Teilbereiche eines Organismus, sondern erstreckt sich in zunehmendem Maße auch auf Muster *außerhalb* der betrachteten Einheit. Außenmuster werden zu einem entscheidenden Selektionsfaktor für die »fitness« eines Organismus. Das biologische Innenmuster muß zu seiner Außenwelt passen.

Die Organismen richten sich in ihrem Muster nicht nur auf alle Moleküle ihrer Umgebung ein, sondern müssen auch für die herrschenden physikalischen Bedingungen, wie Temperatur oder Lichtverhältnisse, geeignet sein. Seit dem Auftreten der Sexualität spielt weiter die gegenseitige Abstimmung mit den Artgenossen eine wichtige Rolle, einerlei ob man diese nun als Außen- oder Innenmuster betrachtet. Vor allem aber gewinnen im Tierreich die Fähigkeiten und Eigenschaften von Jäger und Beute einen zunehmenden, verflechtenden Einfluß auf die Entwicklung beider Seiten.

Die Gesamtheit der materiellen, besonders aber die der biologischen Außenwelt bildet den Druck der Selektion. Hat sich z. B. eine Art darauf spezialisiert, eine andere Art zu fressen, so kann diese in einen neuen Lebensraum ausweichen oder das eigene Muster so verändern, daß schnellere Flucht oder Abschreckung möglich ist, oder sich einen harten Schutzpanzer bzw. eine gute Schutzfarbe zulegen. Um am Leben zu bleiben, muß die verfolgte Art sehr viele Nachkommen produzieren oder irgendwelche Veränderungen erreichen. Gelingt dem Beutetier solche Rettung, so muß das Jägertier seinerseits neue Auswege aus der entstandenen Nahrungskrise finden. Stabiles Gleichgewicht zwischen den verschiedenen biologischen Mustern wird nur erreicht, wenn Jäger und Beute so abgestimmt werden, daß die Art der Jäger genügend Beute findet, daß aber die Art der Beuteorganismen dabei nicht ausgerottet wird.

Speziell in der späteren Phase biologischer Evolution entsteht so eine sich ständig verstärkende Verflechtung mit den Mustern der Außenwelt, d. h. ein immer enger und mehrschichtiger werdendes Zusammenpassen, eine ständig wachsende Berücksichtigung der biologischen Außenwelt im eigenen Muster. Das bedeutet gesteigerte Abhängigkeit, mehr Wechselbeziehungen zwischen dem Innen und dem Außen. Kein biologisches Muster kann sich mehr »unabhängig« entwickeln. Das ist gemeint mit der berühmten Formulierung »survival of the fittest« – nur das am besten Eingepaßte überlebt.

Ewige Unruhe liegt dabei im Wesen dieses Prozesses. Niemals wird ein endgültiges Gleichgewicht erreicht. Selbst wenn es keine geologischen Veränderungen auf dem Planeten gäbe, wie das Auffalten neuer Gebirgsmassive, oder einen Wandel des Klimas – selbst wenn keine Kontinentalverschiebung stattfände, die Arten trennt oder bisher getrennte zusammenführt, selbst wenn also alle physikalische Umwelt stets die gleiche bliebe – was keineswegs der Fall war –, würde das System biologischer Muster niemals zur Ruhe kommen. Immer wieder nämlich wird hier oder dort eine Mutation auftreten, die Veränderungen der Selektionssituation bewirkt und so Kettenreaktionen von Veränderungen auslöst.

Wenn sich die Umwelt ändert, muß man sich selbst weiterentwickeln, um zu überleben. Die eigene Änderung stellt aber wieder andere Organismen vor neue Probleme, die neue Selektionslagen schaffen. Die Ungenauigkeit der Replikation sowie geologische und klimatische Veränderungen sind die Triebkräfte, die die lebende Welt in dauernder Entwicklung halten – und Entwicklung heißt zwangsläufig ein Wachsen der genetischen Information. Immer wieder wird das gestern gut Bewährte in Frage gestellt, immer wieder werden neue Lösungen erzwungen, die meist durch Erweiterung der vorhandenen Muster erreicht werden, sonst ist die Art früher oder später dem Untergang geweiht. Man kann auch dieses Prinzip in der intellektuellen Phase der Evolution wiederfinden.

14

. . . erfordert: daß die Teile desselben sich dadurch zur Einheit eines Ganzen verbinden, daß sie voneinander wechselseitig Ursache und Wirkung ihrer Form sind.
Kant

Vom Zellklumpen zum Vielzeller

Der Einzeller hat im Laufe der Evolution die Menge und den Informationsgehalt seiner DNA beachtlich vermehrt und damit manchen wichtigen Fortschritt erreicht. Dieses Kapitel behandelt wieder eine neue und für alle weitere Entwicklung richtungweisende Erfindung der Zelle, nämlich die Integration von Geschwisterzellen:

der rote Faden
von Seite 124
Zellen → Vielzeller

Wir haben recht deutliche Vorstellungen von ihren Anfängen. Sie beginnt mit Mutationen, die die Zelloberflächen verändern in einer Weise, die dazu führt, daß Zellen nach ihrer Teilung aneinander haften bleiben. Es bilden sich so Zellklumpen, die der Einzelzelle gegenüber einige Vorteile haben, z. B. einen besseren Schutz vor Austrocknung bieten oder vor der Gefahr, von einem Jäger geschluckt zu werden.

Nur zur Vermehrung müssen sich gelegentlich einzelne Zellen oder kleinere Zellgruppen vom Haufen lostrennen und durch Zellteilungen zu einem eigenen Haufen wachsen. Das ist nicht viel anders als bisher. Das Neue besteht jedoch darin, daß die Zellen einer solchen Gruppe in direktem Kontakt mit anderen, genetisch gleichen Zellen leben. Die Entwicklung ihrer Muster kann darauf aufbauen.

Die Gruppenbildung gestattete es, eine Arbeitsteilung vorzunehmen. Manche Zellen konnten für die Fortbewegung des Verbands sorgen, andere für dessen Ernährung usw. Es war nicht mehr erforderlich, daß *jede* Zelle *alle* notwendigen Funktionen selbst ausführte. Die Zelle konnte sich auf *wenige* Aufgaben beschränken und diese dann *besser* erfüllen als bisher. Die Überlebenschancen für den Verband stiegen um so stärker, je mehr er sich als eine Einheit organisieren, d. h. Wechselbeziehungen zwischen seinen Teilen entwickeln konnte. Dadurch nämlich wurde es möglich, einzelne Zellen oder Zellbereiche für bestimmte Funktionen zu spezialisieren und so die Leistungsfähigkeit des Ganzen zu steigern.

Solche Selbstorganisation zur Arbeitsteilung innerhalb eines Verbandes verlangte jedoch, daß die einzelnen Zellen den entscheidenden Inhalt ihres bisherigen Daseins, nämlich die hemmungslose Zellteilung, überwanden und ihr Replikations-»Streben« dem Gesamtwohl des Vielzellers unterstellten. Nur durch Begrenzung der Zellteilung war eine harmonische Funktions-Aufteilung innerhalb des Vielzellers möglich. Ohne diese wäre jeder Beginn von Organisationsformen in chaotischen Wucherungen erstickt. Die heutige Notwendigkeit einer Begrenzung der menschlichen Bevölkerung zeigt gewisse Parallelen zu der damaligen Situation.

Bisher hatte jede Zelle nur ein »Lebensziel«, nämlich möglichst schnell viele Nachkommen zu produzieren. Auch die Entstehung der Sexualität hatte daran nichts geändert. Nur diejenigen Arten von Einzellern konnten überleben, deren Mitglieder sich hemmungslos replizierten. Der Zusammenschluß zu einem Vielzeller ändert diese Situation drastisch. Eine Verleugnung des bisherigen Lebensinhalts wird erforderlich. Wenn der Verband überleben und sich fortpflanzen soll, muß die zunächst für *eine* Zelle entwickelte Harmonie jetzt auf die inneren Zusammenhänge des *ganzen Verbandes* ausgedehnt werden. Die Einzelzelle muß umgestellt werden. Ihre Nachbarn sind nicht mehr Konkurrenten, sondern Verbündete, die mit ihr dem gemeinsamen Ziel leben, mehr solche *Verbände* wie den ihren zu erzeugen.

Diese Umstellung vom »genetischen Ich« zum »genetischen Wir« der Zellen war sicher ein langwieriger Prozeß. Neue Musterbereiche mußten sich entwickeln für neue Regelmechanismen, die die Replikation von Zellen unter Kontrolle brachten. Sobald eine zweckmäßige Gesamtgröße des Verbandes erreicht war – sobald genügend Zellen für die Erfüllung einer Spezialaufgabe vorhanden waren, sollte deren Teilung aufhören.

Die weite Verbreitung von Vielzellern aller Art zeigt, daß diese Umstellung tatsächlich gelang – jedenfalls weitgehend gelang. Selbst heute hat der Vielzeller seine Vergangenheit aber noch nicht vollständig überwunden. Es gibt unter den Milliarden und Abermilliarden Zellen eines heute lebenden Vielzellers immer mal wieder eine Zelle, die in ihre egoistische Urexistenz zurückfällt, die Kontrolle des Gesamtsystems durchbricht und die alte hemmungslose Replikation wieder aufnimmt. Diese ist offenbar nicht als Prinzip verlorengegangen, sondern nur durch Kontrollmechanismen gezügelt worden. Eine solche Zelle ist eine *Krebszelle*. Ihr Rückfall macht sie zum »Verbrecher« an ihrem Verband, denn ihre unkontrollierte Wucherung führt unweigerlich zur Zerstörung der zellulären Harmonie des Vielzellers.

Wenn man die Entstehung des Vielzellers berücksichtigt, ist es nicht verwunderlich, daß es immer wieder Krebszellen gibt – es ist eher staunenswert, wie *selten* ein solcher Durchbruch gegen die Sicherheitsmaßnahmen hochentwickelter Vielzeller vorkommt. (Außer den genetischen Kontrollen innerhalb jeder Zelle existiert bei Wirbeltieren noch der Schutz durch ein Immunsystem, das eine krebsartige Zelle niederhalten kann und sozusagen eine Polizeifunktion im Zellenstaat ausübt.) Weiter wird verständlich, daß es nicht *den* Krebs gibt, sondern vielerlei Krebsarten, je nachdem welcher Zelltyp sich bösartig verändert und welche Defekte im innerzellulären Kontrollapparat aufgetreten sind.

Der Vielzeller brauchte also neue Mechanismen, um die bisher zügellose Zellteilung unter Kontrolle zu bringen. Nur so konnten innerhalb des ursprünglich unorganisierten Zellhaufens neue Beziehungen entstehen, die einzelnen Zellgruppen bestimmte spezialisierte Aufgaben zuwiesen – nur so wurde eine allmähliche Selbstorganisation des Vielzellers möglich.

Wie aber können Zellen, die alle durch Teilung aus einer Mutterzelle entstehen, planvoll – nicht etwa zufällig – verschiedene Wege gehen? Wie kann das genetische Programm der Zellen so erweitert werden, daß zunächst gleiche Zellen festgelegte, unterschiedliche Entwicklungsrichtungen einschlagen? Diese Frage ist das Kernproblem aller »Differenzierung«, die beim Wachstum einer Pflanze ebenso beobachtet wird wie in der Embryonalentwicklung eines Tieres.

Zur Erklärung wollen wir uns zunächst mit der *zeitlichen* Funktionsänderung einer Zelle beschäftigen, die schon bei Einzellern vorkommt. Hefezellen oder Pantoffeltierchen z. B. durchlaufen während ihrer Sexualprozesse verschiedene Funktionszustände, die einem festen Zeitprogramm folgen.

Unsere Frage lautet also: Wie kann eine Zelle, die in ständiger vegetativer Teilung begriffen ist, aus diesem nicht-sexual-bereiten Zustand »V« übergehen in einen sexual-aktiven Zustand »S«?

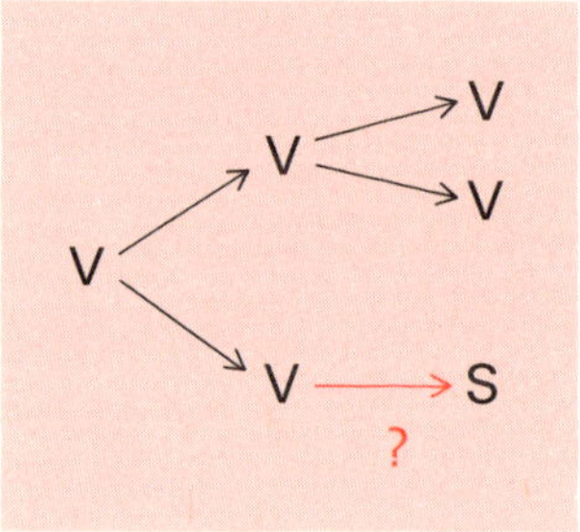

Wir haben im vorigen Kapitel gesehen, wie Gen-Ablesung reguliert werden kann durch bestimmte Kleinmoleküle und passende allosterische Proteine. Empfängt die Zelle von außen einen neuen Molekültyp – oder wird die Zufuhr eines bisher vorhandenen Moleküls unterbunden –, so kann sich der Gen-Ablesezustand einer Zelle ändern. Andere Gene können in Aktion treten, oder bisher aktive können abgeschaltet werden. Die Außenwelt der Zelle übt so einen Einfluß auf das Geschehen in deren Inneren aus.

Aber eine Zelle kann sich auch selbst umschalten, wenn gewisse innere Bedingungen vorliegen. Zum Beispiel kann das langsame Ansammeln oder der allmähliche Verbrauch eines bestimmten Moleküls die Ablesung gewisser Gene an- oder abschalten. Das entscheidende Molekül spielt dann eine Uhrenartige Rolle für die Zelle.

Beginnt bei einem solchen Umschalten der Gen-Aktivitäten eine neue molekulare Uhr zu laufen, so kann nach einiger Zeit eine weitere Änderung des Ablesezustands stattfinden. Auf diese Weise kann eine bestimmte Folge von Gen-Ablesungen erreicht werden, ein *zeitliches Programm* für einen Funktionsablauf in der Zelle, das von der genetischen Information zwingend vorgeschrieben ist. Im Laufe der Evolution haben sich solche für die Zelle nützlichen Regelprogramme für zeitliche Abläufe genauso entwickelt wie Regulationsmechanismen zur größtmöglichen Sparsamkeit.

Die Differenzierung eines vielzelligen Organismus ist ebenfalls auf viele solche Zeitprogramme in verschiedenen Zellen angewiesen, doch kommt als wesentliche Neuerung ein *räumliches* Programm hinzu. Wie entwickelt sich ein solches Zeit-Raum-Programm nach der Verschmelzung einer mütterlichen mit einer väterlichen Keimzelle? Kennen wir die Grundprinzipien dieses Vorgangs?

Wenn sich Zellen eines Embryos »differenzieren«, d. h. Spezialfunktionen übernehmen, dann bedeutet das *nicht*, daß sich ihre Erbinformation ändert. Nach wie vor haben alle Zellen das gleiche DNA-Muster, nämlich das der vereinigten Keimzellen, das von Zellgeneration zu Zellgeneration weitergegeben wird. Ihre Unterschiedlichkeit besteht vielmehr darin, daß verschiedene Gene abgelesen, daß also verschiedene Proteine hergestellt werden.

Kochbücher und Köche bleiben in allen Zellen gleich, nur die Speisekarten unterscheiden sich. Wie aber können *räumliche* Unterschiede innerhalb eines Zellverbands vorprogrammiert werden?

Ein Teil der hierfür wichtigen Ausgangsfaktoren ist ohne weiteres einleuchtend. So werden z. B. die Außenzellen eines Zellhaufens andere Bedingungen haben (Nahrung, Molekülaufnahme aus dem umgebenden Wasser usw.) als innenliegende Zellen. Weiter stammt eine Eizelle, die nach ihrer Befruchtung durch Teilungen zu einem neuen Verband werden soll, selbst aus einem räumlich differenzierten Zellverband, der möglicherweise schon im *Inneren* der Eizelle eine räumliche Asymmetrie (z. B. ein »Oben« und ein »Unten«) erzeugt hat. Diese innere Asymmetrie wird sich nach den ersten Teilungen in einer Unterschiedlichkeit der Tochterzellen fortsetzen. Solche Unterschiede mögen das Vorkommen bestimmter Moleküle betreffen, die für die Ablesung von Genen wichtig werden.

Es gibt also einige Gründe für räumliche Anfangsunterschiede. Aus diesen kann sich das gesamte komplexe Endmuster der Zellaktivitäten entwickeln. Das entscheidende Prinzip hierbei ist die »Verständigung« der Zellen untereinander durch Signale. Dazu dienen spezifische Moleküle, die von bestimmten Zellen ausgeschieden werden und in die Kontrolle der Gen-Aktivitäten anderer Zellen eingreifen, und bestimmte Erkennungsproteine, die bestimmte Zellen auf ihrer Membran-Außenseite anbringen.

Wenn in einem Verband von Zellen im Gen-Ablesezustand A einige umgeschaltet werden sollen auf einen neuen Zustand B, so kann dies durch eine innere Uhr oder durch Signalbeeinflussung von außen ausgelöst werden. Da alle A-Zellen aber gleich sind, würde solche Umschaltung früher oder später in *allen* A-Zellen erfolgen. Damit wäre aber keine Differenzierung in A- und B-Zellen erreicht. Um nur *einige* Zellen von A auf B umzuschalten, ist es daher nötig, daß die ersten Zellen, die den B-Zustand erreichen, ihrerseits sofort ein Signal geben, das die Umschaltung der übrigen A-Zellen *verhindert.* Die Nachricht »Hier sind jetzt B-Zellen« beendet sozusagen die Umschaltbereitschaft der restlichen A-Zellen – sie bleiben in ihrem bisherigen Gen-Ablesezustand.

Wir wollen solche Vorgänge der Differenzierung an einem spielerischen Modell veranschaulichen. Dafür nehmen wir an, es läge ein Zellverband mit einer primären Oben-Unten-Asymmetrie vor, in dem drei Typen von Gen-Aktivitäten herrschen: Typ A = oben, Typ B = unten, Typ C = Rest.

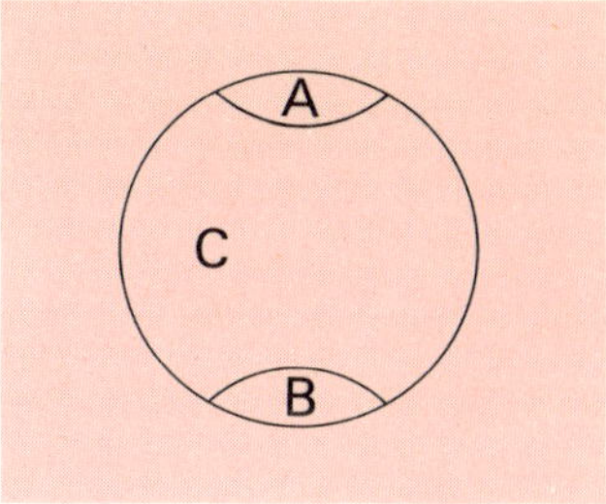

Von Typ A und von Typ B werden jetzt verschiedene Signalmoleküle ausgeschieden, die dort, wo sie zuerst zusammentreffen (das ist also im Zentrum des Verbandes), eine neue Gen-Aktivität (Typ D) auslösen. Dieser Typ D scheidet seinerseits sofort ein hemmendes Molekül aus, das die Wirkung der ersten beiden Signale in weiteren Zellen verhindert. Der Aktivitätstyp D bleibt so auf die zentral liegenden Zellen beschränkt.

Bedingt durch ihr inneres Zeitprogramm beginnen dann sowohl A-Zellen als auch B-Zellen andere Moleküle zu produzieren, die ebenfalls als Signale ausgeschieden werden. Ansprechbar durch diese neuen Signale sind aber nur die Außenzellen der Struktur. Aus ihnen entsteht beim ersten Zusammentreffen der beiden von A und B ausgehenden Signale ein neuer Zelltyp E, der zu schnellen Zellteilungen übergeht und so zu Auswüchsen führt.

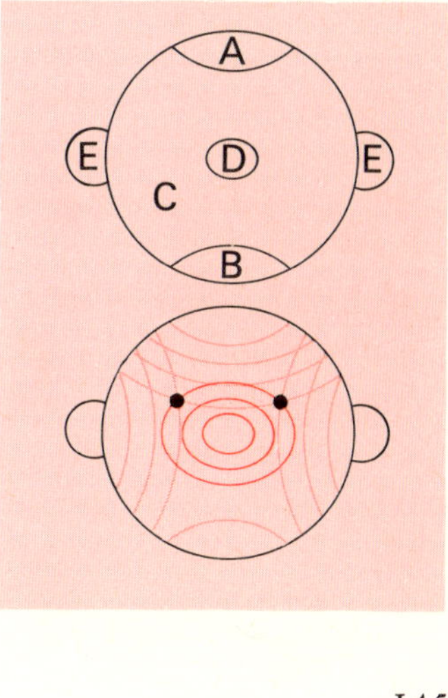

Jetzt werden von Zelltyp A (oben) und von den neuen Zelltypen D und E drei verschiedene Signalmoleküle ausgeschieden. Diejenigen Zellen, die zuerst alle drei Signale empfangen, schalten auf wieder eine andere Zellaktivität um.

Es erfolgt dies an zwei Stellen des Verbands. Durch zeitlich gut koordiniertes Zusammenwirken weiterer Signale vom Zentrum und von unten her entsteht noch ein neuer Zelltyp als schmaler Streifen zwischen »Nase« und »Kinn«. Schließlich beginnen aus allen Außenzellen des Typs A Haare zu wachsen.

Obwohl Biologen bisher an verschiedenen Organismen immer nur Bruchstücke eines solchen Gesamtablaufs analysieren konnten, darf die räumliche Musterbildung von Zellaktivitäten als *im Prinzip erklärbar* gelten, wenn man sich bewußt bleibt, daß wir im einzelnen natürlich noch keineswegs die Komplexität bei der Ausbildung von z. B. verschiedenen Nasenformen verstehen.

In jedem Fall wird Differenzierung, also Entstehung eines harmonisch zusammenwirkenden Zeit-Raum-Musters von Gen-Aktivitäten, koordiniert durch Signale zwischen den Teilbereichen des Verbandes. Molekulare Signale können dabei in kurze Entfernungen (Millimeterbereich) durch Diffusion (d. h. durch ungerichtete Wärmebewegung) gelangen. Bei größeren Entfernungen muß eine Strömung als Transporthilfe dazukommen. Das geschieht z. B. bei höheren Tieren durch Benutzung des Blutkreislaufs.

Aber es werden nicht nur Moleküle ausgesandt. Manchmal begeben sich während der Embryonalentwicklung auch ganze Zellen auf Reisen. Sie stammen dann aus einem bestimmten Bereich, in dem bestimmte Gene aktiv waren. Auf ihrer Oberfläche aber haben sie – auch das als Folge ihrer Gen-Aktivitäten – spezifische Moleküle. Dies sind die »Adressen«, die dafür sorgen, daß solche Wanderzellen sich in bestimmten anderen Bereichen des Embryonalverbandes an gewisse andere Zellen mit dazu passenden Oberflächen anlagern. Die eingewanderte Zelle kann dann mit ihrem ganz anderen Gen-Aktivitäts-Muster in die lokale Weiterdifferenzierung an ihrem Empfangsort eingreifen.

Insgesamt bedeutet Differenzierung also, daß auf der Grundlage eines in allen Zellen gleichen genetischen Programms ein höchst komplexes System der Regulation molekularer Signale dafür sorgt, daß zu *bestimmten* Zeiten in *bestimmten* Zellen *bestimmte* Gene abgelesen werden.

Da DNA der Informationsspeicher ist für all die spezifischen Proteine des ganzen genetischen Regulationsprogramms, muß im Laufe der Entwicklung vom Einzeller zum Vielzeller die Menge der DNA der Zelle beachtlich zunehmen. Tatsächlich hat die Zelle z. B. einer Fliege 50 mal mehr, die eines Säugetiers rund 2000 mal mehr DNA als eine Bakterienzelle. Der Großteil dieser neuen DNA hat sozusagen »Verwaltungs«-, d. h. Regulations-Aufgaben bei der Embryonalentwicklung. Mit der Komplexität wächst der Verwaltungsapparat. Ein Vielzeller wie der Mensch (insgesamt 10^{13} bis 10^{14} Zellen) besteht immerhin aus Hunderten von verschiedenen Zelltypen. Und jeder Typ braucht seine spezielle Verwaltung.

Man fragt sich, wie ein solches Regulations-Netzwerk, wie all diese molekularen Schaltschemata, die schließlich zu einem harmonischen Zeit-Raum-Muster der Vielzeller-Entwicklung führen, überhaupt entstehen konnten. Recht früh schon ist – zumindest im Tierreich – die *befruchtete Eizelle* zum allgemeinen Ausgangspunkt eines neuen Vielzellers geworden. Dieses relativ kleine Muster *enthält bereits die gesamte Information* für das riesige, sich daraus entwickelnde Muster des Vielzellers. Der ganze Musteraufbau in der Embryonalentwicklung ist eigentlich nur *die hochspezifische Wirkung, die von dem Muster der Eizelle ausgelöst wird.* (Eine gewisse Mitwirkung der Umwelt, z. B. die Ernährung des Embryos im Uterus oder Eidotter, ist natürlich dabei eingeplant.) Der Vielzeller ist die *zwangsläufig* entstehende, sekundäre Mustererweiterung des primären Musters der Eizelle.

Im Gegensatz zur *stammes*geschichtlichen Entwicklung der Einzeller, die dem Musterprinzip entsprechend in selbstbeschränkender Freiheit, also unter Beteiligung von Zufall abläuft, ist die *Embryonal*-Entwicklung des Vielzellers *festgelegt* im Muster der Eizelle. Es gibt praktisch keine Freiheitsgrade.

Evolution des Vielzellers kommt nun dadurch zustande, daß die befruchtete Eizelle durch Mutationen verändert ist. Eine solche Variante des bisherigen Musters führt auch zu einem abweichenden Vielzeller, der sich in der Selektion bewähren kann oder von dieser als unbrauchbar ausgeschieden wird. Die Prüfung der Selektion ist dabei zweistufig. Die innere Abgestimmtheit des Regulationssystems der Differenzierung wird schon in der Embryonalentwicklung selbst geprüft. Ist diese nicht harmonisch in sich, entsteht eine Mißbildung, die meist erst gar nicht lebend zur Welt kommt. Ist die innere Harmonie trotz Mutation gewahrt, wird ein etwas veränderter Organismus geboren, der jetzt in zweiter Instanz auf seine Einpassung in die bestehende äußere Umwelt geprüft wird. Nur wenn sich die Mutation in beiden Prüfungen behaupten kann, wird sie Aussicht haben, ihre veränderte Erbinformation an Nachkommen weiterzugeben.

Neben wenigen erfolgreichen hat es natürlich eine ungeheuer viel größere Zahl von fehlgeschlagenen Versuchen gegeben. Wie auch bei der Entwicklung des Stoffwechsels oder der geordneten Zellteilung kann das Zeit-Raum-Programm der Embryonalentwicklung nur *schrittweise* entstehen, verbessert und ausgebaut werden. Auf jede kleine Verbesserung folgt dabei eine gewaltige Vermehrung des Vielzellers mit der geglückten Harmonie. All diese Organismen haben dann wieder eine Chance, durch Zufall eine weitere Verbesserung zu erreichen. Einem wird dies irgendwann gelingen, und wieder wird die verbesserte Version alle Vorläufer verdrängen.

Dabei wird aber stets das schon bewährte bestehende Differenzierungsprogramm den Hintergrund bilden, vor dem eine Veränderung geprüft wird. Die Mutation muß dieses bisherige Programm harmonisch abändern oder ergänzen. Diese Beschränkung läuft darauf hinaus, daß niemals tiefgreifende Änderungen des Regulationsprogramms stattfinden, sondern dieses von erfolgreichen Mutationen nur ergänzt und weiter ausgebaut wird. Mit fortschreitender Evolution wird so das Programm immer länger und mal hier, mal dort mit zusätzlichen Raffinessen versehen. Deswegen sind frühe Embryonalzustände höherer Tiere denen ihrer Vorläufer so sehr ähnlich.

Reptilien, Vögel und Säuger z. B. haben bei aller uns beeindruckenden Verschiedenheit die wesentlichen Grundharmonien ihrer genetischen Information gemeinsam. Eigentlich sind es nur feine, in der Embryonalentwicklung wirkende Unterschiede, die die ganze Verschiedenheit ausmachen. Dies wird überzeugend demonstriert durch einen Vergleich der frühen Keimesentwicklung von Wirbeltieren. Dem Laien ist es kaum möglich, den *frühen* Embryo (obere Reihe) des Menschen unter denen von Reptilien oder Vögeln zu erkennen. Selbst nach einigen Wochen (zweite Reihe) ist der menschliche Embryo von dem anderer Säuger nur durch das größere Gehirn zu unterscheiden.

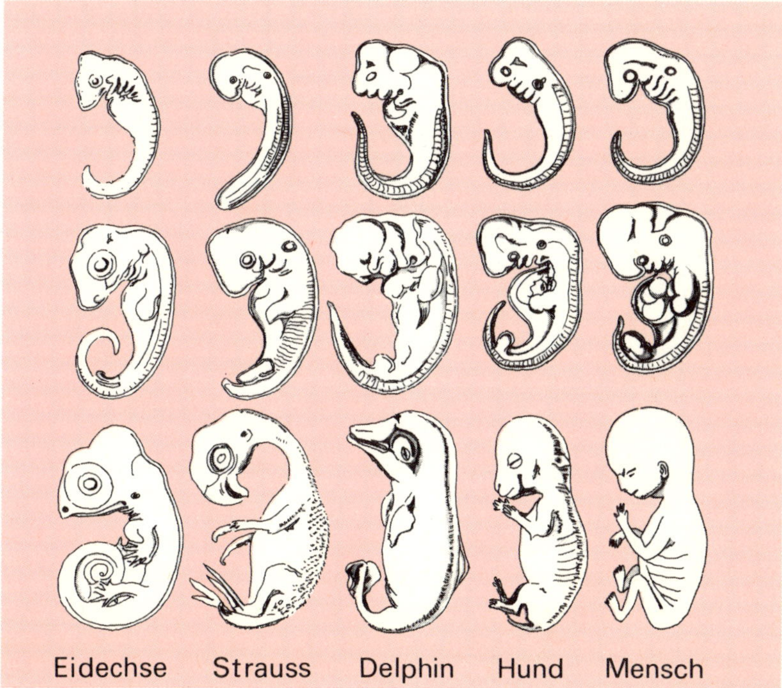

(nach Haeckel)

Aber diese Fragestellung gehört eigentlich schon in das Problem der Artenentstehung, das unser Thema im nächsten Kapitel sein wird. Hier ging es darum zu zeigen, wie die DNA des Vielzellers Schritt um Schritt ergänzt wird durch Bereiche, die ein immer länger und komplexer werdendes Regulationsprogramm speichern, das es den Zellen ermöglicht, molekulare Signale zu geben, zu empfangen und zu verarbeiten. Dieses Netzwerk von Signalen bindet die Zellen des Vielzellers zu einer riesigen Ganzheit mit vielerlei neuen inneren Abhängigkeiten und Wechselbeziehungen zusammen.

Ein langer Weg wurde zurückgelegt seit dem Augenblick, als die ersten Zelloberflächen sich so veränderten, daß die gerade geteilten Einzeller aneinander haften blieben. Und wieder drängt sich die Frage auf: »Mußten« sich die ersten Zellhaufen automatisch zum hochorganisierten Vielzeller entwickeln? Fast scheint es so, denn die »Erfindung« des Vielzellers wurde mehrfach gemacht – zumindest unabhängig voneinander im Pflanzen- und Tierreich.

15

Um dies Höhere zu genießen, müssen in dem mühsam durchforschten Felde specieller Naturformen und Naturerscheinungen die Einzelheiten zurückgedrängt und von dem selbst, der ihre Wichtigkeit erkannt hat und den sie zu größeren Ansichten geleitet, sorgfältig verhüllt werden.

A. v. Humboldt

Das Füllhorn der Arten

Die genetische Information des Vielzellers ist zu einer Symphonie geworden. Sie enthält verschlüsselt das Raum-Zeit-Programm für die verschiedenen Aktivitäten aller Musiker – d. h. jeder Gruppe von Zellen. Nicht nur in den Tonfolgen jedes Einzelinstruments herrschen harmonische Beziehungen, das Ganze ist zu einer organischen Gesamtheit verbunden – zu einem Netzwerk aufeinander abgestimmter Wechselwirkungen, die die Embryonalentwicklung als festgelegte Zeitfolge von räumlichen Musteraktivitäten in immer gleicher Weise ablaufen lassen.

Alle Mitglieder einer Art tragen die gleichen Anweisungen in ihren Erbanlagen. Nur kleine Variationen dieses oder jenes Themas (durch Mutationen) sind erlaubt. Alle größeren Störungen führen zum Abbruch des Konzerts – zu Mißbildungen – und fallen der Selektion zum Opfer. Änderungen der bewährten arteigenen Zeit-Raum-Muster durch Mutationen finden zwar statt, setzen sich aber – auch wenn sie die Lebensaussicht der Art verbessern – nur langsam durch, weil Sexualität das Erbgut aller Artgenossen ständig durchmischt, so daß schließlich die Art als Ganzes an den Verbesserungen teilhat.

Oft findet dabei – wohl durch viele kleine Mutationsschritte – eine Selektions-vorteilhafte Entwicklung über lange Zeiträume hinweg in gleicher Richtung statt. Ein bekanntes Beispiel dafür ist die Stammesentwicklung des Pferdes, dessen Größenzunahme und Huf-Entstehung man über 60 Millionen Jahre verfolgen kann:

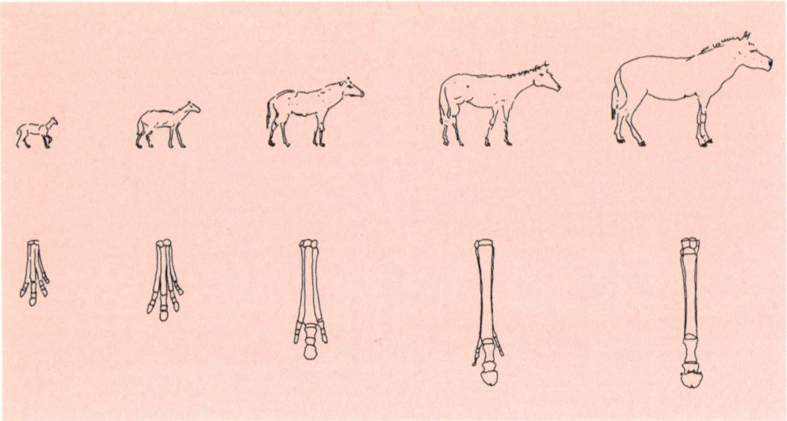

Ist eine Art harmonisch in ihre Umwelt eingefügt, so werden sich grobe Änderungen kaum durchsetzen, da nicht viel zu verbessern ist. Anders wird die Situation jedoch, wenn sich durch Umweltwandel neue Selektionsbedingungen ergeben (z. B. durch Klimaänderung oder das Auftreten eines neuen Raubtiers). Die bisher gut in ihren Lebensraum passende Art ist dann neuen Schwierigkeiten konfrontiert. Dadurch werden bisher bedeutungslos gewesene Mutationen wichtig. Sie bieten vielleicht die Möglichkeit, die Art so zu verändern, daß sie sich wieder harmonisch in die neue Umwelt einfügt.

Wenn man sagt, die Art habe »sich angepaßt«, so klingt das nach aktiver Zielstrebigkeit. In Wirklichkeit führen Mutationen zu Änderungen in alle Richtungen, von denen erst sekundär durch Selektion nur diejenigen übrig bleiben, die wieder zu harmonischer Einfügung führen (»gesiebter Zufall«). Eine solche Anpassung betrifft die *ganze* Art. Da all ihre Mitglieder durch Sexualität genetisch fest verbunden sind, kann nicht ein Teil von ihr, eine »Unterallianz«, eigene Wege gehen. Alle Mutationen werden unter die gesamte Population gemischt. Die Art ist eine viel fester verbundene Schicksalsgemeinschaft, als es scheinen mag, wenn man einzelne Falken oder Schmetterlinge beobachtet. Die Art ist wirklich eine Einheit geworden, auch wenn ihre einzelnen Mitglieder ein getrenntes Leben zu führen scheinen.

Wenn eine Art sich aber – selbst bei Umweltänderungen – nicht einfach in mehrere Arten aufspalten kann, wie ist dann überhaupt die Entstehung der beobachtbaren Artenfülle erklärbar? Wie kann eine Art zu zwei Arten werden?

Die entscheidende Voraussetzung liegt wohl immer in einer Aufteilung der Art in Einzelgruppen, also in der geographischen Abtrennung von Teilpopulationen.

Dieser Vorgang hat Ähnlichkeiten mit dem Trennen von ersten lebendigen Strukturen der Ursuppe durch Umwelteinwirkung oder auch mit der noch unorganisierten Vermehrung erster Vielzeller durch Abspaltung einer Zellgruppe. In all diesen Fällen ist eine größere Zahl von Einheiten miteinander vernetzt. Ihre Wechselbeziehungen sind jedoch wenig differenziert, so daß die Abtrennung eines Teiles ohne Schaden für das Ganze hingenommen werden kann.

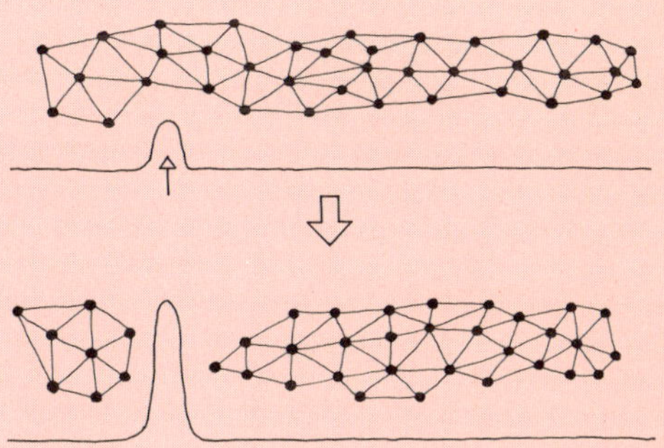

Schema der räumlichen Auftrennung einer Art

Es gibt genügend Gründe, die zur Auftrennung einer Art führen können: Da das frühe Leben sich hauptsächlich im Flachwasser abspielt (Sonneneinstrahlung, Photosynthese), können durch ungleichmäßige Senkung des Meeresbodens praktisch getrennte Lebensräume an den Flachküsten von Inseln entstehen. Später werden auf dem Land lebende Arten von Tieren und Pflanzen vielleicht durch das Auffalten neuer Gebirge oder die Loslösung von Kontinenten getrennt. Ein Schwarm von Vögeln mag durch einen Orkan auf eine bisher von Vögeln nicht besiedelte Insel verschlagen werden usw.

Mit der Abspaltung einer Teilpopulation geht meist auch eine Umweltänderung – zumindest für eine der Teilgruppen – einher. Damit ergeben sich veränderte Selektionsbedingungen, die unterschiedlich auf die beiden Teilpopulationen der Art einwirken.

Getrennte Gruppen können, ja müssen nun – selbst bei gleichen Selektionsbedingungen – durch den Zufallscharakter der Mutation verschiedene Wege ihrer langsamen Weiterentwicklung einschlagen. Dies wird um so leichter sein, je *kleiner* die abgespaltene Gruppe ist, da eventuell schon vorhandene oder neu auftretende Mutationen sich bei einer kleinen Gruppe viel schneller auf alle Einheiten späterer Generationen ausbreiten können, als wenn Millionen von Artgenossen vorhanden sind. Die kleine abgespaltene Gruppe mit notwendigerweise stattfindender Inzucht ist in ihrer Entwicklung sehr viel wandlungsfähiger als eine große Population. Vor allem – und das ist äußerst wichtig – können sich bei sehr kleinen Teilpopulationen durch Zufall auch Mutationen durchsetzen, die gar keinen Selektionsvorteil bieten (Fachausdruck: genetic drift). Das ist bei großen Populationen praktisch unmöglich.

Allerdings sind kleine Gruppen auch viel gefährdeter, ausgerottet zu werden. Von vielen abgesprengten Teilpopulationen werden sich also nur wenige durch glückliche Umstände wieder zu einer größeren, stabilen Population entwickeln. Wie Mutationen meist der Selektion zum Opfer fallen und nur sehr selten einen Organismus positiv verändern, so werden hier auf einer höheren, kollektiven Ebene die meisten Versuche einer Abspaltung scheitern und schnell wieder verschwinden. Nur gelegentlich wird der Zufall – oder auf dieser Stufe besser: ein Bündel von

Zufällen – Erfolg haben und einen kleinen Evolutionsschritt weiterführen.

Zu diesem Zufallsbündel gehören ebenso die äußeren Umstände der veränderten Lebensbedingungen wie die in der abgesprengten Teilgruppe schon vorhandenen oder noch auftretenden Mutationen – vieles Tasten also in viele zufällige Richtungen und nur gelegentlich ein glückliches Zusammentreffen von wieder gut zusammenpassenden Innen- und Außenmustern.

Mit der geographischen Abspaltung und einer geglückten selbständigen Weiterentwicklung der Versprengten aber ist immer noch nicht die endgültige Entstehung einer neuen Art erreicht. Irgendwann werden ja die beiden Teilpopulationen durch starke Ausbreitung oder durch neue Erdumgestaltung wieder in einem gemeinsamen Lebensraum zusammentreffen. Dies erst ist die Stunde der Prüfung. Werden die Mitglieder der beiden bisher getrennten Gruppen wie in alten Zeiten in Sexualkontakt treten, und wird dieser zu neuer gemeinsamer Nachkommenschaft führen, oder ist die getrennte Entwicklung so weit fortgeschritten, daß die alten Bande nicht wieder geknüpft werden können?

Gründe für ein endgültiges Getrenntbleiben kann es genug geben, von äußeren Schwierigkeiten bei der Kopulation (z. B. durch verschiedene Größe) bis zu nicht mehr harmonisch zusammenwirkenden Keimzellen der beiden Geschlechter. In höheren Stufen des Tierreichs mag auch das Paarungsverhalten so unterschiedlich geworden sein, daß Mitglieder der anderen Teilgruppe nicht mehr als Sexualpartner akzeptiert werden.

Welche Gründe auch immer vorliegen, erst wenn die ursprüngliche Gemeinsamkeit durch Sexualität nicht wiedergewonnen werden kann, wenn also beide Teilpopulationen im gleichen Lebensraum als getrennte Arten nebeneinander existieren, ist endgültig eine *neue Art* entstanden. (In vielen Fällen wird solche Zusammenführung allerdings nicht eintreten. Dann wird der ganze Artbegriff unscharf. Welche Kriterien soll man anwenden, wenn zwei Populationen nicht im gleichen Raum oder nicht zu gleicher Zeit existieren? Löwe und Tiger werden so

z. B. als getrennte Arten betrachtet, obwohl sie beliebig kreuzbar sind.)

Werden dagegen die alten Sexualbande erneuert, so schmelzen die Teilpopulationen wieder zusammen. Hierbei kann es zu beachtlicher Weiterentwicklung der Art kommen, da Gene für verschiedene, getrennt entstandene, neue Eigenschaften jetzt kombiniert werden können. Wie beim Beginn der Sexualität die Vereinigung von Genen für verschiedene Fähigkeiten starke Impulse gab, so kann auch diese Wiedervereinigung nach vorübergehender Aufteilung sprunghafte Weiterentwicklung einleiten.

In der Wiederverschmelzung vorübergehend getrennter, aber gerade noch kreuzungsfähiger Unterarten liegt die höchste Potenz für große Schritte der Evolution. Nur auf diese Weise können nämlich *gleichzeitig* Gene für eine ganze *Reihe* neuer, einzeln schon bewährter und genetisch harmonisierter Veränderungen in verschiedener Weise kombiniert und der Selektion ausgesetzt werden.

Der ganze Vorgang von Trennung und Zusammenführung einer Art ist eigentlich eine »Sexualität« auf höherer kollektiver Ebene. Man kann ihn *»Epi-Sexualität«* nennen, denn es ist ein Prozeß der Vereinigung und Neukombination günstiger, getrennt entwickelter Neuerwerbungen, nur jetzt nicht mehr unter einzelnen Organismen, sondern unter Teilpopulationen einer Art.

Immer wieder sind ja gerade die »großen Schritte« der Evolution so besonders rätselhaft. Wie ist es möglich, daß die ganze Komplexität eines Knochengerüstes entsteht? Wie kommen Reptilien dazu, »plötzlich« Säugetiere hervorzubringen, oder wie werden Echsen zu Vögeln?

Jeder wesentliche Fortschritt verlangt viele Mutationen, die wohl in kleinen Populationen *getrennt* vorbereitet sein müssen. Es ist kaum denkbar, daß sich alle dazu nötigen Mutationen in *einer* Population langsam ansammeln. Damit sich das genetische Programm für einen vorbereitenden Teilschritt durchsetzen kann, muß dieser nämlich schon für sich allein einen Selektionsvorteil bieten. Dabei ist jedoch nicht erforderlich, daß dieser Vorteil bereits in Richtung auf den wichtigen Fortschritt selbst liegt. Zur Veranschaulichung ein denkmögliches, keinesfalls wissenschaftlich bewiesenes Beispiel:

Federn, die den Vögeln das Fliegen erlauben, haben sich aus den Schuppen von Echsen entwickelt (das weiß man). Eine »gefiederte« Echse brauchte aber zunächst noch keine Flugsprünge zu machen, um einen Selektionsvorteil zu besitzen. Es wäre genauso vorstellbar, daß die mit den Federn verbundene Wärme-Isolierung ihr einen erweiterten Lebensraum erschloß. Sie konnte langsam zum Warmblüter werden.

Wenn sich nun bei einer anderen abgetrennten Gruppe der gleichen Echsenart vielleicht zunächst kleine Flughäute und – um diese besser nutzen zu können – dann ein zarterer Knochenbau entwickelt hätten, mag die Zusammenführung der beiden Neuerwerbungen den großen Fortschritt bringen. Die Federn der einen Gruppe werden vereint mit dem zierlicheren Knochengerüst ihrer Artgenossen, und nach wenigen Generationen weiterer Selektion gleitet der Urvogel Archaeopteryx durch die Luft.

Dieses hypothetische Beispiel der prinzipiellen Potenz von Epi-Sexualität soll das Schema auf der folgenden Seite nochmals veranschaulichen.

Es ist wohl immer Epi-Sexualität, die plötzlich neue Fähigkeiten vereinigt und damit wesentliche Entwicklung einleitet. Auch die Entstehung des Menschen ist wohl nur dadurch zu erklären, daß unsere Vorfahren in viele kleine Inzuchtgruppen aufgespalten waren, die einzeln unabhängig voneinander verschiedene genetische Fortschritte erzielten. Durch gelegentliche Verschmelzung dieser kleinen Populationen konnten getrennt erworbene Neuerungen in einer Gruppe vereint werden. Créer c'est unir. Schöpfung heißt Vereinigung.

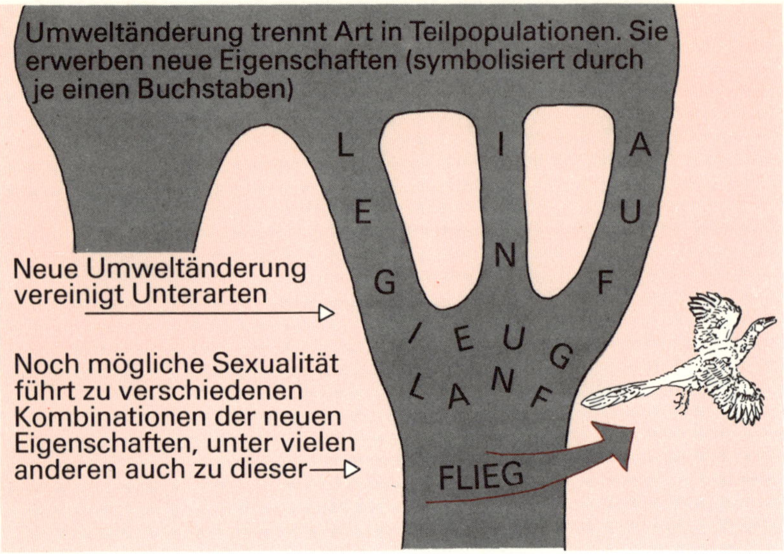

Epi-Sexualität geht in relativ kurzen Zeiten vor sich. Zu lange Trennung würde die gemeinsamen Bande der Art zerreißen. Wenn die getrennt erworbenen Fortschritte glücklich zusammenpassen – und sie werden durch Sexualität schnell in allen denkbaren Kombinationen erprobt –, kann sehr bald eine Untergruppe entstehen, der sich ein völlig neuer Lebensraum erschließt.

Diese notwendigerweise schnelle und unbedingt nur in sehr kleinen Populationen ablaufende Entwicklung beantwortet den früher immer wieder gegen die Idee einer Evolution erhobenen Einwand, daß man bei allen Arten als Versteinerungen recht viele gleiche Exemplare einer offenbar sehr stabilen Phase fände, aber keine Zwischenformen, die doch notwendigerweise von der Entwicklung durchlaufen sein müßten. Immer wieder wurde nach diesen fehlenden Gliedern gefragt, die erst den wirklichen Beweis der von der Biologie behaupteten Abfolge liefern könnten.

Wir haben aber gerade gesehen, daß die entscheidenden Ereignisse *nur in kleinen* Teilpopulationen ablaufen können und daß die großen Fortschritte auch nur *kurze Zeit* als unvollkommene Zwischenformen bestehen. Nach erfolgtem Durchbruch gewinnen sie schon in wenigen Generationen eine neue Dauerharmonie, wenn sie überhaupt erhalten bleiben.

Man könnte genauso erwarten, auf unseren Straßen nicht klar abgegrenzte Autotypen zu treffen, sondern alle möglichen Zwischenformen, d. h. alle Entwicklungsstufen der Versuchsfahrzeuge der Automobilindustrie. Auch die Natur experimentiert nur mit wenigen Exemplaren. Dann werden ebenso wie beim Auto die meisten Versuche wieder verworfen und nie in Serie produziert. Nur gelegentlich führt ein Versuch zum Erfolg, wenn sich nämlich eine neue Tierart im Laufe nur weniger Generationen zum endgültig in die Umwelt passenden Typ entwickelt. Erst wenn diese Phase durchlaufen ist, setzt die massenhafte Reproduktion des neuen Erfolgsmusters ein.

Wenn Millionen von Trilobiten und ganze Kalkberge von versteinerten Muscheln, aber bisher nur 5 Exemplare des Archaeopteryx gefunden wurden, so sind diese Zahlenverhältnisse der *beste Beweis* für die Tatsache, daß auch millionen- oder milliardenfach mehr Exemplare jener einfachen Tiere gelebt haben als Tiere der Übergangsphase zwischen Reptil und Vogel – daß also solche Übergangsphasen tatsächlich sehr schnell und nur von sehr kleinen Populationen in einem sehr begrenzten Raum durchlaufen wurden.

Trilobiten (wenige mm bis zu 75 cm groß) sind weit verbreitete Fossilien von Meerestieren, die vor etwa 600 Millionen Jahren zuerst auftauchten, aber vor 200 Millionen Jahren wieder ausstarben. Es sind mehr als 250 Gattungen bekannt.

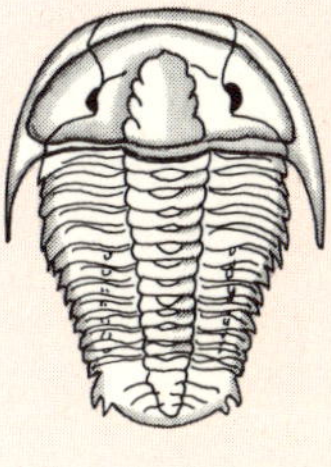

Ist aber einmal ein wirklich neues Modell mit neuen Fähigkeiten geschaffen, so herrscht eine Ausnahmesituation. Wir sind

Zeuge des Durchbruchs in einen neuen Lebensraum. Für eine Weile nimmt das Fehlen bisheriger Feinde, der Fortfall des sonst so beherrschenden Konkurrenzkampfs unter den Artgenossen jeden Selektionsdruck von der erfolgreichen Art. Etwas Ähnliches kann auch eintreten, wenn durch Zufall eine Art in einen weiten, unbesetzten Lebensraum eindringt, z. B. auf einen von ähnlichen Arten noch nicht erreichten Kontinent gelangt.

Es ist, als ob sich die Natur in solcher Situation jegliche Laune leisten könne – auch Mutanten, die sonst kaum Überlebenschancen gehabt hätten, finden noch eine für sie passende Nahrungsquelle, einen Sexualpartner und einen Lebensraum, aus dem sie nicht sogleich von anderen verdrängt werden. Die neue Freiheit gestattet eine sonst nicht geduldete Experimentierfreude, die allerdings nur von kurzer Dauer ist, da bald alle *»ökologischen Nischen«* aufgefüllt sein werden.

Dieser Fachausdruck bezieht sich nicht nur im eigentlichen Sinne auf den Lebensraum, d. h. ein Dasein im Hochgebirge, in Wüstengegenden, in Nadelwäldern, im Sumpf oder auch unter der Erde, sondern umfaßt zugleich die Nutzung von Nahrungsquellen, die Möglichkeit, Unterschlupf zu finden, usw. Die Summe aller Umweltfaktoren, die für das Leben einer Art wichtig sind, ist so ihre »ökologische Nische«. Der Wettbewerb unter den Arten sorgt dafür, daß praktisch jede Art ihre eigene ökologische Nische besitzt.

Sind viele dieser Nischen unbesetzt, so können auch Mutationen von anfänglich recht zweifelhaftem Wert erhalten bleiben und zu getrennten Arten in verschiedenen ökologischen Nischen führen. So kann – wieder ein erfundenes Beispiel – eine Veränderung der Vorderfüße, die zwar das Laufen erschwert, aber dafür das Graben von Löchern möglich macht, überleben. Dadurch mag ein Tier neue Nahrungsquellen finden. Erst wenn die Sondersituation normalisiert und diese Lebensgewohnheit fest angenommen ist, besteht *sekundär* ein Selektionsdruck, der zu immer grabfähigeren Maulwürfen und zu einer neuen Art führt.

Dieses Beispiel gibt Gelegenheit zu erwähnen, daß *generell* – also auch bei ringsum besetzten ökologischen Nischen – eigentlich schädliche Mutationen ohne Nachteil hingenommen werden können, wenn für die betroffene Fähigkeit kein Selektionsdruck mehr besteht. So verkümmern die Augen beim Maulwurf, weil sie für ihn keinen Selektionsvorteil mehr bieten. Rückbildung vorher wichtiger Organe tritt bei fehlender Selektion automatisch ein, weil Defekt-Mutationen nicht ausgemerzt werden und sich im Laufe der Generationen ansammeln. Viele in Höhlen lebende Tiere sehr verschiedener Arten zeigen z. B. eine Degeneration ihrer Schutzfarbe. Sie sind einfach weiß, haben also keine Pigmente. In dauernder Dunkelheit fehlt dafür der Selektionsdruck. Ohne Licht werden sie nicht leichter gefunden – und gefressen – als andere. Mutationen gehen stets in *alle* Richtungen. Selektionsdruck ist nötig, um Organe, Funktionen und Fähigkeiten zu vervollkommnen, aber auch, um sie nur zu erhalten.

Dies also sind die Gründe für die Mannigfaltigkeit der Arten im Tier- und Pflanzenreich. Dem Nicht-Biologen mag es rätselhaft erscheinen, daß nach etwa 2 bis 3 Milliarden Jahren mühevollen Weges zum durchorganisierten Einzeller sich in nur 500 Millionen Jahren die ganze Fülle der Vielzeller einschließlich des Menschen entwickelt hat. Und es sind wirklich viele.

Die systematische Arbeit der Biologen hat etwa 400000 heute lebende Arten von Pflanzen und gar 1,2 Millionen Tierarten beschrieben. 900000 von ihnen sind Insekten. Viele weitere Arten aber sind, wie z. B. Trilobiten oder Saurier, wie das Mammut oder der Säbelzahntiger, im Laufe der Evolution ausgestorben. Neu auftretende Konkurrenten oder Feinde, Infektionskrankheiten oder geologische Katastrophen mit drastischen Klimaänderungen haben sie ausgerottet.

Die schnelle Entwicklung der Vielzeller zu all dieser Artenfülle wird verständlich, wenn man sich erinnert, wie ungeheuer ähnlich im Grunde z. B. alle Wirbeltiere sind, eine Erkenntnis, die übrigens schon im 16. Jahrhundert gewonnen wurde, wie die

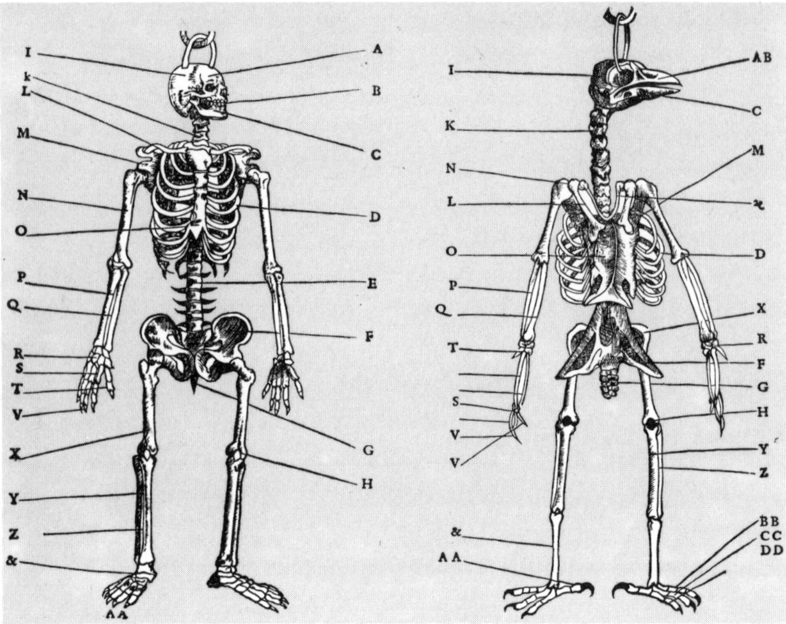

(aus Pierre Belon: L'histoire des oyseaux, 1555)

Abbildung zeigt, bei der die Parallelen eines menschlichen Skeletts mit dem eines Vogels analysiert wurden.

Den Grund für diese enge Verwandtschaft hatten wir schon kennengelernt. Es war die schrittweise Verlängerung, Abänderung oder Verfeinerung des schon vorhandenen Regulationsprogramms der embryonalen Entwicklung.

Wie geringe Veränderungen der Erbinformation nur nötig sind, um äußerlich beeindruckende Verschiedenheit zu erzeugen, erkennt man an den erst seit wenigen Jahrhunderten existierenden Hunderassen (ein Argument, das übrigens schon auf Charles Darwin zurückgeht). Wenn es der Züchtung gelingt, in nicht viel mehr als hundert Generationen, Dackel, Windhunde und Bernhardiner zu erzeugen, so beweist das die Fülle der Variationspotenz der genetischen Information. Es beweist, wie leichtes Spiel die Natur haben mußte, um im Laufe von Jahrmillionen, d. h. in *Millionen* von Generationen das ganze Füllhorn der Arten über unseren Planeten auszuschütten.

Ein geologischer Zufall hat uns den australischen Kontinent als interessantes Beispiel von Artenbildung geschenkt. Australien wurde vom übrigen Festland abgetrennt gerade in dem Augenblick, als sich eine stürmische Entwicklung des Säugetiers anbahnte. Durch Zufall gelangte aber keine der neuen Säugetierarten auf diesen Kontinent, der so einem Nebenzweig der Säuger, nämlich den Beuteltieren, allein überlassen blieb.

Auch Beuteltiere bringen lebende Junge zur Welt. Doch sind diese dann noch in einem Stadium früher Entwicklung, die sie im Beutel der Mutter (in den die nur wenige Millimeter großen Kerlchen schon aus eigener Kraft klettern) nicht durch eine Nabelschnur, sondern von deren Milchdrüsen versorgt, fortsetzen. Außerhalb Australiens haben nur die Beutelratten (Opossum) den Konkurrenzkampf mit den höheren (placentalen) Säugern überstanden.

Statt der placentalen Säuger entfaltete Australien seine eigene Welt, das Reich der Beuteltiere, die sich vom Grundschema aus in alle Richtungen verzweigten: zu Beutelratten und Koala-Bären, zum Beutelmaulwurf, Beuteligel, Beutelhörnchen, Beutelwolf und zum Känguruh – ein Lehrstück der schnellen Variation eines Grundmusters mit »Anpassung« an verschiedene, unbesetzte ökologische Nischen. Besonders interessant ist hierbei, daß wir in ähnlichen Nischen den höheren Säugern parallele Entwicklungen finden. Das verdeutlicht die Gebundenheit evolutiver Entwicklung, die, von ähnlichen Mustern ausgehend, in ähnlicher Umwelt ähnliche Veränderungen erzielt. Auf der anderen Seite zeigt die Existenz von Känguruhs (die eine ökologische Nische wie sonst Huftiere eingenommen haben) und die der sonderbaren Schnabeltiere, daß Evolution auch Freiheiten besitzt, die durch Zufall entschieden werden.

Man sollte erwähnen, daß bei der Entdeckung Australiens auch einige placentale Säuger angetroffen wurden. Diese waren alle frühere oder spätere Einwanderer. Dazu gehören Fledermaus-ähnliche Arten, die vielleicht ein Orkan verschlug, einige kleine Nager, deren Vorfahren wohl halbverhungert auf einem treibenden Holz Australien erreicht hatten, und viel später der Mensch mit seinem heute verwilderten Hund, dem Dingo.

Nach dem Auftreten des Vielzellers bevölkert also eine schnell wachsende Zahl von Pflanzen- und Tierarten die Meere, Seen und Flüsse unseres Planeten. Vor etwa 400 Millionen Jahren erobern einige wenige dieser Arten das feste Land. Sie variieren und ergänzen das Grundschema ihrer genetischen Information und breiten sich in einer Fülle neuer Arten über alle Kontinente aus – über Hochgebirge und Sümpfe – über Wüsten und Lavafelder. Immer wieder schlagen sie unter dem Druck der Selektion in verschiedener oder sich ändernder Umwelt getrennte Entwicklungsrichtungen ein, und immer wieder ermöglicht größere Komplexität auch höhere Fähigkeiten, die sich in der Erprobung durch Selektion bewähren.

Aus Algen entwickelten sich Farne, Schachtelhalme und Moose, weiter erst nacktsamige (z. B. Nadelhölzer), dann bedecktsamige Blütenpflanzen; aus einfachen vielzelligen Tieren entstanden einerseits Muscheln und Gliedertiere (wie Spinnen, Krebse und Insekten), andererseits Wirbeltiere – zunächst Fische, dann Amphibien (wie Salamander und Frösche), weiter Reptilien (wie Eidechsen, Schildkröten und Riesen-Saurier), aus denen sich vor 200 Millionen Jahren Warmblüter (Säugetiere und etwas später Vögel) entwickelten. Seit etwa 30 Millionen Jahren gibt es Affen und seit 2–5 Millionen Jahren schließlich den Menschen.

An diesen Teil des Gesamtprozesses eines unaufhörlichen Anwachsens von Musterkomplexität und Mannigfaltigkeit wird meist gedacht, wenn von Evolution die Rede ist. Die Entwicklung von Vielzellern ist aber nur der kleine Abschnitt der Evolution, den die Wissenschaft als ersten erschloß, den Forscher wie Lamarck und Darwin untersuchten und der an Hand der Versteinerungen von Tieren und Pflanzen in den verschiedenen Ablagerungsschichten der Erdoberfläche offen zutage liegt.

16

Fest steht, daß die Materie nach Gesetzen sich bewegt, die auf bestimmter Stufe in organischen Wesen den denkenden Geist mit Notwendigkeit produzieren.

Engels

Nervennetze als Reiz-Antwort-Automaten

Damit ein Vogel durch die Luft fliegen, eine Katze durchs hohe Gras steigen, ein Fisch sich im Wasser fortbewegen kann, müssen bestimmte Muskeln der Tiere nach einem wohl koordinierten Zeitprogramm in Aktion treten. Damit ein Regenwurm feuchtere Erde aufsuchen, eine Libelle ihre Beute erkennen kann, damit der Anblick eines Feindes Flucht, der eines Weibchens Sexualverhalten auslöst, müssen Sinneswahrnehmungen ausgewertet und in gezielte Reaktion umgesetzt werden. Für jedes Tier geht es darum, durch Sinnesorgane Kenntnis der Außenwelt zu gewinnen, dann die so einfließenden Meldungen sinnvoll zu verarbeiten und schließlich so darauf zu reagieren, daß eigenes Überleben und Fortpflanzung gesichert werden. Dies wird möglich durch die Leistung des *Zentral-Nerven-Systems*, also des Gehirns, dem wir uns jetzt zuwenden wollen.

Ganz abgesehen von Reaktionen auf Außenreize verlangt bereits das normale Funktionieren eines Tierorganismus ein abgestimmtes Zusammenwirken vieler Organe. Die Notwendigkeit für solche Koordination beginnt schon auf der Stufe eines hochentwickelten Einzellers, der sich mit dem Schlag vieler Wimpern durch das Wasser bewegt. Würde jede Wimper für sich allein operieren, käme keine klare Bewegung zustande.

Diese resultiert nur aus der zeitlichen Abstimmung des Schlagens vieler Wimpern:

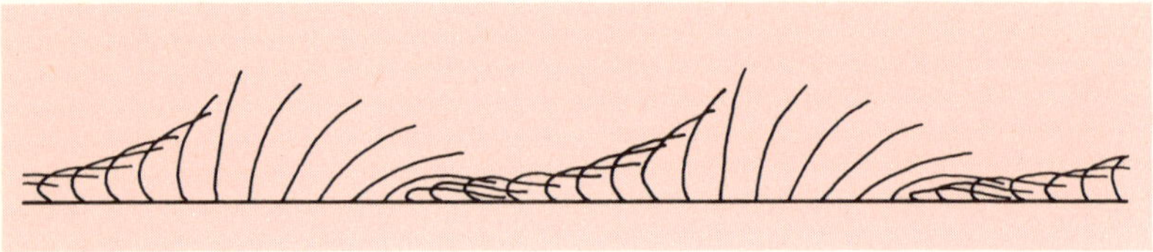

Schon auf dem Niveau des Einzellers ist also die Koordination der Aktion von Teilen eine entscheidende Aufgabe. Diese Anforderung besteht erst recht für alle größeren Systeme. Sie gilt für jedes vielzellige Tier, jedes Industriewerk, jede Verwaltungsstruktur. Ein erfolgreiches, d. h. flexibles Agieren und Reagieren des Gesamtsystems ist nur durch Übertragung von Meldungen innerhalb des Systems möglich. Auch römische Macht und Inka-Reiche stützten ihre Stärke auf schnelle Stafetten-Netze von Reitern oder Läufern, die Nachrichten in die Hauptstadt und Befehle in die Provinzen brachten.

Bei der Embryonalentwicklung eines Vielzellers konnte die notwendige Koordination der Teilprozesse durch *chemische* Signale erfüllt werden. Es standen Tage, Wochen, Monate zur Verfügung. Der Existenzkampf eines Tieres jedoch verlangt möglichst rasche Reaktionen auf die Umweltsituation – verlangt schnelle Entscheidungen und präzise zeitliche Abstimmung von Einzelaktivitäten. Diese Aufgabe übernimmt im tierischen Vielzeller ein außerordentlich wichtiger Spezialtyp von Zellen, der zum Ausgangspunkt der dritten Phase der Evolution wird: die *Nervenzelle.*

Was ist das Besondere an einer Nervenzelle? Nun, in vielen Punkten ist sie eine spezialisierte Zelle wie andere spezialisierte Zellen auch. Sie enthält die gleiche DNA in ihrem Zellkern und benutzt den gleichen Code zur Proteinsynthese wie alle anderen Zellen. Was auffällt, ist zweierlei: ihre ungewöhnliche Gestalt und die besonderen Eigenschaften ihrer Membran.

Nervenzellen (Fachausdruck »Neuronen«) können bis zu 1,5 m lang sein und haben eine Baum-ähnliche Form. Den Wurzeln entsprechen die »Dendriten«, die – wie wir gleich sehen werden – Signale von anderen Nervenzellen zusammentragen. Den Stamm nennt man das »Axon«.

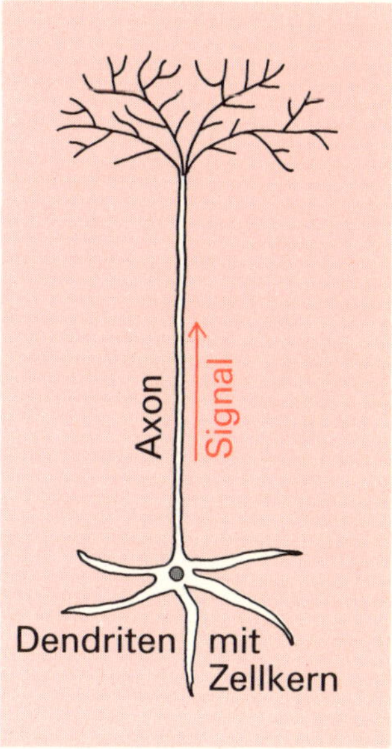

Es gibt seinerseits Signale über all seine Verzweigungen an wieder andere Neuronen weiter.

Die Fähigkeit des Neurons, elektrische Signale zu übermitteln – Signale, die von der Zelle selbst erzeugt werden –, ist das eigentlich Besondere. Sie beruht auf den Eigenschaften der Zellmembran, die sozusagen aus einer langen Reihe aufgestellter Dominosteine besteht. Wird am Ende ein Stein umgeworfen, so läuft dieses Signal über die ganze Reihe hinweg das Axon entlang bis in alle Verzweigungen. Nach einer kurzen Erholungszeit (Millisekunden) wird jeder Stein wieder aufgerichtet, so daß ein neues Signal über das Axon laufen kann. Die *Stärke* der Erregung kann sich dabei nur in der *Häufigkeit* der Signale ausdrücken, denn Umfallen ist Umfallen.

Die verästelten Enden eines Axons mögen zu einem Muskel führen und diesen durch ihr Signal zur Kontraktion anregen. In den meisten Fällen sind sie aber an den Dendriten anderer Neuronen angeheftet. Eine solche Verbindungsstelle nennt man »Synapse«. Sie ist die Schaltstelle, an der ein elektrisches Signal von einer Nervenzelle zur anderen weitergegeben wird.

Ein einziges Neuron kann dabei bis zu 10000 Synapsen mit vielen anderen Neuronen bilden. So entsteht ein ungeheuer kompliziertes Netzwerk von »Verschaltungen«, demgegenüber der Schaltplan eines Radios lächerlich einfach ist. In diesem

Schaltnetz werden elektrische Signale von Neuron zu Neuron weitergeleitet.

Wenn das alles wäre, müßten bei *jeder* Reizung praktisch sämtliche Nervenzellen des Netzes in Erregung geraten. Damit wäre wenig gewonnen. Das Netzwerk muß also noch Komplikationen enthalten. Die wichtigste ist wohl, daß zwei Typen von Neuronen im Schaltnetz vorkommen: stimulierende und hemmende. Beide funktionieren in analoger Weise, nur übertragen ihre Synapsen entweder einen erregenden oder einen hemmenden Einfluß auf das nächste Neuron.

Die einzelne Nervenzelle – sei sie stimulierenden oder hemmenden Typs – wird nun durch all die an ihren Dendriten auflaufenden Synapsen stimulierende *und* hemmende Einflüsse erfahren, die sie »aufsummiert«. Überwiegen dabei die stimulierenden Signale, wird sie ihrerseits »feuern«, d. h. ein Signal (Dominoreihe) entlang ihres Axons laufen lassen, das an seinen Synapsen (je nach Typ des Neurons) wieder stimulierenden oder hemmenden Einfluß überträgt. Überwiegen die Hemmreize, wird sie schweigen.

Je nach Schaltplan des Netzes aus stimulierenden und hemmenden Neuronen und je nach eingehenden Primärreizen werden unterschiedliche Erregungsmuster an die Zentrale weitergeleitet. Ein einfaches Beispiel soll das erläutern.

Im folgenden Modell ist ein primitives, regelmäßiges Nervennetz wiedergegeben. Von oben kommen Außenreize (Pfeile) auf Sinneszellen. Dies sind ganz spezielle Nervenzellen, die unter dem Einfluß eines bestimmten Außenreizes (z. B. Licht) Signale über ihr Axon leiten, mit denen sie die Neuronen der zweiten Reihe stimulieren. Feuernde Nervenzellen sind im Schema durch kräftige Farbe hervorgehoben. Es werden stimulierende (rot oder rosa) und hemmende (schwarz oder grau) Neuronen angeregt, die ihre Signale an die dritte Reihe weitergeben. Deren Neuronen werden ihrerseits aber nur dann zu feuern beginnen, wenn die Zahl der stimulierenden Signale, die sie empfangen, *größer* ist als die der hemmenden. Im Schema erhalten die meisten Neuronen der dritten Reihe je ein stimulierendes und ein hemmendes Signal – d. h. sie werden schweigen. Man erkennt leicht, daß bei der im Modell gegebenen Verschaltung Reize überhaupt nur da weiterfließen, wo in der Reihe der Sinneszellen *benachbarte* Zellen *unterschiedlich* vom Außenreiz betroffen sind.

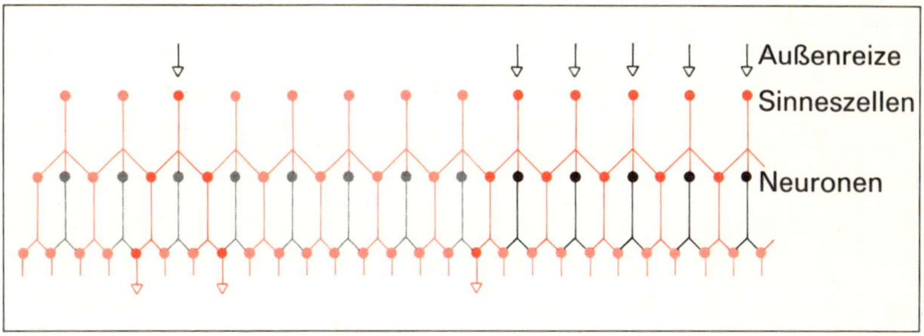

Für ein solches Nervennetz, z. B. im Auge eines Tieres, bliebe eine gleichmäßig helle oder auch dunkle Welt ohne weiteren Einfluß. Dagegen würden Helligkeits*unterschiede* zu Meldungen an das Gehirn führen.

Sind die verschiedenen Typen von Nervenzellen und ihre Wirkungsweise im Laufe der Evolution erst einmal im Prinzip erfunden, so wird Selektion eine schnelle Verbesserung dieser Fähigkeiten bewirken. Die Geschwindigkeit der Signalübertragung z. B. erreicht bei primitiven Organismen etwa 1 cm/sec und steigert sich bis zu 120 m/sec bei Säugern. Hierfür ist sicher die Entwicklung zum Warmblüter wichtig. Alle Gehirnprozesse beruhen ja auf biochemischen Reaktionen in den Nervenzellen und deren Synapsen. Eine gleichbleibende, höhere Körpertemperatur sorgt dann für ein gleichbleibend gutes Funktionieren des Nervennetzes. Es ist kein Zufall, daß die beiden Tierklassen mit den höchsten Gehirnleistungen (Säuger und Vögel) die einzigen Warmblüter sind.

Die Funktionen des Zentralnervensystems sind für alle Tiere von so lebensentscheidender Bedeutung, daß dessen Leistungen zum wichtigsten Maßstab für die Lebensfähigkeit überhaupt werden. Natürlich spielen auch andere Eigenschaften noch eine Rolle, z. B. Schutzfarbe, Zahl von Nachkommen usw., aber es ist wohl richtig zu sagen, daß die Evolution der tierischen Vielzeller im wesentlichen in einer Evolution der Leistungen ihrer Nervensysteme besteht.

Entscheidend für diese Leistungen ist neben den Fähigkeiten der Nervenzellen vor allem der Verschaltungsplan unter den Neuronen. Bei niederen Würmern, den Nematoden, kann die ganze Verschaltung von Nervenzellen erfaßt werden. Bestimmte Mutanten zeigen dabei *erbliche* Abweichungen von dem üblichen Schaltplan. Auch bei anderen Tieren findet man in allen Exemplaren einer Art zumindest im Groben übereinstimmende Nervennetze.

Dies ist nur möglich, wenn der Schaltplan selbst in der genetischen Information festgelegt ist. Genauso wie in der Embryonalentwicklung das Knochengerüst von Wirbeltieren aus dem Zeit-Raum-Programm der Erbinformation entsteht, so muß sich auch das Neuronen-Schaltnetz als Folge des DNA-Programms entwickeln.

Man kann die Frage stellen, ob der Informationsgehalt der DNA überhaupt ausreicht, um die Komplexität des Neuronen-Schaltplans festzulegen. Das ist *im einzelnen* sicherlich nicht möglich, d. h. die Menge der DNA reicht nicht aus, um für jedes einzelne Neuron vorzuschreiben, welche Synapsen zu welchen anderen Neuronen gebildet werden sollen. Die Information der DNA reicht jedoch für *Pauschal*anweisungen an viele Neuronen, z. B.: »Ordnet euch zu einer alternierenden Reihe von stimulierenden und hemmenden Neuronen an«, oder: »Jedes von euch verbinde sich mit den drei genau hinter ihm liegenden Neuronen«. In allen Nervennetzen treten dementsprechend Periodizitäten der Verschaltung deutlich zutage.

Mit der Vorschrift für die Verschaltung von Nervennetzen hat das genetische Muster den Gipfel seiner Wirkung erreicht. Die Erbinformation enthält außer der verschlüsselten Beschreibung für die vielen verschiedenen Zelltypen eines höheren Organismus, außer dem Zeit-Raum-Programm, nach dem während der Embryonalentwicklung der Bauplan des Vielzellers in eine harmonisch zusammenwirkende Realität umgesetzt wird, auch die Anweisungen für die Verschaltung des Neuronennetzes. Diese Verschaltungen regulieren nicht nur lebensnotwendige Vorgänge wie Herzschlag und Atmung, sondern garantieren vor allem eine lebenserhaltende Antwort auf Außenreize. Das Tier bekommt einen Computer mit auf den Lebensweg, der Sinneswahrnehmungen verrechnet und jeweils für das Tier nützliche Reizantworten automatisch auslöst.

Da solche Fähigkeiten schon auf primitiver Stufe von höchstem Selektionsvorteil sind, werden sie sich zwangsläufig schnell vervollkommnen. Mutationen in der DNA werden zu irgendwelchen Änderungen und Erweiterungen in den Sinnesorganen oder dem Neuronen-Schaltplan führen. Wie bei aller früheren Evolution läßt Selektion dann bevorzugt solche Änderungen überleben und an Nachkommen weiterreichen, die Verbesserungen darstellen, also eine genauere Information über die Außenwelt liefern oder eine nützlichere Verrechnung dieser Information möglich machen. Maßstab der Überlebenschance sind dabei immer die schließlich daraus resultierenden Reaktionen eines Tieres auf Außenreize von Umweltsituationen.

Die Information über die Außenwelt wird dabei reduziert auf das »wirklich Wichtige«. Die Sinnesorgane wirken wie Filter, die von der Fülle äußeren Geschehens nur ganz Weniges auswählen und ins Gehirn einspeisen. Sie liefern ein *Signalmuster*, das die *Außenwelt extrem vereinfacht beschreibt.*

Die Sinnesorgane und die sich an sie anschließenden Nervennetze sind so verschaltet, daß eben gerade nur das Wichtigste ins Gehirn einfließt. Dabei ist (als Folge der genetischen Information) das Neuronennetz so weiterverschaltet, daß bestimmte einlaufende Erregungsmuster automatenhaft bestimmte Verhaltensreaktionen des Tieres auslösen, d. h. auf bestimmten Nervenbahnen ein zeitlich koordiniertes Programm aussenden.

Die Verrechnung von Reizen beschränkt sich aber nicht auf Reize der Außenwelt. Auch der *innere* Zustand eines Tieres findet Berücksichtigung. Hormonale Vorgänge können z. B. eine »Paarungsbereitschaft« erzeugen, die in das Nervennetz einfließt und dort vielleicht den Anblick eines Beutetieres, das unter anderen Umständen Jagdreaktionen auslösen würde, unbeachtet bleiben läßt.

Das »Hungergefühl« ist ein anderes Beispiel für einen Reiz von innen. Ein in der Nacht jagendes Tier wird diesen inneren Stimulus jedoch nur dann in eine Jagdreaktion umsetzen, wenn andere Sinnesreize bestätigen, daß die Außenwelt im richtigen Zustand für eine Jagd ist, daß also Dunkelheit herrscht. Äußere und innere Meldungen fließen so gemeinsam in die Verhaltensweise ein.

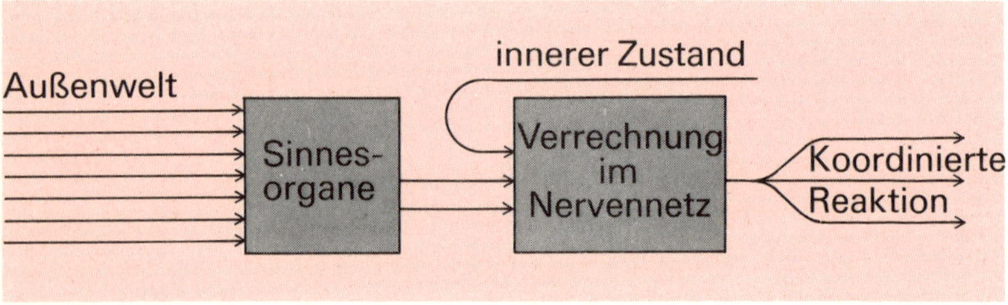

Entscheidend für das Funktionieren solcher Automaten ist zweierlei: erstens die Auswahl und Übersetzung des riesigen Informationsangebots der Umwelt, das die Sinnesorgane auf wenige Meldungen reduzieren, und zweitens der Schaltplan des Verrechnungsapparates, der auf bestimmte Kombinationen von Eingangsreizen hin bestimmte Verhaltensweisen auslöst.

Bewegungsvorgänge in der Umwelt z. B. sind für jedes Tier von besonderer Bedeutung. Sie können Gefahr oder auch Beute signalisieren. Es ist daher verständlich, daß die Verschaltung in solchem Fall durch koordinierte Signale an Augen- und Halsmuskeln automatisch dafür sorgt, bewegte Objekte »im Auge zu behalten«.

In anderen Fällen löst ein ganz spezifischer Reiz ein bestimmtes Verhalten aus. So wird ein Stichling-Männchen aggressiv, sobald in seinem Revier der rote Unterleib eines Rivalen auftaucht. Aufgerissene Schnäbel junger Vögel sind Auslöser zum Füttern bei den Elterntieren. Manchmal werden durch Reize auch langwierige komplizierte Verhaltensabläufe ausgelöst. Immer hat dabei die genetische Information durch den Plan der Neuronen-Verschaltung ein solches Programm festgelegt. Einmal in Gang gesetzt, wird es bei niederen Tieren wie bei einem Automaten abgespielt, selbst wenn eingetretene Veränderungen die Fortsetzung des Programms sinnlos machen.

Wird z. B. eine Spinne beim Spinnen des Kokons, in den sie ihre Eier abgelegt hat, gestört, so wird sie einen Ersatzkokon nicht von vorne beginnen, sondern an der Stelle, wo sie unterbrochen wurde. Trocknet ihre Spinndrüse ein (z. B. durch die Wärme der Lampen bei einer Filmaufnahme), so wird sie ihren Kokonbau, der aus etwa 6400 Tupfbewegungen besteht, in ihrem Bewegungsablauf zu Ende führen, ohne die Sinnlosigkeit ihres Tuns wahrzunehmen. Derart ungewöhnliche Störungen sind im genetischen Programm einer Spinne nicht vorgesehen.

Das Nervennetz, das automatisch lebenserhaltende Antworten des Vielzellers auf Reize der Umgebung auslösen kann, hat die biologische Evolution ein großes Stück weitergetragen. All diese Leistungen sind in genetischer Information verankert.

Wir haben in unserer bisherigen Betrachtung eine weitere Leistung des Nervennetzes, nämlich das »Gedächtnis«, bewußt ausgeklammert. Der bisher beschriebene Automat hat noch keine Erfahrung gesammelt. Diese neu auftretende Fähigkeit der Großmuster von Nervennetzen muß nämlich einer neuen Phase der Evolution zugerechnet werden, die der nächste Abschnitt des Buches behandelt.

Eine solche Grenzziehung mag künstlich erscheinen, weil auch recht niedere Tierformen schon Anfänge von Gedächtnis zeigen und bei allen höheren eine enge Verknüpfung von automatenhaften Reaktionen mit solchen besteht, die vom Gedächtnis beeinflußt werden. Dennoch liegt an dieser Stelle der Evolution eine ganz entscheidende Grenze: bisher war die ererbte genetische Information das *allein bestimmende System*; jenseits dieser Grenze wird in ständig zunehmendem Maße ein *zweites Informationssystem* das Geschehen kontrollieren.

Evolution des Geistigen

17

Das Gedächtnis ist einem vernünftigen Geschöpfe gleich nach der Empfindung nötig; es ist von solcher Wichtigkeit, daß, wo dasselbe fehlt, alle unsere übrigen Kräfte größtenteils ganz unnütz sind.

Locke

Ausbruch aus dem Gefängnis der Gegenwart

Am Anfang der dritten Phase der Evolution steht eine neue Eigenschaft des Musters. Schon einmal hatte – Milliarden Jahre zurück – die angewachsene Musterkomplexität den Weg in eine neue Welt geöffnet. Damals gewannen bestimmte komplexe Muster die Fähigkeit zur Selbstreplikation. Die jetzt durch weiter angewachsene Komplexität hinzutretende Potenz ist in ihrer Bedeutung nur mit diesem Schritt bisheriger Evolution vergleichbar.

Das Nervennetz – entstanden zur inneren Koordination des Vielzellers und zur Verrechnung von Reizen, die durch Sinnesorgane zusammengetragen werden – überwindet die Hürde der Zeit. Das Tier entspringt dem Gefängnis der Gegenwart und gewinnt eine neue Dimension seiner Existenz. Bisher war der Organismus fest an das »jetzt« gekettet. Für ihn gab es weder Vergangenheit noch Zukunft. Es gab nur *eine* Außenwelt – die augenblickliche, die seine Sinne vermittelten. Auf diese zu reagieren, war er programmiert. Ein Gestern existierte nicht – es gab kein Gedächtnis – kein Erinnern. Zwar trugen all seine Zellen in der DNA die kristallisierte Vergangenheit seiner Art, die ihn zu dem gemacht hatte, was er war, doch nichts unterschied sein Gehirn (seinen Verrechnungsapparat) von denen seiner Artgenossen.

Er war ein namenloser Automat aus einer großen Serie gleicher Automaten. Der Organismus war noch kein Individuum. Seine Reaktionen waren sklavische Antworten, vorgeschrieben von einer in DNA-Molekülen aufgezeichneten Geschichte seiner Vorfahren. Im Laufe seines Lebens war ihm viel geschehen, doch sein Gehirn hatte nichts erlebt. Das Dasein war – wörtlich – spurlos über sein Gehirn hinweggegangen.

Das sollte anders werden. Die neue Eigenschaft der riesig gewordenen Muster öffnet dem Tier die Dimension der Zeit: *Im Neuronennetz entstehen Musterbereiche, die »formbar« sind* – Bereiche, in denen zwar alle Bausteine für das Muster vorhanden, aber noch nicht zu endgültiger Gestalt zusammengefügt sind. Die Bereiche sind gewissermaßen plastisch und können noch »in Form« gebracht – »informiert« werden. Dies geschieht durch Sinnesreize, die nicht nur einen Augenblick lang durch das Gehirn huschen, sondern dort Spuren hinterlassen – Eindrücke, die festgehalten – konserviert werden. Das Gehirn ist nicht mehr nur Rechenautomat für das »jetzt«, sondern wird zum Speicher für das »vorher«. Erfahrungen können gesammelt und als nützliche Entscheidungshilfen im späteren Dasein berücksichtigt werden.

Nach dem Gewinn der Fähigkeit zur Selbstreplikation, d. h. der Entstehung von genetischer Information, ist dies zum zweitenmal ein wundersamer Schritt des angewachsenen Musters in eine neue Phase der Evolution.

Die Schilderung dieses Buches mag zuweilen die falsche Vorstellung vermitteln, daß jeweils ein Aspekt der Entwicklung zum Abschluß gebracht wurde, bevor die Evolution sich einer nächsten Stufe zuwandte. So haben wir die Entstehung des Artenreichtums diskutiert bis zu den Säugetieren, ohne ein Wort über die Entwicklung von Nervennetzen zu sagen. Ebenso wurde die Automatik des Nervensystems behandelt, ohne dessen neue Speichereigenschaft zu erwähnen. Tatsächlich ist Evolution ein breiter Strom, bei dem die Entwicklung vieler Fähigkeiten zeitlich überlappend verläuft.

So ist auch die neu auftretende Speicherung von Sinneswahrnehmungen nicht abgetrennt von der Weiterentwicklung zu immer perfekteren automatischen Verrechnungsweisen des Gehirns zu sehen. Beide Fortschritte laufen lange Zeit nebeneinander, und beide sind aufs engste verbunden mit einer Vermehrung der genetischen Information, nach deren Anweisung die Neuronen-Verschaltung sich anlegt.

Irgendwie muß dabei für bestimmte Bereiche des Schaltnetzes eine neue Freiheit aufgetreten sein, durch die nicht alle synaptischen Verbindungen von vornherein festgelegt waren. Vielleicht verlangte eine veränderte DNA für manche Teile des Nervennetzes nur, daß gewisse Neuronen ihre Axonen in bestimmte Bereiche des Gehirns auswachsen ließen und mit den dort vorgefundenen Nervenzellen *zufällige* Verschaltungen eingingen. Dies würde trotz wachsender Neuronenzahl keine Vergrößerung der DNA-Information erfordern. (Alle Säugetiere, einschließlich des Menschen, besitzen tatsächlich auch etwa die gleiche Menge an DNA, nämlich ca. 7×10^{-12} g pro Zellkern.) Solche Wiederkehr einer Unschärfe neuer Art mag es gewesen sein, die den Ball der Entwicklung auf das dritte Spielfeld gestoßen hat.

Worauf beruht die Formbarkeit von Gehirnbereichen? Welche molekularen Veränderungen gehen in den beteiligten Neuronen vor? Als Antwort gibt es nur Hypothesen, aber kein gesichertes Wissen. Die meisten Fachleute nehmen an, daß der entscheidende Prozeß in den *Synapsen* der zu formenden Bereiche abläuft, also an den Verbindungen zwischen den einzelnen Neuronen. Nach verbreiteter Vorstellung gewinnen die Synapsen durch häufigere Erregung immer bessere Übertragungsfähigkeit für ihre Signale. Es ist wie bei einem Trampelpfad über eine Wiese. Je öfter ein bestimmter Schaltweg im Nervennetz angeregt wird, desto leichter wird er durchlaufen. Ein oft begangener Weg ist ein »gebahnter« – ein leicht zu gehender Weg.

In einem gerade geborenen Gehirn sind danach die Synapsen der informierbaren Bereiche noch ungeübte, funktionsträge

Schaltstellen. Erst im Laufe wiederholter Stimulierungen entwickelt sich ein Synapsen-Schaltmuster von besonders leichter Durchlässigkeit. Da verschiedene Individuen unterschiedlichen Außenreizen ausgesetzt sind, werden auch diese Schaltmuster von Individuum zu Individuum verschieden sein. Andere, nichtformbare Bereiche des Gehirns sind selbstverständlich schon bei Geburt definitiv (automatenhaft) verschaltet, also voll arbeitsfähig, z. B. die für die Kontrolle des Herzschlags oder den Saugreflex eines Neugeborenen.

Ein weiterer Gesichtspunkt ergänzt dieses Bild. Wir wissen, daß sich das Neuronennetz des Menschen in den ersten Jahren seines Lebens noch beachtlich ausbaut. Speziell die Zahl der gebildeten Synapsen vermehrt sich deutlich. Das bestätigen auch Versuche an Ratten, die man entweder unter extrem eintönigen Bedingungen, also in Dunkelheit, Geräuschlosigkeit etc. oder in äußerst anregender Umgebung aufwachsen läßt. Dabei entwickeln sich klare Unterschiede im Neuronennetz. Die vielfach stimulierten Tiere haben mehr Verzweigungen – mehr Synapsen. Dieser Befund spricht dafür, daß einkommende Sinnesreize nicht nur vorhandene Schaltstellen im Neuronennetz wirksam machen, sondern sogar die Neubildung weiterer Verschaltungen begünstigen.

> *Um Mißverständnisse mit nie wieder gutzumachenden Folgen zu vermeiden*, sei hier für die Eltern von Kleinkindern angemerkt, daß einem Baby nichts Besseres widerfahren kann, als häufig von einer seelisch ausgeglichenen Mutter »bekümmert« zu werden. Mäßig dosierte Sinneseindrücke fördern sicher die Gehirnentwicklung. Aber nichts ist schlimmer als Überreizung. Verängstigung und Neurosen sind die Folge. Ein für den Erwachsenen äußerst langsamer und langweiliger Vorgang ist für einen Säugling ein Feuerwerk an verwirrenden, weil noch ungeordneten Sinneseindrücken. Vielfache Wiederholung eines Vorgangs hilft, diesen geistig zu verarbeiten.

Kann man sich durch ein Modell veranschaulichen, wie ein »gebahnter« Schaltweg (Fachausdruck: ein »Engramm«) im Gehirn aussieht? Eine Ahnung vermittelt vielleicht die Ausweitung des Schaltnetzes, das wir im vorigen Kapitel skizziert hatten. Wenn wir die Hunderte von Querverbindungen (Synapsen), also den eigentlichen Schaltplan, vernachlässigen und unter den Neuronen (dargestellt durch Punkte) die feuernden hervorheben, können wir den Verlauf der Aktivitäten in einem Nervennetz (Pfeile) verfolgen:

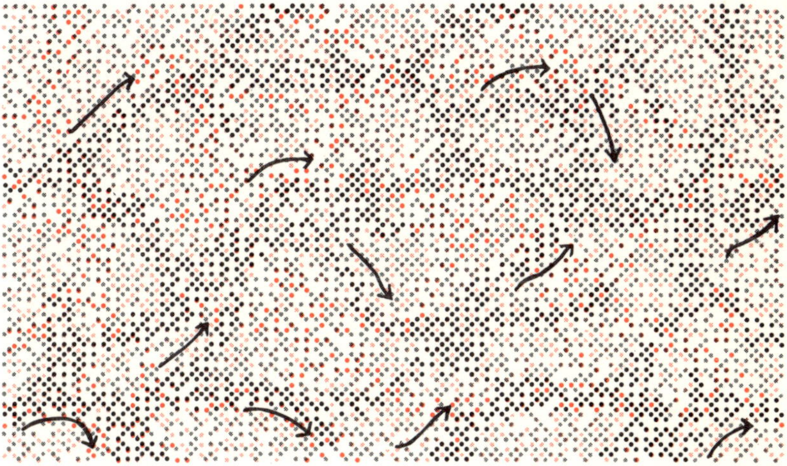

(in Anlehnung an Eccles)

Wenn sich derartige Reizmuster durch wiederholte Erregung fest einprägen, mögen später kleine Anstöße genügen, um das ganze Netz wieder in das alte Erregungsmuster zu bringen. Das formbare Muster hätte Gestalt gewonnen.

Ein solches Erregungsmuster der Neuronen ist eine *Abbildung* der Außenwelt. Wenn wir hier »Abbildung« sagen, so ist der Begriff im weitesten Sinne zu verstehen. Die räumliche *Gestalt* des Schaltschemas hat *nicht die geringste Ähnlichkeit* mit der Gestalt z. B. eines Baumes, der zwar noch auf der Netzhaut des Auges als verkleinertes Bild erscheint, dann aber im Nervennetz »transformiert« und in verschiedene Nervenbahnen zerlegt wird. Das sich in Bahnen aufspaltende Aktivitätsmuster sieht nicht wie ein Baum aus, aber es entsteht in immer gleicher Weise unter dem Einfluß dieses Musters der Außenwelt, dem es eindeutig zuzuordnen ist.

Eine Speicherung von Sinneswahrnehmungen bietet für sich betrachtet dem Tier noch keinerlei Vorteil. Im Gegenteil – es wäre gefährlich, »vorhin« und »jetzt« zu verwechseln. Erst zwei Errungenschaften, die sich parallel mit der Speicherfähigkeit entwickelt haben, machen »Gedächtnis« zu einer so weittragenden Erfindung.

Zum einen muß das Gehirn in der Lage sein, klar zu unterscheiden zwischen dem, was jetzt ist, und dem, was früher war. Es muß Nervenreize aus dem Speicher unterscheiden von solchen, die gerade jetzt die Sinnesorgane liefern. Das verlangt noch keinen Zeitbegriff, d. h. keine in die Vergangenheit gestaffelte Sicht von Ereignisfolgen. Zunächst reicht die Trennung des Augenblicklichen von allem Vergangenen aus.

Die zweite Errungenschaft, durch die der Speicher überhaupt erst zum Selektionsvorteil werden kann, ist die *Berücksichtigung* der gesammelten Erfahrung bei augenblicklich anstehenden Entscheidungen – mit anderen Worten: die Einbeziehung des Gespeicherten in den Verrechnungsprozeß des Gehirns bei späterer Reiz-Antwort-Reaktion.

Wie immer es auch funktionieren mag, die »Informierbarkeit« bestimmter Musterbereiche des Gehirns (Fähigkeit zur Speicherung von Information) und die Verwendung des Eingeprägten in sonst festen Verschaltungen eines Verrechnungsprozesses (Abrufbarkeit von Information) eröffnen gänzlich neue Möglichkeiten. Der Ortssinn, also die Fähigkeit des Tieres, sich an eingeprägten Landmarken seines Lebensraumes zu orientieren, ist dabei am Anfang wohl die wichtigste Errungenschaft. Er ermöglicht es, eine Wasserstelle, eine ergiebige Futterquelle wiederzufinden. Er bringt das Tier in sicheren Unterschlupf. Ein »Nest« kann angelegt werden, in dem Jungtiere vor Gefahren geschützt und von den Eltern versorgt werden. Damit ist eine wichtige Voraussetzung für alle Höherentwicklung gegeben.

Wenn das Tier seine Höhle sucht und einen Baum sieht, kann es diesen vielleicht fremden Baum mit seinem eigenen, den es gar nicht sieht, sondern nur eingeprägt im Gehirnspeicher hat – vergleichen und zu dem Schluß kommen: das ist nicht mein Baum. Die Fähigkeit des Gehirns geht aber noch weiter. Das Tier ist nämlich in der Lage, »seinen« Baum *aus allen Richtungen* zu erkennen. All die verschiedenen Ansichten des Baumes, die natürlich auch zu verschiedenen primären Reizmustern im Gehirn führen, werden schließlich in ein gemeinsames Erregungsmuster »mein Baum« einmünden.

Da jedes Tier in anderer Umgebung lebt, kann keine genetische Information je dafür sorgen, daß es sein Zuhause wiederfindet – jedenfalls nicht direkt. Die Erbinformation kann aber formbare Bereiche des Gehirns als »Leerzonen« vorsehen und die Neuronenschaltung so anlegen, daß diese als Orientierungshilfe durch charakteristische Landmarken geprägt werden. *Jetzt* ist das Tier ein *Individuum* – es hat *sein* Nest und *sein* Lebensrevier. Das Muster seines Gehirns unterscheidet sich von dem aller Artgenossen.

Das Tier hat eine *neue Art von Information* hinzugewonnen. Während bisher allein die genetische Information das biologische Dasein bestimmte, sind jetzt Gehirnbereiche entstanden, die erst durch die Außenwelt in eine dauerhafte Gestalt gebracht werden.

Dieses »eingeprägte« Muster tritt neben das genetische Muster. *Zusammen* bestimmen beide die Verhaltensreaktion des Individuums. Erbgut *und* Umwelt haben die Verschaltungen des Neuronen-Netzes bewirkt. Es gibt jetzt *zwei* Systeme von Information, die gemeinsam Wirkungen ausüben: das genetische Informationssystem und das neue, Umwelt-abhängige. Wir wollen es das *System der intellektuellen Information* nennen, selbst wenn die Bezeichnung auf diesem Stand der Evolution noch recht hochtrabend klingt. Aber auch das genetische System hat sehr bescheiden angefangen.

Das genetische System baute sich auf den damals höchst entwickelten Strukturen der *materiellen* Evolution auf, nämlich auf Aggregaten aus Polymeren. Ohne sie hätte es nicht entstehen – hätte es sich nicht vervollkommnen können. In analoger Weise benutzt jetzt das intellektuelle Informationssystem eine *biologische* Grundlage. Das Nervennetz, die komplexeste Struktur biologischer Evolution, bildet den Träger zur Einspeicherung von intellektueller Information.

In der Anfangsphase der Gehirnentwicklung sind »informierbare Bereiche« des Nervennetzes offenbar immer fest eingebaut in genetisch vorprogrammierte Reizantworten. Diese Verflechtung ist besonders gut bei Insekten zu erkennen. Wir wollen solches Zusammenspiel von fester Verschaltung und erworbener Information an einem Beispiel veranschaulichen:

Sandwespen graben kleine Höhlen in den Boden und bringen in diese Nester eine Raupe, auf der sie ein Ei ablegen. Später versorgen sie die sich entwickelnden Larven mit weiteren Raupen als Futter. Zumeist betreuen sie gleichzeitig mehrere Nester, in denen je eine Larve heranwächst.

Zunächst stellen wir fest, daß die Wespe sich den Ort eines Nestes – ja mehrerer Nester – einprägen kann, denn sie kehrt zielstrebig dahin zurück. Verpflanzt man Wacholdersträucher und Grasbüschel in gleicher Anordnung um einen oder zwei Meter, so sucht sie an entsprechender, aber falscher Stelle. Sie hat sich also das *optische* Bild der Umgebung des Nestes eingeprägt.

Verfolgt man ihre Tagestätigkeit, so zeigt sich, daß sie jeden Tag mit einer Inspektion aller Nester beginnt. Je nach Entwicklungsstand der Larven wird sie dann eine oder zwei Raupen nachliefern bzw. bei weit fortgeschrittenem Larvenstadium 7 bis 10 Raupen eintragen, um nun das Nest endgültig zu verschließen. Greift man in diese Tätigkeit ein, indem man eingetragene Futterraupen entfernt oder hinzufügt, so ändert das nichts am einmal angelaufenen Tagesprogramm. Die Wespe richtet sich in der Versorgung mehrerer Nester strikt nach dem Ergebnis ihrer morgendlichen Inspektion und berücksichtigt keine Verfälschungen, die im Laufe des Tages auftreten.

Die Wespe ist also in der Lage, eingeprägte Nestorte mit eingeprägten Larvenzuständen in Beziehung zu setzen und zu »zählen«, bzw. zumindest abzuschätzen, wie viele Raupen sie in einem Nest schon nachgefüttert hat. Sie kann dagegen über den Nestzustand täglich nur einmal beim Inspektionsflug informiert werden. Die Verzahnung von genetisch fest vorgegebenen Verhaltensprogrammen mit eingeprägter Umweltinformation ist evident. Die Abbildung versucht das schematisch zu zeigen, wobei genetische Anweisungen durch graue Rechtecke, Prägungsbereiche durch rote Kreise symbolisiert sind.

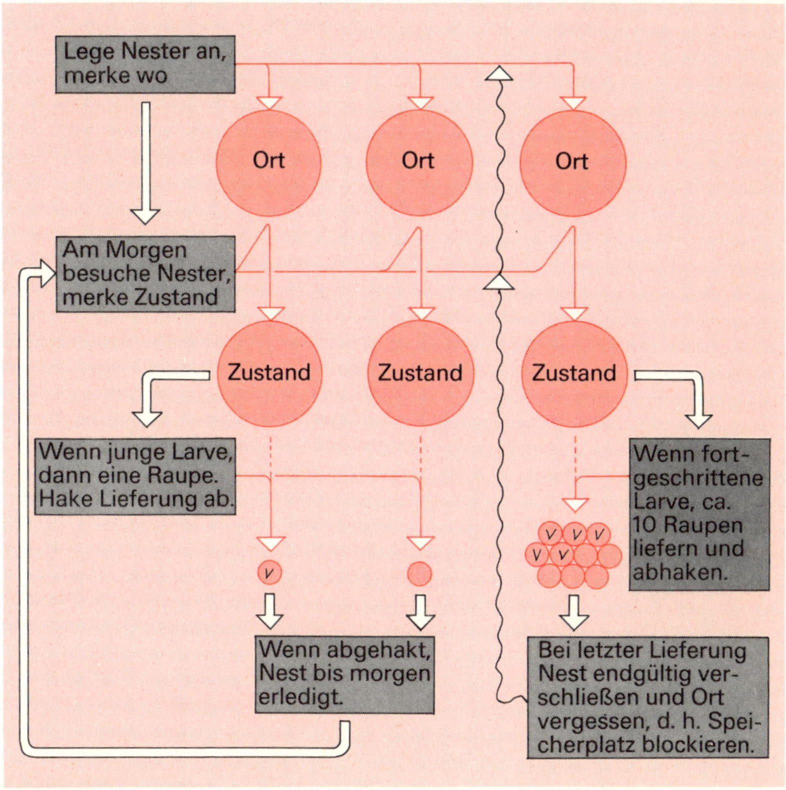

Das Schema läßt die weitere Entwicklung eines solchen »gemischten« Programms verstehen: Die informierbaren Bereiche werden vermehrt und vergrößert. Zugleich wird die Nutzung der eingeprägten Information vielseitiger. So dient Ortskenntnis in vielfacher Weise der Orientierung. Wo ist Unterschlupf, wo Wasser, wo Nahrung, wo sind meine Jungen? Wo habe ich Gefahr erlebt?

Selektion führt zu Vergrößerung der Speicherkapazität für intellektuelle Information und zu deren flexiblerer Nutzung. Dabei verliert die früher so vorteilhafte feste Verschaltung für Verhaltensweisen an Bedeutung gegenüber dem Einfluß der informierbaren Bereiche. Ja, feste Normen können zu einer Zwangsjacke für Problemlösungen werden, die flexiblere Gehirne besser leisten.

Automaten haben ihre große Zeit überschritten. Das genetische Informationssystem ist zu einem Helfer des intellektuellen Systems geworden. Seine eigene Entwicklung hat damit den Höhepunkt erreicht. Je größer die informierbaren Bereiche werden – je mehr die Wechselwirkungen zwischen ihnen anwachsen, desto hinderlicher wird feste Verschaltung. Die Weiterentwicklung genetischer Information ist auf mehr Speicherplätze, auf mehr Freiheitsgrade gerichtet, also darauf, mehr und mehr der früher durch feste Verdrahtung gelösten Aufgaben der Reiz-Antwort an informierbare Bereiche zu übergeben.

In der Verhaltensforschung hat es manche Diskussion gegeben um die Abgrenzung der Mechanismen, die den Gehirnleistungen von Tieren zugrunde liegen. Was sind »Reflexe« – was »Instinkte«? Wie unterscheidet sich »Prägung« von »Lernen«, und wo beginnt echtes »Denken«? Die grundsätzliche Schwierigkeit liegt darin, daß die Erbinformation Gehirnprozesse programmiert, d. h. fest vorgibt, in die bestimmte Umweltreize als Programmteile eingreifen *sollen.* Das eben diskutierte Sandwespen-Verhalten ist ein Beispiel. Der Zustand eines Nestes ist sicherlich eine »Umweltsituation«, die das Handeln der Wespe bestimmt, doch geschieht dies in einem unveränderlichen, genetisch determinierten Programm.

Umwelt und Erbprogramm sind verzahnt. Die Frage nach dem »Anteil« der genetischen Grundlage und nach dem der Umweltwirkung ist unbeantwortbar. Sie ist eine falsche Frage, da die Informierbarkeit der Teilmuster und deren Einfügung in die Neuronen-Verschaltung selbst eine Folge bestimmter Erbinformation sind und jede höhere Gehirnleistung auf intimster Verflechtung des genetischen und intellektuellen Systems beruht. An diesen Zusammenhang muß man sich ständig erinnern, wenn man versucht, Gehirnleistungen und Verhalten in Grundmechanismen einzuteilen:

Reflexe sind dann die einfachsten Fälle von direkter Reiz-Antwort-Automatik. Auch der Mensch verfügt noch über solche Primitivmechanismen. Dazu gehören der Saugreflex Neugeborener oder das Schließen der Augenlider bei schneller Bewegung eines Gegenstandes aufs Auge zu.

Instinkte sind kompliziertere, aber ebenfalls genetisch völlig vorprogrammierte Automatismen. Oft sind Umweltsituationen Auslöser solcher Programme. Diese können auch – wie wir gesehen haben – ein Programm alternativ in diese oder jene Richtung schalten (»morgen weiterfüttern« oder »Nest verschließen«), aber sie können es niemals abwandeln. Alles Instinkt-Verhalten läuft wie auf Schienen, auch wenn die Umwelt dabei einige Weichen stellt.

Schwierigkeiten weiterer Abgrenzungen entstehen aus folgenden Fragen:

Erstens: Wird – um im Bild der Schienen zu bleiben – eine Weiche durch eine Umweltsituation *auf Dauer* (vielleicht auf Lebenszeit?) gestellt, oder gilt die Weichenstellung nur für den Ablauf der augenblicklichen Reaktion? Findet z. B. die Bindung an einen bestimmten Sexualpartner für das Instinktprogramm nur *eines* Kopulationsaktes statt, oder wird eine lebenslange Beziehung festgelegt?

Zweitens: Genügt eine *einmalige* Sinneswahrnehmung zur Weichenstellung auf (lebens)lange Dauer, oder sind Wiederholungen ähnlicher Umweltsituationen dazu nötig?

Drittens: Gibt es eventuell einen ganz bestimmten, vom genetischen Programm festgelegten Lebensabschnitt, in dem solche Weichenfestlegung erfolgt? Für diesen Spezialfall ist der Fachausdrück *»Prägung«* reserviert. Viele Jungvögel werden so auf ihr Muttertier »geprägt« – eine Rolle, die auch ein bärtiger Biologe übernehmen kann, wenn er im rechten Augenblick zur Stelle ist.

Viertens: Wenn Wiederholungen eine Rolle spielen, speziell von Situationen, die im natürlichen Lebensraum immer wieder vorkommen, wie ist dann bei einem Jungtier zwischen zunehmender »Übung« in der Antwortreaktion und einem automatischen, d. h. Umwelt-unabhängigen, Heranreifen dieses Verhaltens zu unterscheiden? Welche Umweltfaktoren sind nötig für solche Reifung? Ist z. B. das noch ungeschickte Fliegen eines Jungvogels nur ein Zeichen von Unreife, oder muß er Flugerfahrung sammeln? Beherrscht er das Fliegen ohne Übung perfekt, wenn man ihn bis zur völligen Reife daran hindert? Experimente zeigen, daß tatsächlich zwar nicht zum Flug selbst, aber zu einer gezielten Landung Übung gehört. Dennoch wird der Erwerb dieser Fähigkeit sicher durch bestimmte genetisch bedingte Neuronenschaltungen ermöglicht.

Soll man überhaupt vom »Lernen« eines Tieres sprechen, wenn es darum geht, arteigene und sicher im genetisch festgelegten Neuronennetz *vorbereitete* Fähigkeiten zu erwerben? Bei Dressur-Versuchen ist dazu noch zu unterscheiden, ob nur ein neuer Auslöser mit einem genetisch schon festgelegten Programmablauf verbunden wird oder ob tatsächlich eine gänzlich neue Verhaltensweise erzeugt wird – und was ist »gänzlich neu«?

Schließlich können wir Menschen an uns selbst feststellen, wie durch vielfache Übung etwas wirklich Gelerntes bis zur reflexartigen Reaktion automatisiert werden kann. Beispiele dafür sind das Schreibmaschineschreiben oder das Autofahren. Das genetische Programm ermöglicht eine so extreme Bahnung, daß diese schließlich wie ein angeborener Reflex funktioniert.

Wie immer man einteilen will, die vielschichtigen Leistungen der Zentralnervensysteme beruhen alle auf dem Zusammenwirken von genetisch vorgegebenen Verschaltungen mit Engrammen, die durch Umwelt erzeugt wurden. Im Laufe der Evolution hat Selektion die Speicherkapazität der Gehirne vermehrt und deren Reaktionen immer flexibler gestaltet, so daß mehr und mehr Einflüsse der Umwelt in immer komplexer werdenden Verrechnungen Berücksichtigung finden konnten. Dies ist der entscheidende Fortschritt auf dem Wege zum Menschen.

18

Alles ist in der Natur verbunden, ein Zustand strebt zum anderen und bereitet ihn vor. Wenn also der Mensch die Kette der Erdorganisation als ihr höchstes und letztes Glied schloß, so fängt er auch eben die Kette einer höheren Gattung von Geschöpfen als ihr niederstes Glied an, und so ist er wahrscheinlich der Mittelring zwischen zwei ineinandergreifenden Systemen der Schöpfung.

J. G. Herder

Die Auserwählten

Evolution ist die Geschichte der Ausbreitung von Mustern. Die biologische Phase ist die Geschichte der Vervollkommnung von *Replikation*, d. h. der Weitergabe und Vermehrung *genetischer Muster.* Mit der Entstehung des zweiten Informationssystems verlagert sich der Schwerpunkt der Musterausbreitung auf die Weitergabe und Wirkung *intellektueller Muster*, also der Neuronen-Aktivitätsmuster in Gehirnen. Das geschieht durch *Kommunikation.* Dieses Kapitel behandelt die Anfänge des neuen Prinzips der Mustervermehrung.

Kommunikation beginnt mit den Anfängen einer neuen Integration – der Integration von Einzeltieren zur Gruppe, zu einer Horde, einem Rudel, einer Herde, einem Schwarm:

der rote Faden
von Seite 139

∫ Tiere → Gruppe.

Schon sehr früh wurden für die sexuelle Fortpflanzung Mechanismen wichtig, die – zumindest in einer Paarungszeit – den Trieb zum Sexualpartner erzeugten. Später kam die Brutpflege hinzu, die bei vielen Arten die Eltern zur Aufzucht der Jungen zusammenbleiben ließ. Der dadurch gegebene Schutz für die Jungtiere brachte einen so hohen Selektionsvorteil, daß solche Ansätze sich schnell entwickelten und als Instinkte genetische Verankerung fanden.

Aber auch sonst trafen Individuen der gleichen Art, durch Futterreichtum oder Wasserstellen angelockt, aufeinander. Bei vielen Arten gewann so die Ansammlung von Artgenossen eine anziehende Wirkung, denn sie versprach Nahrung. Neuronen-Schaltungen, die den »Trieb zu Artgenossen« bewirkten, boten deswegen einen Selektionsvorteil. Darüber hinaus gewährte die Gruppe besseren Schutz vor Feinden. Alle in Gruppen lebenden Tiere werden durch plötzliche Flucht eines Gruppenmitglieds zu allgemeiner Flucht mitgerissen. Der Angstschrei des einen wird zum Warnschrei für andere, selbst über Artgrenzen hinweg. Viele Augen sehen eben mehr. Deshalb wird ein Jäger meist nur kranke oder alte Tiere der Gruppe erbeuten, besonders wenn die Gruppenstruktur Jungtieren speziellen Schutz angedeihen läßt. Auch die Verteidigungsfähigkeit steigt. Der gemeinsame Angriff vieler Schwacher kann einen stärkeren Feind vertreiben. Umgekehrt hat ein jagendes Rudel größere Chancen, Beute zu machen.

Aber ganz so einfach, ganz so einseitig ist das nicht; sonst würden alle höheren Tiere in größeren Gruppen leben. Tatsächlich gibt es viele, die nur Brutpaare bilden und sehr energisch ihr Revier verteidigen, in dem die Männchen, besonders in der Brutzeit, keinen Rivalen dulden. Der Selektionsvorteil der Gruppenbildung muß je nach Lebensweise, je nach Feinden und Nahrungserwerb einer Art recht unterschiedlich groß sein. Wahrscheinlich ist die Nahrung der wichtigste Faktor. Bei Arten, die sich umherstreifend ernähren (z. B. Zebras oder Schwalben) überwiegen die Vorteile der Gruppenbildung. Bei ortsfesten Arten jedoch, die sich von anderen ortsfesten Arten ernähren, ist der Konkurrenzkampf um Nahrung so groß, daß hart verteidigte Reviere gebildet werden.

In dieser Balance von Vor- und Nachteilen der Gruppenbildung liegt häufig das arterhaltende Optimum bei dem Kompromiß der *kleinen* Gruppe, die ein *gemeinsames* Revier besitzt und gegen andere Gruppen verteidigt. Diese kleinen Gruppen sind der Ausgangspunkt weiterer Evolution.

Große Gruppen (z. B. Heringsschwärme, Flamingos) sind *offene* Gruppen. Die Zahl ihrer Mitglieder ist so groß, daß man individuell höchstens den Sexualpartner kennt. Jeder Artgenosse kann sich solcher offenen Gruppe anschließen. Im Gegensatz dazu erlaubt die Entwicklung besserer Gehirne – später in der Evolution – die *geschlossene* Gruppe, die sich oft (z. B. durch Geruch) von anderen Gruppen der gleichen Art unterscheidet. Fremdlinge werden dann nicht ohne weiteres aufgenommen. Wölfe oder Ratten sind Beispiele. In den hochorganisierten Gruppen von Vögeln oder Säugetieren kennen sich die Mitglieder *individuell.* Meist existieren dabei Rangordnungen, oft gibt es ein Leittier.

Man ist nicht nur Verbündeter, sondern auch Konkurrent um das begehrte Weibchen, um Futter, den günstigen Schlafplatz. In den Gruppen entwickeln sich daher Drohgebärden, die Kampfbereitschaft bekunden, und solche, die eingestandene Unterlegenheit signalisieren. Das ist ein Selektionsvorteil. Ein ernster, lebensbedrohender Kampf würde die Art zu sehr schwächen. Praktisch alle Signale, die Tiere zur Kommunikation benutzen, dienen so der Warnung vor Gefahr oder den Beziehungen unter Artgenossen. Viele Arten höher stehender Tiere können zu diesem Zweck eine größere Zahl verschiedener Signale geben und auch »verstehen«, d. h. mit einem der Art nützlichen Verhalten reagieren.

Eine solche Sozialstruktur beruht auf der Einbeziehung informierbarer Musterbereiche des Gehirns, die die Erfahrung früherer Auseinandersetzungen mit einem bestimmten Individuum abgespeichert haben. Man kennt sich, man weiß, wer der Stärkere ist. Das braucht nicht immer wieder erprobt zu werden. Das feste Sozialgefüge hochstehender Gruppen ist so eine Folge des Zusammenwirkens von Angeborenem und Erlerntem – von genetisch festgelegten Verschaltungen und Musterprägungen. Die individuelle Erfahrung nimmt dabei einen im Laufe der Evolution wachsenden Raum ein und führt so zu größerer Differenziertheit der sozialen Gruppenstruktur.

Aber komplizierte Erfahrungen sind persönlich – jeder muß sie für sich gewinnen. Noch wird gespeicherte intellektuelle Information nicht an andere übermittelt. Wie kann das bewerkstelligt werden? Wie können Musterprägungen von Gehirn zu Gehirn übertragen werden – nicht nur an Nachkommen – an alle Artgenossen, an nahe und ferne Verwandte, an Junge und Alte? Wenn dies gelänge, könnte die Lebenserfahrung des Individuums für die Art erhalten bleiben. Sie wäre nicht mehr mit dessen Tod verloren.

Es sieht so aus, als steuerten wir direkt auf »Sprache« zu. Die Evolution hat jedoch die Übertragung von Erfahrungsmustern zunächst durch einen viel einfacheren Trick gelöst – einen Trick, der nicht etwa nur Behelfslösung, sondern unabdingbare Voraussetzung für den Beginn einer Sprache war, nämlich wieder durch einen genetisch fest verankerten Trieb – den Trieb zur *Nachahmung*. Es überrascht nicht, daß er nur bei den höchststehenden Tierarten gefunden wird – am ausgeprägtesten bei Affen und Menschen.

Ohne Zweifel setzt das Nachahmen einer Handlung, eines Verhaltens schon hochdifferenzierte Gehirne voraus. Bewegungen des anderen müssen genau beobachtet und beim Eigenversuch in korrekte Muskelbewegungen umgesetzt werden. In der Phase des Übens muß der eigene Erfolg mit dem Vorbild verglichen und entsprechend korrigiert werden.

Die Wirkung des Nachahmungstriebes sei an einem Beispiel illustriert: Vor etwa 30 Jahren benutzte man in England – wie auch vielerorts bei uns – Milchflaschen, die mit einer weichen Metallkappe verschlossen wurden. Jeden Morgen standen solche Flaschen überall in englischen Vorgärten. Durch einen Zufall wohl kam eines Tages eine Meise darauf, eine Kappe aufzupicken und die gleich darunterliegende Sahne zu fressen. Offenbar wiederholte sie dieses Tun und wurde dabei von anderen Meisen beobachtet. In wenigen Jahren nämlich breitete sich dieses Verhalten weit in der Nachbarschaft aus.

Es wäre einer Meise absolut unmöglich, durch Signale ihren Artgenossen mitzuteilen, daß sich unter den blanken Kappen dieser weißen Flaschen leckeres Futter befände. Dennoch kann dieses Erfahrungsmuster im Gehirn der ersten Meise auf die Gehirne vieler Artgenossen übertragen werden. Der Nachahmungstrieb vollbringt dieses Wunder.

Die wirklichen Experten in der Fähigkeit der Nachahmung sind aber die engsten Verwandten des Menschen. Affen imitieren einander, imitieren unsere Handlungen ohne speziell darauf gerichtete Dressur. Der Nachahmungstrieb ist so typisch für diese Tiere, daß sich in unserer Sprache der Ausdruck »nachäffen« eingebürgert hat. In einzelnen Affen-Horden lassen sich bei genauer Beobachtung der Verhaltensweisen »Traditionen« feststellen, die in anderen Horden der gleichen Art nicht vorkommen. Zufällige Erfahrungen werden durch Nachahmung – nicht mehr durch genetische Information – an andere weitergegeben.

Es werden geradezu Erfindungen gemacht, die sich über alle Horden-Mitglieder ausbreiten. In einer Affenkolonie *(Macaca fuscata)* z. B., die an der japanischen Küste regelmäßig mit Süßkartoffeln gefüttert wurde, kam 1954 eines Tages ein junges Weibchen darauf, die sandigen Kartoffeln vor dem Fressen zu waschen. Sorgfältig wurde aller Sand im Wasser abgerieben. Es dauerte nicht lange, bis andere – meist jüngere – Tiere das nachmachten. Heute wäscht die ganze Kolonie Kartoffeln.

Dasselbe – offenbar besonders kreative – Affenweibchen machte 1956 noch eine zweite Entdeckung. Als die Horde mit Weizen gefüttert wurde und alle Tiere zunächst mühsam die einzelnen Körner aus dem Sand geklaubt hatten, begann es damit, Sand und Körner händeweise ins Wasser zu werfen und dann die schwimmenden Körner abzufischen. Auch dieser Trick breitete sich unter ihren Artgenossen aus.

Hochstehende Tiere haben einen weiteren sehr entscheidenden Trieb mit dem Menschen gemein: die *Neugierde.* Alles, was neu in ihrem Lebensraum auftaucht, wird zunächst mit großem Mißtrauen betrachtet, muß dann aber untersucht werden – mit aller Vorsicht, versteht sich. Gehirne mit großer Speicherfähigkeit werden so genutzt. Spielerisches Probieren führt zu nützlichen Erfahrungen.

Auch ohne Sprache lassen sich also Lebenserfahrungen anderer übernehmen, wenn man nur neugierig genug ist, nur gut beobachtet und tut, was sie tun. Speziell Jungtiere lernen so von der Mutter oder anderen Jungtieren der Horde. Auch für das Lernen menschlicher Kleinkinder sind Neugier und Nachahmungstrieb von entscheidender Bedeutung. Dieser genetisch festgelegte Drang, alle Handlungen von Älteren nachzumachen, alles auszuprobieren, erstreckt sich auch auf deren Fähigkeit zu sprechen. Ohne Nachahmungstrieb würde kein Kind Sprache erlernen.

Für die weiterführende Selektion der höchststehenden Tierarten haben Fluchtgeschwindigkeit, Körperkraft, Nachkommenzahl und andere bisher wichtige Eigenschaften von Arten an Bedeutung verloren. Die Fähigkeit, von anderen Gruppenmitgliedern zu lernen, die Harmonie der inneren Sozialstruktur, die Kooperation sichert das Überleben der Gruppe. Die beweglichere Gehirnleistung, die ihrerseits eine intensive Betreuung von Jungtieren zur Voraussetzung hat, entscheidet über den Fortbestand von rivalisierenden Horden und Arten. Das bessere Gehirn ist die Trumpfkarte.

Irgendwann vor 2 bis 5 Millionen Jahren wurden in Afrika Menschenaffen zu Menschen.

Wo liegt die Grenze?

Welche Eigenschaft trennt Mensch und Tier?

Was ist das Menschliche am Menschen?

Der geplante Totschlag von Artgenossen?

Der aufrechte Gang?

Das Werkzeug?

Die Sprache?

Der Übergang ist kein Sprung. Keine der speziell menschlichen Eigenschaften entstand über Nacht. Keine war allein für die schnelle Weiterentwicklung verantwortlich. Aber es ist schwer, die Hypothese zu widerlegen, daß die Menschen selbst durch Kampf untereinander – durch Ausrottung unterlegener Gruppen das wichtigste Werkzeug eigener Selektion waren, die eine rasche Weiterentwicklung ihrer Gehirne bewirkte. Wir wollen sehen, wie es dazu kam.

Überall im Tierreich gibt es Kämpfe unter Artgenossen. In den allermeisten Fällen zieht sich der Schwächere dabei zurück, und seine Flucht beendet die Auseinandersetzung. Bei hochstehenden Arten haben sich außerdem »Demutsgebärden« entwikkelt, die beim Sieger sofort die Aggressionsstimmung abklingen lassen, so daß er den Verlierer von weiteren Angriffen verschont. All dies führt dazu, daß im Tierreich das Töten von Artgenossen eigentlich nur als versehentlicher Unfall vorkommt.

Dennoch ist der Kampf auf Leben und Tod unter Artgenossen kein ausschließliches Privileg des Menschen. Löwen zum Beispiel, die einem altgewordenen Rivalen die Weibchen abgenommen haben, können dessen Nachkommen töten. Adler legen zumeist zwei Eier, bringen aber nur *ein* Jungtier hoch, da die zwei Küken in einen Kampf auf Leben und Tod geraten, dem die Eltern sogar, ohne einzugreifen, zuschauen können. Bienen töten in ihrem Stock jede Fremdbiene, die sie an ihrem Geruch erkennen. Wie ist solches Verhalten zu erklären? Ist das Töten von Artgenossen nicht der Artausbreitung schädlich und damit im Widerspruch zum sonst beobachteten Prinzip der Selektion? Um diesen scheinbaren Widerspruch zu klären, müssen wir etwas weiter ausholen.

Stellen wir uns irgendeine weitverbreitete Tierart vor. Sie wird Pflanzen oder Tiere fressen und ihrerseits Beute für andere Tiere sein. Selektion hat dafür gesorgt, daß die Hemmung zur Tötung von Artgenossen im Erbgut verankert wurde. Dieses Erbgut jedoch ist ständigen Mutationen ausgesetzt, von denen die meisten negative Folgen haben. Es werden also Mutanten auftreten, deren Aggressionen sich ungehemmt gegen Artgenossen richten. Diese »Defekt-Mutanten« sind zunächst auf ein gewisses Areal beschränkt. Vergleichen wir nun die Nachkommenzahl in diesem »Killer Areal« mit der im übrigen, »friedli-

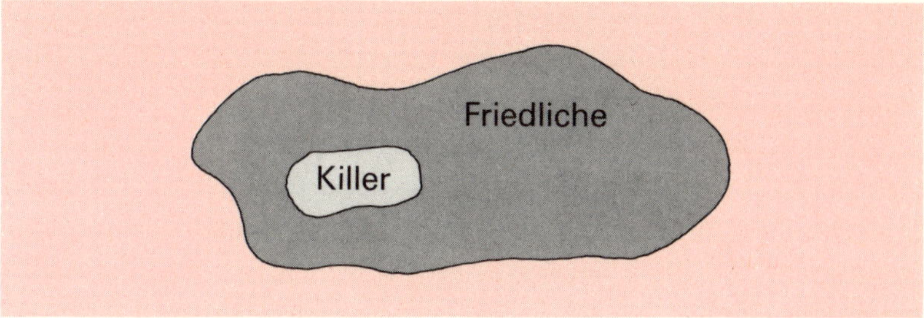

chen« Gebiet, so wird sich die aggressive Population, da sie sich gegenseitig umbringt, insgesamt weniger vermehren als die friedliche, die nur durch äußere Feinde und nicht zugleich »von innen« bedroht ist. Die geringere Vermehrungsrate der Killer bedeutet aber deren langsames Verschwinden. *Die Friedlichen haben den Selektionsvorteil.*

Bei allen Arten können also zwar durch Mutation solche aggressiven Varianten entstehen, doch haben diese nur *vorübergehende* Existenz.

Nun gibt es aber die Auserwählten, die »Könige« unter den Tieren, die zwar andere Tierarten fressen, aber selbst – wegen des elterlichen Schutzes – nicht einmal als Jungtiere anderen Arten als Beute dienen. Für diese Arten an der Spitze der Nahrungspyramide gelten andere Selektionsregeln als für alle übrigen. Für solche Auserwählten ist eine hohe Vermehrungsrate kein Selektionsvorteil mehr. Das einzige nämlich, was sie bedroht, ist die Hungersnot, die unvermeidlich ist, wenn sie sich zu stark vermehren. Mit der Nahezu-Ausrottung ihrer Beutetiere reduziert sich auch ihre eigene Zahl fast auf Null. Schnelle Vermehrung ist daher ein Selektionsvorteil nur dann, wenn ein äußerer Feind die Dichte der Population im Gleichgewicht hält.

Wenn also Tierarten am oberen Ende der Nahrungskette Mutationen erfahren, die ihre Vermehrungsrate verkleinern (und solche »Defekt«-Mutationen kommen überall immer wieder vor), so ist das für sie *kein* Selektionsnachteil, solange nur genügend Jungtiere zum Fortbestand der Art erzeugt werden. Im Gegenteil, eine niedrigere Populationsdichte vermeidet Hungersnöte und damit das Risiko sich immer wiederholender Reduktion auf *sehr* kleine Zahlen.

Hinzu kommt, daß weniger Nachkommen wirkungsvoller von Eltern betreut werden können, was wichtig ist, weil dadurch die Übertragung von Erfahrungsmustern erleichtert wird. Aus all diesen Gründen wird sich also durch Mutationen ein Vermehrungsgleichgewicht einpendeln, das die Populationsstärke auch von auserwählten Arten etwa konstant hält.

Es gibt viele Möglichkeiten, die Vermehrungsrate zu drosseln, z. B. die Verlangsamung der Geschlechtsreifung. Der Mensch braucht dazu 15 Jahre, während ein anderes Säugetier, die Maus, schon in 9 Wochen geschlechtsreif ist. Das Mäuseweibchen kann auch sofort nach der Geburt wieder befruchtet werden, während bei Schimpansen bis dahin Jahre vergehen. Die Tragzeit der Maus beträgt nur 3 Wochen, und sie wirft jedesmal 3–10 Junge. Elefantenkühe dagegen bringen insgesamt nur etwa 4 Junge zur Welt, ihre Tragzeit beträgt 1³/4 Jahre.

Eine ganz andere Lösung zur Vermeidung von Überpopulation ist die Tötung innerhalb der eigenen Art. In auserwählten Arten – und nur in diesen – kann sich auch eine solche Defekt-Mutation dauerhaft behaupten. Allerdings muß selbst dort die Tötung in Grenzen gehalten werden und auf bestimmte Situationen oder eine bestimmte Auswahl von Artgenossen beschränkt bleiben. Eine Mutanten-Population, die schrankenlos *jeden* Artgenossen umbrächte, würde sich wieder selbst ausrotten. Begrenzte Tötung jedoch ist biologisch tragbar und kann mit den übrigen Vermehrungseigenschaften (Geschlechtsreifungsdauer, Tragzeit, Wurfgröße, Geburten-Intervall oder dergleichen) so abgestimmt werden, daß sich in summa eine etwa konstante Populationsgröße ergibt.

Ist aber eine begrenzte Tötung von Artgenossen einmal etabliert, so wird sie selber zu einem neuen Werkzeug der Selektion, weil stets die kräftigeren, reaktionsschnelleren, intelligenteren Tiere überleben. Die Überlegenheit anderen Arten gegenüber wird dadurch noch verstärkt. Ursprünglich eine Degenerationserscheinung wie der Pigmentverlust von Höhlentieren, führt dann die Killer-Eigenschaft zu weiterer Evolution.

Auch der Mensch gehörte zu den wenigen Arten der Auserwählten. Seine Horden brauchten praktisch keinen Feind zu fürchten. Und so wurde der Mensch – durch seine Intelligenz befreit von der Bedrohung durch andere Feinde – sich selbst zum Feind. Diese Entwicklung wurde durch einige Faktoren erleichtert, die in den neuen Fähigkeiten des Menschen begründet waren:

Waffen – und wenn es nur gezielt geworfene Steine waren – töteten sehr viel schneller als Zähne und Klauen anderer Tierarten. Dazu töteten sie auf Distanz. Es war also gar keine Gelegenheit mehr für genetisch vorgesehene Demutsgesten und dadurch ausgelöste Tötungshemmung.

Hinzu kam folgender wichtiger Aspekt: Mit wachsenden Fähigkeiten des Gehirns hatten sich die Reaktionen der Tiere von ursprünglich automatenhafter Reizantwort zunächst zu komplexerem Instinktverhalten entwickelt. Dieses trat wiederum zunehmend in den Hintergrund, je mehr die persönliche Lebenserfahrung des Individuums als Entscheidungshilfe für geeignetes Verhalten Bedeutung gewann. Als schließlich sprachliche Kommunikation die Tradierung der Gruppenerfahrung ermöglichte, verlor die genetisch verankerte, triebhafte Reaktion vollends an Selektionswert gegenüber der Flexibilität von Reaktionen, die aus einer Verrechnung von Hordentradition, von Individualerfahrung und der speziellen Reizsituation durch das Gehirn resultierte. Je geringer die genetische Festlegung, je weiter der Entscheidungsfreiraum des Gehirns, desto größer war die Überlebensaussicht der Gruppe. Die »Triebsteuerung« menschlichen Verhaltens wurde so durch Selektion zunehmend reduziert zugunsten einer intellektuellen Kontrolle durch »Sitte«.

Diese Tendenz ist grundlegend für die eigentliche Menschwerdung, auch wenn selbst der heutige Mensch gelegentlich noch zu Triebhandlungen hingerissen wird.

Speziell im Verhaltensbereich von Droh- und Demutsäußerungen hatte die *Sprache* mehr und mehr Gestik und Mimik ergänzt. Innerhalb der Horde verstand man das. Aber wer gar nicht sprach, wer nur unverständliche Laute ausstieß, der war einfach kein Mensch. Mit *Menschen* konnte man reden, sich verständigen. Wer anders sprach, konnte nicht um Gnade bitten. Sprache war das entscheidende Band zu einer sehr viel engeren Gemeinschaft. Aussehen wie ein Mensch, das konnte jeder – auf die Sprache kam es an.

Vermutlich führte gerade diese neue Errungenschaft zu einer Abgrenzung, wen man töten durfte und wen nicht. Die Fremden gehörten eigentlich gar nicht mehr zur eigenen Art. Gemeinsame Sprache schaffte ein ganz neues, äußerst intensives Erlebnis von Zusammengehörigkeit. Je enger aber die innere Bindung einer Gruppe, desto leichter wird alles Außenstehende zum Feind.

Wir wissen nicht und werden wohl niemals sicher wissen, ob Sprache eine einmalige Erfindung war, ob es eine Ursprache gab, von der sich alle Sprachen herleiten – oder ob in vielen genetisch ähnlichen Horden sich von Beginn an verschiedene Sprachen entwickelten. Wahrscheinlich ist dieser Unterschied sowieso nur graduell und keine klare Alternative.

Wie immer nämlich der Anfang aussah, auch eine einzige Ursprache hätte sich schnell in Untersprachen aufgesplittert. Die Zahl der Menschen war klein, sie lebten verstreut in Horden aus vielleicht 10–100 Individuen. Zu große Trupps fanden in ihrem Bereich nicht genug Nahrung und mußten sich aufspalten. Der Sprachkontakt war, von gelegentlichen Begegnungen abgesehen, immer nur auf die eigene Horde beschränkt. So mußte sich eine eventuelle gemeinsame Ursprache schnell in Dialekte auseinanderentwickeln. Auch heute bilden Gruppen – Wissenschaftler oder Rocker – ihren eigenen Slang, der nur innerhalb der Gruppen verstanden wird. Auch heute ist gemeinsame Sprache ein Band – eine Isolation der Gruppe gegen alles Außen.

Die Sprache als Hordentradition begünstigte so entscheidend die Isolierung der relativ vielen kleinen Gruppen. Man fühlte sich nur der eigenen Horde zugehörig, bestenfalls einigen Nachbarhorden mit ähnlicher Sprache, alles andere war einfach Außenwelt. Auch Sexualpartner waren meist Mitglieder der eigenen Horde, die so jede für sich über viele Generationen eine enge Inzuchtgemeinschaft wurde, in der sich vorteilhafte (aber durch Zufall auch zunächst selektionsneutrale) Mutationen viel leichter durchsetzen konnten als in großen Populationen. Dieser Effekt wurde durch das »Häuptlingsprinzip« noch verstärkt. Meist nämlich waren es nur wenige – oder gar ein einziger Mann, der die Nachkommen einer Horde zeugte.

Sprache bewirkte so, was früher nur durch geographische Auftrennung möglich war: eine Isolierung vieler kleiner Unterpopulationen – Stämme, die aus wenigen benachbarten Horden bestanden und sich recht unabhängig voneinander entwickelten und in beiden Informationssystemen, die sie weitergaben, nämlich genetisch und intellektuell, Unterschiede aufwiesen. Die Trennung durch verschiedene Sprachen ließ sie Kämpfe austragen, wie sie innerhalb einer Art bisher nie vorgekommen waren. Die Intelligenteren überlebten, und sei es nur durch Flucht in ungünstigere Lebensräume, die höhere Anforderungen an Kooperation und Vorausschau stellten.

Nur gelegentlich kam es zu Verschmelzungen von zwei Stämmen, vielleicht weil diese durch Katastrophen geschwächt waren, vielleicht weil Mädchen und Frauen einer unterlegenen Horde von den siegreichen Kriegern in den eigenen Stamm aufgenommen wurden. Solche Vereinigungen konnten günstige Erbanlagen beider Gruppen zusammenführen und so durch Epi-Sexualität (vgl. Kap. 15) die Entwicklung des Menschen entscheidend beschleunigen.

Die intelligentere Horde hatte die besseren Überlebenschancen. Ihre Kommunikation war intensiver, ihre Werkzeuge –

sprich Waffen – waren wirkungsvoller. Ihre Vorsorge war weiter schauend und damit ihre Fähigkeit erhöht, in ungünstigerer Umwelt existieren zu können. Der Mensch sorgte selbst für die Selektion der besseren Gehirne. Und immer war es Kommunikation, die die Gehirne der Gruppe verband, die planvolle Kooperation möglich machte, die die Lebenserfahrung der Alten an die Kinder weitergab und die das Band der Zusammengehörigkeit schuf. Wer sprach wie wir, der gehörte zu uns.

In zweierlei Weise wirkte Sprache also auf die *genetische* Grundlage des Menschen zurück: erstens trug sie bei zur Enthemmung gegen den Totschlag von Artgenossen, indem sie im intellektuellen Bereich eine neue, engere Bindung schuf und alle anderen zum »Nicht-wir« der Außenwelt machte; zweitens stabilisierte sie recht weitgehend getrennte Inzuchtpopulationen als Ausgangspunkt für Epi-Sexualität, auch ohne die dazu bisher notwendige strikte geographische Trennung. Beide Faktoren gemeinsam erklären die schnell wachsende Überlegenheit des menschlichen Geschlechts im Vergleich zu allen anderen verwandten Arten.

Niemand weiß, wie Sprache entstand. Vielleicht war es zu Beginn eine Mischung von Mimik, Gesten und unartikulierten Lauten. Bevor Begriffe wie »Wasser«, »Antilope« oder »Kind« *gesprochen* werden konnten, mußten sie *gedacht* sein. Die Begriffe mußten in vielen Gehirnen vorliegen. Auch Schimpansengehirne können Begriffe entwickeln, doch fehlen dem Tier die anatomischen Voraussetzungen, um artikulierte Laute hervorzubringen. Ein Schimpanse wird nie *sprechen* lernen.

Aber es gab Affenmenschen mit wohl ähnlichen Gehirnen, die durch glückliche Mutationen eine zum Sprechen günstigere Anatomie besaßen. Sie konnten von einer Jagdstreife zurück zur Horde kommen und Laute von sich geben, die in Gehirnen aller Zuhörer die Vorstellung »Antilopen« hervorrief. Lautsymbole aktivierten die mit der Eigenerfahrung »Antilopen« verbundenen Gehirn-Engramme. Es war, als ob man die Antilopen *selber* gesehen hätte. Männer nehmen ihre Jagdgeräte – Frauen und

Kinder tragen in Erwartung des Mahles Äste für das Feuer zusammen.

Irgendwann in grauer Vorzeit der Horde waren bestimmte Laute mit dem Begriff »Antilopen« assoziiert – jeder verstand das. Jedesmal wenn eine erlegte Antilope zur Horde geschleppt wurde und alle freudig erregt die Laute für »Antilopen« ausstießen, verstärkte sich diese Verbindung von Lautsymbol und Begriff. Kinder übernahmen diesen Zusammenhang von den Eltern. Sprache hatte ihren Siegeszug begonnen.

Sprache ist das Mittel zu einer intellektuellen Integration, bei der es nicht mehr um gesteigerte Möglichkeiten zur Verbreitung *genetischer* Muster geht, sondern zum erstenmal um die Verbesserung der Ausbreitung *intellektueller* Muster, d. h. der Engramme im Gehirn eines Sprechers, die auf die Gehirne der Zuhörer übertragen werden. Kommunikation, d. h. Austausch von Signalen, von intellektueller Information, schafft die Beziehungen zwischen den Teilen der entstehenden neuen Ganzheit.

Es ist faszinierend, wie Erregungsmuster im Nervennetz eines menschlichen Gehirns immer neue Erregungsmuster hervorbringen. Ganze Kettenwirkungen von Mustern entstehen, die durch Kommunikation von einem zum anderen Gehirn übergreifen. Wir wollen dies an einem Beispiel verfolgen:

Hier soll ein Löwe sitzen, eine Realität aus Fleisch und Blut, ein biologisches Großmuster:

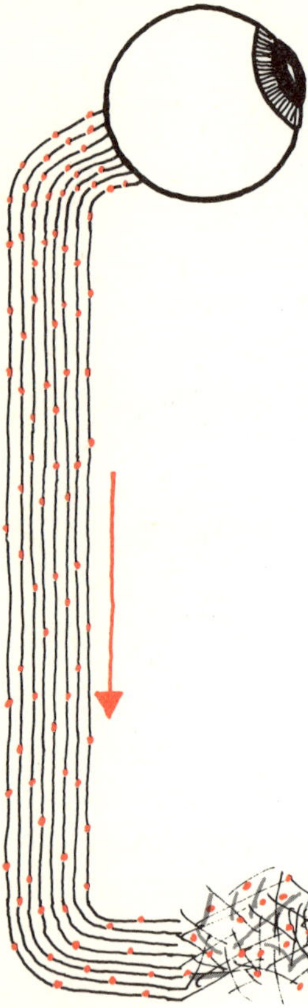

Seine Gestalt entsteht als optische Abbildung auf der Netzhaut im Auge eines Menschen und wird dort in

Nervenerregung (rote Punkte) umgesetzt, die über ein dickes Bündel von circa einer Million Axonen ins Gehirn weitergeleitet wird. Was hier vom Auge zum Gehirn läuft, ist ein Raum-Zeit-Muster, das zwar dem Löwen äußerlich nicht im entferntesten ähnlich, aber doch ein transformiertes Muster seiner äußeren Gestalt ist.

Im Gehirn angekommen, aktivieren diese Erregungsmuster ein ganzes Feuerwerk von Neuronen-Aktivität. Die wahrgenommene Gestalt wird mit dem Katalog abgespeicherter Information verglichen:

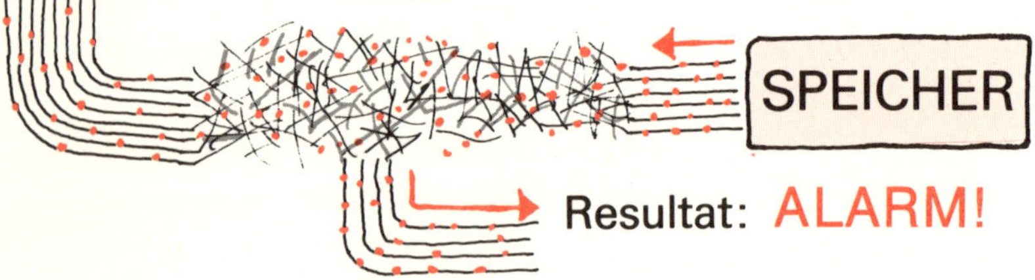

Das Muster ist als »Löwe« erkannt. Über Querleitungen ist dies mit dem Begriff »höchste Gefahr« verbunden – Alarm an alle! (Interessant, daß das in einem Zoo oder einem Spielzeugladen nicht passiert. In den Verrechnungsprozeß gehen also noch weit mehr Sinneswahrnehmungen und Erfahrungen ein.)

Es ist wohl ein alter Instinkt, der den Löwenentdecker veranlaßt, diese Beobachtung sofort warnend an seinen Begleiter weiterzugeben. Die verrechnete Sinneswahrnehmung induziert daher in seinem Sprachzentrum weitere Neuronen-Aktivitäten. Diese senden ein koordiniertes Bündel von Signalen an Zunge, Kehlkopf, Lippen und Lungen, die, dadurch ausgelöst, gemeinsam die Laute:

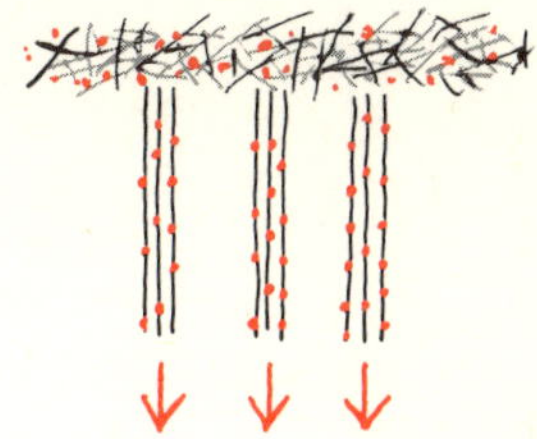

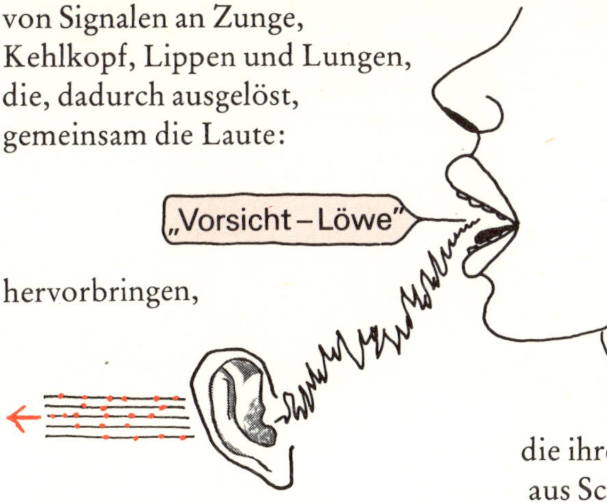

hervorbringen,

die ihrerseits ein Muster aus Schallwellen sind.

Diese lösen im Ohr des Begleiters wiederum eine Folge ganz anders aussehender Erregungsmuster aus, die zu dessen Gehirn laufen.

Obwohl ganz andere Signale auf ganz anderen Nervenleitungen einfließen, kommt das zweite Gehirn zum gleichen Endergebnis: Löwe! – Alarm –!

Immer wieder neue Aktivitätsmuster der Neuronen in Gehirnen, Bewegungsmuster von Sprechwerkzeugen, akustische Wellen – und alles heißt »Löwe« – eine Kette von transformierten Mustern – ausgelöst von einem Muster: der Realität Löwe.

Die Bezeichnung Homo sapiens ist eigentlich ein Fehler. *Wissend* wurde der Mensch nur als Mitglied der Gruppe – durch Sprache, die Muster von Gehirn zu Gehirn übertrug. »Homines sapientes« wäre die richtige Bezeichnung unserer Art - ein *Plural.* Durch Sprache war es einer Tierart gelungen, einen Verband mit neuen Fähigkeiten zu bilden – die Integration des Menschen zur menschlichen Gesellschaft hatte begonnen.

19

Die Ordnung und Verknüpfung der Ideen ist dieselbe wie die Ordnung und Verknüpfung der Dinge.

Spinoza

Sprache – ein Muster aus Begriffen

Das neue System der intellektuellen Information ist wirkungsvoller und viel beweglicher als das alte genetische System. Es kann sich weit leichter vermehren, korrigieren, modifizieren. Jedermann, der Sprache versteht, nimmt teil an diesem schnell wachsenden Informationsschatz des Menschen. Sprache hat ein Tor in eine neue Welt von Musterwirkungen geöffnet. Aber was ist Sprache? Wie funktioniert sprachliche Kommunikation? Können wir dazu etwas sagen, ohne wirklich zu wissen, wie *Denken* vor sich geht – wie unser Gehirn arbeitet? Vielleicht ein wenig.

Wie schon in Kapitel 5 diskutiert, ist auch Sprache ein Muster, das auch von Linguisten gelegentlich mit chemischen Molekülen verglichen wird. Die Bausteine des Sprachmusters sind Begriffe, die durch Worte symbolisiert werden. Wie in jedem Muster bestehen auch in der Sprache Beziehungen – Abhängigkeiten zwischen den Bausteinen. Die Worte eines Satzes stehen nicht unabhängig nebeneinander, sondern der Satz gibt zugleich die Beziehungen unter den benutzten Begriffssymbolen wieder. Das macht ihn zum Muster.

Wir wollen schrittweise vorgehen und zuerst die *Semantik* behandeln, d. h. die Frage der Zuordnung von Wort und Begriff. Wir wollen uns also die Bausteine sprachlicher Muster ansehen. Das ist schwierig, weil diese eng mit der noch sehr unvollkommen verstandenen Funktion menschlicher Gehirne verwoben sind.

Um eine Lautfolge – ein Wort – einem Begriff zuzuordnen, muß dieser Begriff im Gehirn vorhanden sein. Unsere erste Frage wird daher mit Sprache noch nichts direkt zu tun haben, sie betrifft mehr das Funktionieren eines menschlichen Gehirns und lautet: Was sind und wie entstehen Begriffe?

Die Antwort wird nur einige recht vage Vorstellungen dazu bieten, die weder wissenschaftlich allgemein anerkannt noch auf dem heutigen Stand unseres Wissens beweisbar wären – eine Hypothese also:

Über die Sinnesorgane (vorrangig Auge, dann Ohr, dann andere) fließen Erregungsmuster in unser Gehirn, die eine transformierte »Abbildung« der Umwelt darstellen. Diese Eindrücke werden durch unser Gehirn geordnet und eventuell abgespeichert. Die einfließenden Erregungsmuster werden durch den Schaltplan verzweigt und weiter verzweigt und wieder zusammengeführt und wieder verzweigt in einem unvorstellbar komplizierten Netz von Neuronen-Aktivitäten. Der Schaltplan, der diese Verzweigungen – diese Zerlegung bewirkt, wurde durch Erbanweisungen vorgegeben, zum Teil aber auch erst durch frühe Sinneswahrnehmungen gebahnt. Durch die Verschaltung des Netzes werden nun die einströmenden Reize in einem vielstufigen Prozeß »bearbeitet und in Komponenten zerlegt«. Das heißt z. B., daß gewisse Unterbereiche des Neuronennetzes dann – und nur dann – aktiviert werden, wenn in der Umwelt eine Bewegung erfolgt, daß andere nur angesprochen werden, wenn eine horizontale Linie im Gesichtsfeld ist, wieder andere nur, wenn die Farbe »rot« eine Rolle spielt usw. usw.

Das ganze Geschehen, der Schaltplan und die einfließenden Sinnesreize sind so unermeßlich komplex, daß diese primitiven Beispiele nur allergröbste Andeutungen des ablaufenden Prozesses sein können. Der entscheidende Gesichtspunkt der Reizbearbeitung besteht aber wohl in einer vielstufigen *Zerlegung der Umwelt* in eine Vielfalt einzelner Komponenten, die jeweils ganz bestimmte, ihnen zugeordnete Unterbereiche des Neuronennetzes aktivieren.

Um das Grundprinzip zu veranschaulichen, sei ein Beispiel solcher Zerlegung einer Sinneswahrnehmung grob skizziert:

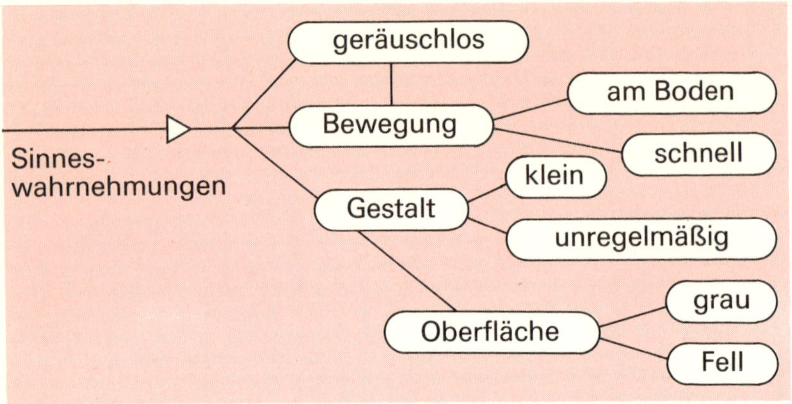

Wem beim Betrachten dieses Schemas der Gedanke »Maus« in den Sinn gekommen ist, hat selbst erlebt, daß die Maus in unserem Gehirn wohl durch einzelne Komponenten repräsentiert wird. Eine derartige Aktivierung des Neuronennetzes ist ein *Muster.* Es besteht nämlich aus Bausteinen (Komponenten), die Beziehungen zueinander haben.

Wenn ein erwachsenes menschliches Gehirn ein Geschehen zerlegt, z. B. die Beobachtung, daß ein Junge sich bemüht, einen Hund zu fangen, wäre das Zerlegungsmuster viel komplizierter als das folgende Schema und auch nicht als starres Bild, sondern als ein bewegter Film zu sehen:

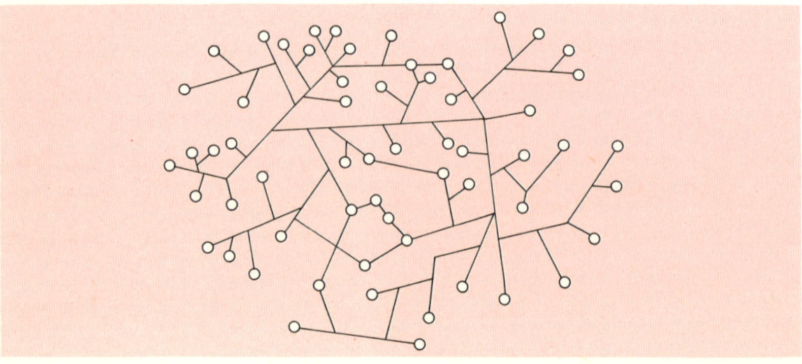

Bestimmte Teile dieses Raum-Zeit-Musters wären dabei vermutlich den Teilsinneseindrücken »Junge«, andere Musterbereiche dem »Hund« zuzuschreiben, wieder andere der Tätigkeit »fangen«, und schließlich würde auch der Hintergrund des Vorgangs berücksichtigt. Manche Bereiche des Nervenreizmusters wären dabei Teil mehrerer Untermuster. »Bewegung« z. B. wäre Teil der Untermuster »Junge«, »Hund« und »Fangen«. Der Bereich »Lebewesen«, der selbst wieder aus vielen Komponenten besteht, wäre bei »Junge« und »Hund« angeregt.

Unaufhörlich ist unser Gehirn dabei, Sinneswahrnehmungen zu zerlegen, Charakteristisches herauszudestillieren und zu sortieren. Aber wie entstehen *Begriffe* in diesem Dauer-Geglitzer von Nervenaktivitäten?

Wir sehen immer wieder ähnliche Bilder. Ein Säugling erlebt seine Mutter, sieht ihr Gesicht wieder und wieder, hört dazu ihre Stimme, spürt die Wärme ihrer Haut. All dies führt zu Zerlegungsmustern, die sich oft wiederholen. Zwar gibt es jedesmal andere überlagerte Störungen – mal läuft das Radio im Hintergrund – mal trägt sie diese, mal jene Bluse – ihre Hände sind verschieden warm – die Gesamtwahrnehmung (und damit deren Zerlegungsmuster) ist von Mal zu Mal etwas anders, doch kehren bestimmte Komponenten des Zerlegungsmusters dabei jedesmal wieder. Diese immer *gemeinsam wiederkehrenden Komponenten* des Zerlegungsmusters sind das »Wesentliche« von »Mutter«.

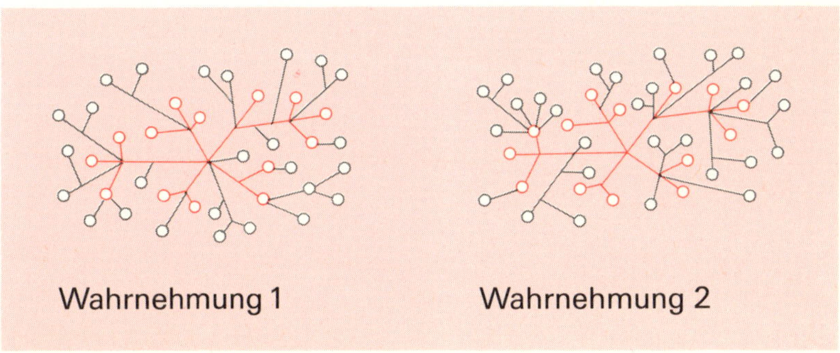

Diese Kombination von Komponenten ist der eigentliche Kern, der so oft mit angenehmen Reizen verbunden ist. Das Gehirn prägt sich diese wesentliche Komponentenkombination (im Schema rot hervorgehoben) allmählich ein. Dieses Muster wird ein gebahntes und fest miteinander verbundenes Netz von Neuronenaktivitäten. Wann immer ein Teil des Netzes angeregt wird (Mutters Stimme, Mutters Gesicht, Mutters Geruch), spricht die *Gesamtheit* des Verbundnetzes »Mutter« an.

Nun, dies war die Identifizierung einer Person, noch nicht die Bildung eines Begriffs wie »Löffel« oder »Vogel« oder »geben«. Aber das ist vielleicht nicht viel anders. Bestimmte Gehirn-Anregungsmuster aus bestimmten Komponenten kommen immer wieder vor. Sie sind zunächst noch undeutlich – und das wohl aus zwei Gründen: Erstens, der Zerlegungsmechanismus funktioniert bei einem Kleinkind noch unvollkommen. Erst im Laufe der Gehirnentwicklung wird immer feiner und feiner zerlegt – die Muster werden immer komplizierter. Zweitens, zu Beginn der Begriffsbildung ist noch unklar, welche Komponenten wirklich zum Begriff gehören und welche nur Randerscheinungen mit zufällig häufigerem Begleitvorkommen sind. Die Entwicklung eines Begriffs – seine allmähliche Schärfung – könnte deswegen etwa so veranschaulicht werden:

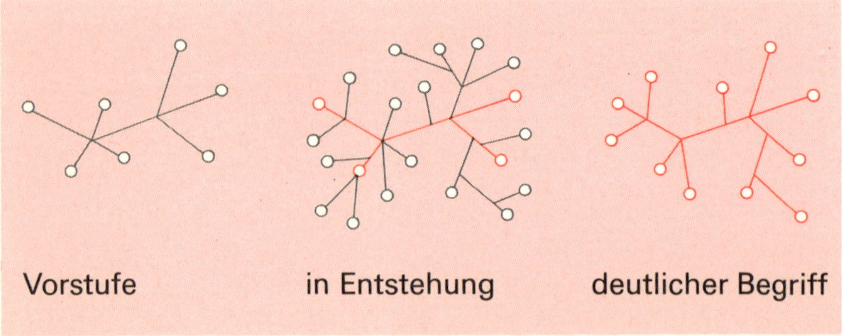

Im Laufe der Zeit gewinnt der Begriff immer mehr Komponenten. Er wird dadurch klarer, schärfer abgegrenzt gegen andere, ähnliche Begriffe. Er wird zu einem immer gemeinsam aktivierten Erregungsmuster des Gehirns. Aber auch nach langer Zeit ist nichts Endgültiges entstanden. Das Muster eines Begriffs unterliegt auch beim Erwachsenen noch ständig Veränderungen – Verfeinerungen. Neue Komponenten kommen hinzu, andere werden vielleicht wieder verworfen. Bei manchen Lesern dieses Buches hat sicher das Neuronen-Aktivitätsmuster, das mit dem Begriff »Evolution« verbunden ist, eine Veränderung erfahren.

Unter all den Zerlegungsmustern des Gehirns, die sich als »Begriffe« herauskristallisieren, hat eines eine ganz außerordentliche Bedeutung. Es ist das hochkomplexe Zerlegungsmuster, das dem »Selbst« des denkenden Wesens entspricht. Manche Teile dieses Musters sprechen ohne äußere Sinneswahrnehmungen an, in anderen Fällen ist das Selbst-Muster einbezogen in wahrgenommene Geschehnisse. Diese Vielfalt von Zusammenhängen macht es besonders schwierig, die Komponenten als zusammengehörig zu erkennen. Gelingt das – zuerst nur schwach und unklar, dann deutlicher –, so ist das Wesen zum *»Bewußtsein«* eigener Existenz erwacht.

Wir können also verstehen – oder besser – erahnen, wie ein Begriff im Gehirn entsteht. Wir haben dabei die ganze Schwierigkeit in die Komplexität des vielstufigen »Zerlegungsmechanismus des Gehirns«, also in das Schaltnetz und in den Vorgang der »Bahnung«, der »Einprägung« abgeschoben.

Für eine Diskussion der *Sprache* – und das war ja unser Ziel, ist es nicht unbedingt erforderlich, die Prozesse von Zerlegung und Einprägung schon als Molekularvorgänge beschreiben zu können. Wir gehen einfach davon aus, daß gewisse Aktivitätsmuster durch häufige Wiederkehr im Neuronennetz als zusammengehörig eingeprägt werden. Weiter nehmen wir an, daß solche Einprägung die Grundlage ist für das, was wir »Vorstellungen« oder »Begriffe« nennen. Es ist dann sicher, daß in diesem Sinne auch Tiergehirne zu einer »Begriffs«-bildung fähig sind (»mein Baum«, »freßbar«, »mein Lebenspartner« usw.). Die Einprägung der schon für das primitive Tier lebenswichtigen Zerlegungsmuster ist ja nicht an Sprache gebunden.

Wie aber ist es vorstellbar, daß Menschen- und Tiergehirne eine Zerlegung von Sinneswahrnehmungen überhaupt in sinnvoller Weise, d. h. der Außenwirklichkeit entsprechend, durchführen? Ist die Fähigkeit des Gehirns zu solcher Analyse angeboren? Und wenn ja, ist es nicht unfaßbar, daß die Zerlegung überhaupt dem Geschehen der Umwelt entspricht – diese »vernünftig« wiedergibt, so daß Kausalzusammenhänge erkannt und Ereignisse vorausgesehen werden können?

Das Gehirn kann tatsächlich die Außenwelt ihren Eigenschaften entsprechend zerlegen. Wir können Raum und Zeit – wir können Bewegung und Kausalbeziehungen logisch zusammenhängend erfassen. Auf den ersten Blick mag diese *angeborene* Potenz ungeheuerlich und unvorstellbar erscheinen. Doch es ist ganz einfach – es ist nur wieder das alte Prinzip der »Anpassung durch Selektion«.

Unser Gehirn ist richtig verschaltet – d. h. so, daß wir die Ereignisse um uns in »richtiger Weise« analysieren und uns so in der Wahrnehmungswelt orientieren können, einfach weil all die Tiere, deren Gehirn eine »falsche« Zerlegung vornahm, schnell von der Selektion eliminiert wurden. Nur solche Gehirne überlebten – nur solches Erbgut pflanzte sich fort, das die Außenwelt so zerlegen ließ, daß daraus zum Überleben richtige Konsequenzen gezogen wurden. Durch Evolution sind Gehirne den Eigenschaften der Welt um uns herum angepaßt – *durch Selektion entspricht unsere Zerlegung von Sinneseindrücken den Eigenschaften der Natur.*

Aber wir wollten Sprache diskutieren – wir wollten untersuchen, wie einem Begriff, d. h. einem bestimmten Aktivitätsmuster im Neuronennetz, in allen Gehirnen ein gleiches Lautsymbol zugeordnet werden kann.

Auch Worte sind Muster – eine Folge von Lauten, die durch die Nerven des Ohrs ins Gehirn »abgebildet« werden. Die Zerlegung des akustischen Musters – des Geräuschs – wird dabei (ebenso wie die der optischen Wahrnehmung) bereits im Sinnesorgan selbst begonnen. Die Nerven melden schon vorbereitete, d. h. in erster Stufe zerlegte Information wie etwa: Lautstärke steigt, Tonhöhe sinkt usw. Schließlich führt auch das akustische Muster eines gesprochenen Wortes im Gehirn zu einem Nervennetz-Erregungsmuster, dem »Klang-Muster«.

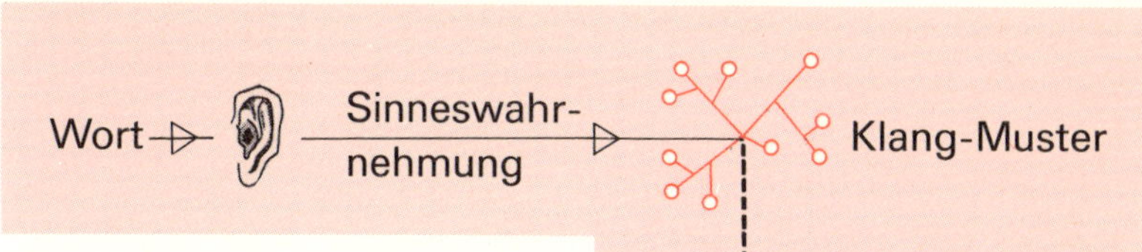
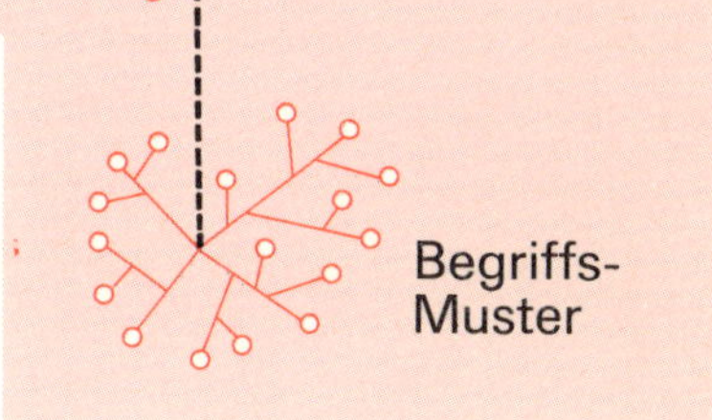

Es kommt jetzt darauf an, dieses Klangmuster, das z. B. dem Wort »Tisch« entspricht, in Beziehung zu setzen zu dem herangebildeten Begriffsmuster für »Tisch«: Das geht natürlich nur, wenn der Begriff »Tisch« zumindest in Ansätzen schon vorhanden ist. Worte wie »Steuersenkung« oder »Pensionierungsalter« verhallen im Kinderhirn ohne Resonanz, d. h. ohne sich an irgendwelche Begriffsmuster anzukoppeln. Das Kind kann nur Worte *seiner* Begriffswelt erfassen, d. h. festhalten, also Begriffsmustern zuordnen.

Wie das geschieht, können wir nur vermuten. Wahrscheinlich liegt es am häufigen gemeinsamen Auftreten eines Klangmusters mit dessen begrifflichem Korrelat. Im Grunde ist dies wohl der gleiche Prozeß, der ursprünglich die Komponenten eines Begriffsmusters als immer wiederkehrenden Kern vieler Zerlegungen erkennen ließ und als fest zusammengehörigen Verband einprägte. Jetzt ist es das korrelierte Auftreten von Klang- und Begriffsmustern, das zwischen beiden einen fest gebahnten Bezug herstellt. Dafür ist das Kurzzeit-Gedächtnis von entscheidender Bedeutung, denn das Wort wird meist nicht wirklich gleichzeitig mit der dazu passenden Situation fallen. Es vergeht ein Weilchen zwischen »Wo hab' ich denn bloß den Schlüssel«, bis dieser im Gesichtsfeld des Kindes auftaucht.

Wenn einige Verbindungen von Worten und Begriffen hergestellt sind, scheint in die Zerlegungsmuster gewisse Ordnung zu kommen, die weitere Verknüpfungen erleichtert. Das Faszinierende dabei ist, daß sich offenbar *in allen Kindergehirnen ganz ähnliche Begriffsmuster* herauskristallisieren. *Das ist das eigentliche Wunder der Sprache.* Kommunikation kann überhaupt nur dadurch funktionieren, daß Begriffe von Gehirn zu Gehirn so ungeheuer ähnlich sind. Wir können dieses Wunder ein bißchen enträtseln.

Entscheidend dafür ist die *Rückkopplung* der Sprache mit der Entwicklung der Begriffsmuster im Gehirn. Es ist eine »Harmonisierung«, ein Sich-mehr-und-mehr-Anpassen, das Sprache ermöglicht. Sprache selbst ist *begriffsprägend.* Was heißt das? Wie funktioniert das?

Im Gegenständlichen wird ein Kind zunächst korrigiert: »Das ist doch kein Wau-wau – das ist eine Fliege« oder: »Den Löffel – nicht die Suppenkelle«. Kinder sind überraschend zurückhaltend – sie benutzen selbst meist nur Worte, deren Begriffsmuster ihnen recht klar ist. Es geht also weniger darum, Begriffe zurechtzurücken, als ohne Erziehungsabsicht einfach durch Sprechen neue Begriffe zu induzieren. Worte fallen in bestimmten Zusammenhängen. Nehmen wir an, die meisten Worte eines Satzes könnte das Kind bereits mit Begriffsmustern assoziieren. Aber jetzt ist ein neues Wort dabei.

Offenbar »sucht« dann das Kindergehirn unbewußt das zu diesem neuen Wort gehörende Korrelat in der Riesenfülle der augenblicklich aktivierten Zerlegungsmuster. Solches unbewußte »Suchen« ist ein wesentlicher Teil des Rätsels menschlicher Gehirne. Das Kind kann sicher nicht bei der ersten Begegnung mit einem neuen Wort dessen Begriffsmuster identifizieren, da dieses in jedem Fall ja von störenden Details der jeweiligen Situation überlagert ist. Erst durch Wiederholungen kann sich zeigen, welches der Kern der verschiedenen Zerlegungsmuster war, der zu diesem Wort gehörte.

Das Kind wird durch Sprache also überhaupt erst an Begriffe

herangeführt, die in Gehirnen von Erwachsenen existieren. Ein Wort – ein Klangmuster – muß ein Korrelat haben, das sich finden läßt. Man kann es suchen. So führen Worte der Sprache dazu, aus vielen Situationen das Gemeinsame herauszufinden, das den von der Sprache benutzten Begriffen der Erwachsenen entspricht! Vom Klangmuster her, also durch Sprache, wird gewissermaßen das dazugehörige Begriffsmuster identifiziert und so dessen Einprägung bewirkt.

Die Fülle der Begriffe wird demnach, von ersten Anfängen abgesehen, wohl nicht in jedem Kindergehirn etwa aus genetischer Information, sozusagen »von innen« als eigene Urleistung erzeugt. Begriffe werden vielmehr durch Sprache, durch die beim Sprechen von Eltern und Geschwistern benutzten Worte, in das Kindergehirn hineingetragen – in ihm induziert. Es hat den gleichen Zerlegungsapparat wie die Gehirne der Erwachsenen und sucht nach dem Begriffsmuster, das dem gehörten Klangmuster zuzuordnen ist. *Das Klangmuster hilft so, das Begriffsmuster zu fixieren.*

Da zu alledem auch die Begriffe der Erwachsenen sich durch Verwendung in bestimmtem Situationszusammenhang noch fortgesetzt aneinander anpassen, verstehen Menschen, was andere sagen. *Deswegen* sind unsere Begriffe von Gehirn zu Gehirn so ähnlich. Die Sprache selbst hat es bewirkt, sie selbst hat den Weg zur Kommunikation geebnet.

Aber dies ist nur die erste, die »intuitive« Phase des Spracherwerbs. Ihr folgt eine zweite, bewußte Phase, in der Kinder die Bedeutung von seltener gebrauchten Worten erfragen und Erwachsene gar ein Lexikon zu Rate ziehen. Es wird zu schwierig, den nur gelegentlich auftretenden Worten in den dazugehörigen ungeheuer komplexen Zerlegungsmustern noch Begriffsmuster zuzuordnen. Es ist viel leichter, mit anderen *Worten*, also von schon bekannten Begriffen her, zu erklären, d. h. über diese Begriffe ein neues Aktivitätsmuster im Neuronennetz zu erzeugen. Hierbei werden natürlich erst recht Ähnlichkeiten von Begriffsmustern der Erwachsenen übertragen.

Eltern können solche Fragen gar nicht ernst genug nehmen. Die ganze spätere Sprachfähigkeit eines Menschen – und das ist ein beachtlicher Teil aller Intelligenz – baut auf Begriffserklärungen auf. Mehr noch, diese Begriffsbildung wirkt auf den Charakter des Kindes ein. Ein Beispiel: der Sechsjährige fragt seinen Vater: »Was ist Männlichkeit?«

Antwort 1: »Männer weinen nicht, wenn sie hinfallen – sie beißen die Zähne zusammen. Das ist Männlichkeit.«

oder

Antwort 2: »Männlichkeit ist, den Schwachen zu helfen, selbst wenn man Angst dabei hat.«

Für jeden Jungen ist Männlichkeit etwas Positives – Erstrebenswertes. Sein Leben lang wird ihm das Wort wiederbegegnen in wertanerkennendem Zusammenhang. Aber was er damit verbindet, wird wesentlich mitbestimmt von dieser ersten Erklärung seines Vaters.

Da gerade die zu abstrakten Vorstellungen gehörenden Begriffe unseres Gehirns auf diese Weise weitgehend durch Sprache, d. h. über schon bekannte einfachere Begriffe, erzeugt werden, mag auch die Denkweise des Menschen durch seine Sprache beeinflußt sein. Ob aber die von außen an ein Kind herangetragenen Zerlegungsmuster des Erwachsenengehirns auch auf die Entwicklung des Zerlegungs*mechanismus* des Kindergehirns selbst rückwirken, ist völlig offen. Es wäre äußerst schwierig, wenn auch vielleicht nicht ganz unmöglich zu klären, ob die Art und Weise, in der ein Gehirn Sinneswahrnehmungen zerlegt, ausschließlich genetisch festgelegt ist oder durch seine Muttersprache mitbestimmt wird.

In der Sprache von Sioux-Indianern werden z. B. bewegte und unbewegte Lebewesen streng auseinander gehalten. Es gibt verschiedene Worte für ein stillsitzendes Tier und für das gleiche Tier in Bewegung. Zeigen sich hier genetisch bedingte Zerlegungsunterschiede gegenüber anderen Gehirnen, oder wird nicht eher eine zufällig entstandene Unterscheidung durch Sprache weitergegeben?

Die Bildung von Zuordnungen zwischen Begriffs- und Klangmustern – sowohl beim sprachlernenden Kind als auch bei der Entstehung von Sprache in früher Menschheitsentwicklung – ist in vieler Hinsicht der Selbstorganisation erster replikationsfähiger Muster in der Ursuppe vergleichbar. Auch bei der Sprache scheint sich ein Münchhausen durch Rückkopplung am eigenen Zopf aus einem Nebel von Unschärfe zu ziehen. Je mehr sprachliche Fähigkeit sich entwickelt, desto klarer, desto differenzierter, desto komponentenreicher werden die Begriffe der Gehirne.

Die Sprache der Buschleute in der Kalahari umfaßt weniger als tausend Worte. Dennoch genügt das zu präziser Kommunikation, da Begriffe, die in unserer Sprache getrennt werden, dort häufig zu einem Begriff vereint sind. Zum Beispiel bedeutet

	/gám *	zugleich	»Sonne, warm, durstig«,
	ne/ni	zugleich	»Auge, sehen, dieser da«
oder	mi	zugleich	»sprechen, ich«.

Es wäre völlig falsch zu sagen, die Buschmann-Sprache benutze das gleiche Wort für mehrere Begriffe. Im Denken des Buschmanns *ist* das bei uns Differenzierte *ein Begriff.*

Sprache ist wohl sicher – beim Kind ebenso wie in der Menschheitsentwicklung – eine notwendige Voraussetzung für höhere menschliche Denkleistung. Klangmuster und Begriffsmuster haben für das intellektuelle System eine ähnliche Komplementarität wie Proteine und Nucleinsäuren im genetischen System. Keines kann sich ohne das andere voll entwickeln.

Auch die Unschärfe, die unabdingbar mit der Replikation verbunden war, aber im Laufe der Evolution immer geringer wurde, tritt bei der Kommunikation wie ein Phönix aus der Asche in neuer Gestalt wieder übermächtig auf: Die Begriffsmuster des Gehirns enthalten stets *nur die wesentlichen* Kompo-

---

* Der Schrägstrich symbolisiert einen in unserer Sprache nicht gebrauchten Schnalzlaut.

nenten. Immer wenn Gegenstände, Geschehnisse, Gefühle diese wesentlichen Komponenten besitzen, fallen sie unter den Begriff. Dabei ist in jedem Einzelfall das betreffende Zerlegungsmuster weit detaillierter, aber diese Einzelheiten finden keine Berücksichtigung. Das Wort »Schuh« z. B. sagt nichts aus über Farbe, Material, modische Gestalt eines Schuhs. Die Abgrenzung der Gegenstände, die unter einen Begriff fallen, ist daher *prinzipiell unscharf*. Das gehört zum Wesen jeder Abstraktion.

Begriffe müssen so umfassend, so breit gehalten sein, daß *viele* Dinge oder Geschehnisse der Umwelt darunter fallen. Darin liegt ja gerade das Wesentliche der Begriffsbildung. Nur so – durch die Nichtbeachtung von Details – ist Kommunikation möglich.

Wenn jeder Löffel auf dem Tisch seinen eigenen individuellen Namen hätte – jede Art, dies oder das zu spielen, nicht unter dem *allgemeinen* Begriff »Spielen« zusammengefaßt wäre – könnten Menschen sich nicht verständigen, weil eine unendliche Fülle von Worten gebraucht würde, die niemand mehr erlernen könnte.

Durch diese Notwendigkeit, unter *einem* Begriff – charakterisiert durch *eine* Lautfolge – *viele ähnliche* Dinge oder viele ähnliche Handlungen – viele ähnliche Gefühlsempfindungen zusammenzufassen, wird der Inhalt eines Begriffs, d. h. die Gesamtmenge von Dingen, Geschehnissen oder Gefühlen, die damit ausgedrückt werden, zwangsläufig unscharf abgegrenzt. Die Information über Einzelheiten geht verloren, wenn sie im Zusammenhang nicht wesentlich ist. Das Wesentliche wird weiter unterteilt. So unterscheidet die Sprache des Eskimos viele verschiedene Arten von Schnee, die der Araber hat mehrere Ausdrücke für das, was bei uns einfach »Sand« heißt.

Aber Grenzen bleiben fließend. Wann ist ein »Junge« noch ein »Kind« – wann wird er zum »Jüngling« oder gar zum »Mann«? Wann spricht man von einem »großen Teller«, wann von einer »Schale«, wann von einer »Schüssel«? Die Abgrenzung wird besonders schwierig, wenn man den Inhalt des Begriffs nicht durch vorzeigbare Beispiele, sondern nur mit anderen Begriffen verdeutlichen kann, wenn es um Nicht-Gegenständliches wie »Gerechtigkeit« oder »Demokratie« geht. Grenzen verschwimmen vollends bei noch weiter Abstrahiertem oder der Wiedergabe von Gefühlen, also bei Begriffen wie etwa »Geist«, »Wehmut« oder »Religion«.

Der Begriff »Sprache« selbst war in früherer Zeit recht problemlos. Heute aber wissen wir, daß auch Tiere sich durch Körperhaltung und Mimik Signale geben. Ist das nun »Sprache«? Ist es Sprache, wenn staatenbildende Insekten – auch diese haben (mehrfach unabhängig) die Integration zur Gruppe erreicht – Information durch Duftstoffe weitergeben? Oder gar, wenn Bienen – genetisch verankert – Richtung und Entfernung einer Futterquelle durch die Art ihres Schwänzeltanzes ausdrükken, also quantitative Daten übermitteln und dabei auch noch den zeitlichen Lauf der Sonne berücksichtigen? Besitzt ein Schimpanse »Sprache«, der sich mit Hilfe von 70 verschiedenen Symbolen auf einer großen Schreibmaschine mit seinem Pfleger verständigt? Antwort auf solche Fragen zu geben, heißt nur, das Zerlegungsmuster des Begriffs »Sprache« auszubauen, also den Begriff selbst präziser zu fassen.

Im Alltagsleben gebrauchen wir alle mit viel Erfolg sehr unscharfe Begriffe. Speziell die des Gefühlsbereichs sind kaum in den »Griff« zu kriegen und haben von Gehirn zu Gehirn unterschiedliche Grenzschattierung. Wir hören Worte wie »Liebe«, »Sympathie«, »Zuneigung«, »Sehnsucht«, und wir können nur ahnen, welcher Komplex von Gefühlen ausgedrückt werden soll. Es ist unglaublich, wie gut wir uns trotz all dieser Unschärfe verständigen können, wenn wir auch manchmal »aneinander vorbeireden«, wenn auch manches Streitgespräch nur aus einem Mißverständnis entsteht, das sich schließlich auflöst, sobald man erkennt, daß mit demselben Wort etwas Verschiedenes »gemeint« war.

Bei Übersetzungen wird deutlich, daß Begriffe auch von Sprache zu Sprache nicht völlig deckungsgleich sind. Ähnliche

Begriffe haben in verschiedenen Sprachen unterschiedliche Komponenten. Deswegen geben Lexika meist mehrere Übersetzungsmöglichkeiten, unter denen man je nach Zusammenhang die passendste wählt.

Wenn man z. B. Deutsche fragt, welche Eigenschaften sie mit dem Begriff »Einsamkeit« verbinden, und diese Frage bei Amerikanern für den Begriff »lonesomeness« wiederholt, so ist »Einsamkeit« mehr mit Größe, Erhabenheit und Klarheit verbunden, während »lonesomeness« eher zur Angst, zur Traurigkeit hin tendiert und das Verlassensein von einer Gemeinschaft anklingen läßt.

Derartige Unterschiede der Begriffsschattierungen bei Angehörigen verschiedener Völker, aber auch schon verschiedener Sozialgruppen, beweisen eindrücklich, daß die Sprache der Erwachsenen selbst einen entscheidenden Beitrag zur Entstehung und Fixierung von Begriffsmustern des kindlichen Gehirns leistet und daß Begriffe nicht etwa durch genetische Information vorgeformt sind.

In der internationalen Diplomatie ist das Fehlen völliger Deckungsgleichheit von Begriffen ein Problem, das zwar einen Vertragsabschluß eventuell zunächst erleichtert, dann aber zu unterschiedlicher Textauslegung und damit zu neuen Differenzen führt. Es ist recht leicht, sich in einer fremden Sprache zu verständigen, aber sehr schwer, sie in allen Nuancen wirklich zu beherrschen.

Bevor wir uns den Fragen der Grammatik von Sprachen zuwenden, müssen wir noch kurz den akustischen Aspekt von Worten erwähnen. Jedes Wort ist ja selbst zusammengesetzt. Es ist eine *Folge von Lauten* (Phonemen), die in den meisten heutigen Schriften durch eine Folge von Buchstaben wiedergegeben wird. Ein Wort ist also ebenfalls ein kleines Muster.

Es wäre konsequent, jeden Begriff durch nur einen einzigen Laut zu charakterisieren, weil auch in unserem Denkprozeß der Begriff das Elementare ist. Die Schwierigkeit liegt aber in der

Beschränktheit unserer Sprachwerkzeuge (und unseres Gehörs), die nicht in der Lage sind, Tausende von verschiedenen und mit Sicherheit unterscheidbaren Lauten hervorzubringen. Aber wir brauchen so viele Begriffe zur Kommunikation. Die Zahl der möglichen Einzellaute (50–80) reicht nicht im entferntesten aus, um die große Zahl der notwendigen Begriffe zu symbolisieren. Darum werden in allen Sprachen der Welt für Begriffe Laut*folgen* benutzt. Deren Vielzahl ist – wie wir bei den Polymerketten diskutiert haben – praktisch unbegrenzt. Alle Worte sind also Muster aus Lauten, Worte selbst aber sind Bausteine für Sätze, d. h. für Muster aus Begriffen.

Ein Gedanke, ein Geschehnis wird durch einen zweiteiligen Gehirnprozeß übermittelt: Zunächst erfolgt eine *Zerlegung* des Geschehens in einzelne Begriffe und deren Bezüge zueinander, dann werden diese Begriffe in Worte übertragen und im Satz zu einem Muster *zusammengefügt*. Die Sprachwissenschaft unterscheidet dementsprechend die *Semantik*, die sich mit der Bedeutung, dem Begriffsinhalt von Worten beschäftigt, von der *Grammatik*, die die Bezüge unter den Begriffen durch Vorschriften für das Zusammensetzen der Musterbausteine eines Satzes wiedergibt. Wir wollen uns jetzt das Problem der Grammatik kurz anschauen.

Schimpansen sind – wie der Mensch – in der Lage, nicht nur eine ganze Reihe von Begriffsmustern mit Symbolen zu korrelieren, sondern auch Anfänge einer Grammatik und logische Verknüpfungen zu erfassen. Nach langem Training (und das braucht ein Menschenkind auch) kann man sich durch farbige Symbole an einer Tafel mit Schimpansen verständigen. Diese Verständigung geht in beiden Richtungen, d. h. der Schimpanse ist nicht nur fähig, einer Anordnung von Symbolen den richtigen Sinngehalt zuzuordnen, sondern das Tier kann seinerseits auch Symbole an einer Tafel zusammenstellen, um damit seine Wünsche mitzuteilen.

Betrachten wir ein schon klassisches Beispiel:

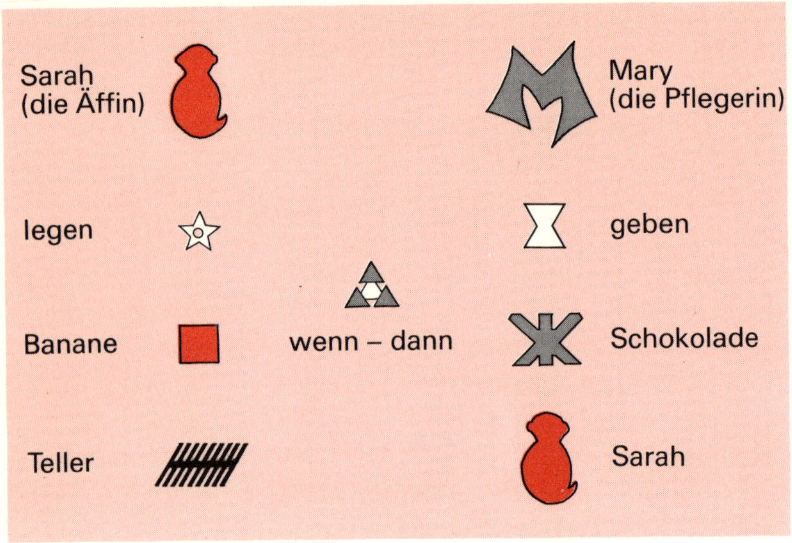

(in Anlehnung an A. J. und D. Premack)

Sarah macht sofort von diesem Angebot Gebrauch und legt die Banane auf den Teller. Sie wird böse, wenn Mary sie dann mit einem Apfel abzuspeisen versucht. Schokolade war versprochen. Hier werden Begriffssymbole – auch für Nicht-Gegenständliches – benutzt, deren Sinngehalt erworben wurde. Es sind abstrakte Symbole. Eine Banane ist ein rotes Quadrat, nicht etwa das Bild einer Banane. Das Schimpansengehirn kann also Begriffe mit Symbolen verbinden. Mehr noch, die Anordnung der Symbole gibt einen einfachen grammatischen Bezug wieder, der von dem Tier richtig verstanden wird.

Der Sinn von Sätzen steckt in zweierlei. Zum einen in den Begriffsmustern der verwendeten Worte, zum anderen in den Abhängigkeiten, den Bezügen unter den Worten. Erst durch den Bezug der Worte zueinander, durch Anwendung von Grammatik, wird eine Folge von Worten zum Satz – zu einem *Muster* aus Begriffen. Die Sprachen der Menschen benutzen vier Mittel, um solche Bezüge auszudrücken:

1. Reihenfolge der Worte
2. Veränderungen an den Wortstämmen
3. Zusatzworte und Zusatzsilben
4. (nicht in unserer Sprache, aber z. B. im Chinesischen) unterschiedliche Tonalität (Tonfall).

Es ist ein Unterschied, ob man sagt »Erich liebt Erika« oder »Erika liebt Erich«. Eine Reihenfolge von Worten ist in jeder Sprache vorhanden, weil Sprache ein Vorgang in der Zeit ist. Reihenfolge wird in allen Sprachen als Mittel benutzt, um Bezüge auszudrücken. Zusammengehöriges wird hintereinander gestellt, das Wichtige nach vorn usw.

Aber die Wortfolge allein genügt nicht, um komplizierte Bezüge in Sätzen auszudrücken. In unserer und in verwandten Sprachen ist die Veränderung der Stammworte daher ein zweites Mittel: Aus »Vater« und »Hand« wird »Vaters Hand«, aus »zwei« und »Stern« werden »zwei Sterne«, aus »sehen« und »gestern« wird »sah gestern« bzw. »sahen gestern« – je nachdem, zu wem der weitere Bezug hergestellt wird. Die bei diesem Weg der Grammatik sich ergebende Formenfülle von Konjugation und Deklination hat manchen Schüler beim Erlernen einer zweiten Sprache schon verzweifeln lassen, obwohl er als kleines Kind spielend die gleiche Schwierigkeit in der eigenen Sprache gemeistert hat.

Schließlich können Bezüge durch Zusatzworte und Zusatzsilben wiedergegeben werden: »Er *ist* nicht *ge*kommen.« Die meisten Sprachen benutzen – wie das Deutsche – komplizierte Kombinationen dieser drei Mittel, um bestimmte Bausteinbezüge auszudrücken, wobei allerdings bei verschiedenen Sprachen das eine oder andere Mittel im Vordergrund stehen kann. Je vielseitiger die Mittel und Möglichkeiten sind, desto schwieriger ist es, eine Sprache grammatisch richtig zu sprechen, desto nuancenreicher ist aber auch ihr Ausdruck.

Kindergehirne müssen also nicht nur die Verbindung von Klang- und Begriffsmustern herstellen, sondern auch die Regeln der Grammatik erfassen, mit denen die Bezüge unter den Wortsymbolen wiedergegeben werden. Das zweite scheint schwieriger zu sein, da Kinder Sätze eher verstehen als sprechen lernen und auch zunächst grammatische Fehler machen, die dann von Erwachsenen oder Geschwistern korrigiert werden. Die Grammatikregeln müssen unbewußt allmählich aus dem Sprachgebrauch der Erwachsenen, d. h. aus dem Vergleich von Situationszerlegungsmustern und Satzmustern herausdestilliert werden. Dieser Erwerb grammatischer Regeln gehört zu den höchsten Leistungen des menschlichen Gehirns.

Kinder können weltweit jede beliebige Sprache als »Muttersprache« gleich gut lernen. Ein Kind wird aber wohl nicht mit der direkt einprogrammierten Kenntnis einer »Universal-Grammatik« geboren. Das hieße nämlich, die Grammatik wäre in genetischer Information vorgezeichnet, die bestimmte Neuronen-Verknüpfungen vorschriebe. Die Kenntnis von Grammatik wäre damit den Instinkten zuzurechnen. Eine solche Vorstellung ist absurd und widerspräche der generellen Überwindung des Instinktniveaus durch höhere Tierarten.

Richtig ist vielmehr, daß durch Selektion ein Zerlegungsmechanismus des Gehirns entstand, der Vorgänge der Außenwelt in ihren Kausalbezügen korrekt widerspiegelte, d. h. Situationen in Begriffe zerlegte und die Wechselbeziehungen unter den Begriffsmustern der Wirklichkeit entsprechend wiedergab. Soweit wirkt Genetik.

Sprache muß nun diese Begriffe in Klangmustern (Semantik) und deren Bezüge durch Satzstruktur (Grammatik) ausdrücken. Diese grundsätzlich in allen Sprachen gleiche Aufgabe – dieser Zwang der Zielsetzung ist es, der Ähnlichkeit der grammatischen Mittel (Tiefenstrukturen) bedingt. Gleiche Bedürfnisse rufen ähnliche Lösungen hervor. Sprachuniversalien sind also in der Logik der Situationsanalyse und der Begriffsbezüge begründet. Eine Verknüpfung mit der genetischen Information besteht nur *indirekt* über den Zerlegungsmechanismus von Gehirnen, der seinerseits den Eigenschaften der Natur angepaßt wurde, denen auch jede Grammatik gerecht werden muß.

Irgendwo saß gestern jemand auf einem Plüschsofa. Er beobachtete und zerlegte eine

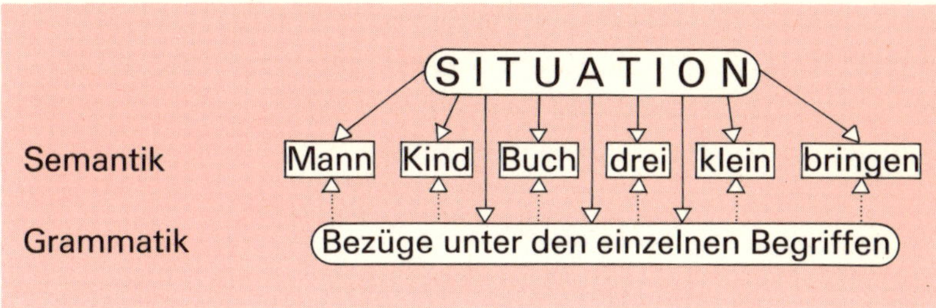

Heute will er seine Beobachtung wiedergeben. Er hat das Wesentliche der Situation im Gehirn abgespeichert. Er hat vergessen, wie die Standuhr aussah und wie die Tischdecke; aber viele Teile des Geschehens hat er als ein riesiges Zerlegungsmuster im Gedächtnis. Darin sind nicht nur die wichtigen Begriffe des gestrigen Ereignisablaufs enthalten, sondern auch die Bezüge unter den Begriffen.

Für seine Schilderung muß er die Begriffe in Worten und die Bezüge durch die Grammatik des von ihm gewählten Satzes ausdrücken.

Dabei stellt er einen zusätzlichen Zeitbezug des Ereignisses zum Augenblick seines Sprechens dar, indem er das Verbum in die Vergangenheit setzt und die Zeitbestimmung »gestern« einfügt. Je nach den im Zerlegungsmuster abgespeicherten Bezügen wird er unter Berücksichtigung der Vorkenntnisse seines Zuhörers dann sagen:

Gestern brachte das kleine Kind dem Mann drei Bücher
oder
Drei Kinder des Mannes brachten gestern ein kleines Buch
oder
Ein kleiner Mann brachte gestern drei Kinder-Bücher
usw.

Sprache verlangt zwei Gehirnprozesse:

Der erste ist die Zerlegung der Situation, eines Gedankens in einzelne Begriffe und die dazugehörigen Wechselbezüge. Der zweite ist deren Repräsentation in Form eines grammatisch richtigen Satzes. Auf der Zuhörerseite werden umgekehrt durch die Klangmuster der Sprache Begriffsmuster aktiviert, die das Wesentliche des Geschehens wiedergeben.

Es war ein entscheidender Schritt der Evolution, als es durch Sprache möglich wurde, Aktivitätsmuster im Nervennetz eines Gehirns, einen Gedanken, ein Erlebnis, einen Wunsch von einem zum anderen Gehirn zu übertragen. Muster hatten einen neuen Weg ihrer Ausbreitung gewonnen.

Wie schon einmal in der Evolution – bei der Entstehung der Replikationsfähigkeit – verstärkte sich auch die Wirkung der intellektuellen Information durch eine innere Automatik des Systems. Die ständige Weitergabe von Wissen führte zu einer Erfindungsreihe, die der schon weit entwickelte Mensch machte. Sie begann vor etwa 6000 Jahren mit der Erfindung der *Schrift*, die (vor etwa 1000 Jahren in China, Korea und Japan – vor etwa 500 Jahren davon unabhängig in Europa) durch Einführung des *Buchdrucks* vervollkommnet wurde. In den letzten Jahrzehnten kamen die unüberschätzbar wichtigen Techniken der *Telekommunikation* hinzu.

Diese Erfindungsreihe ist für die Menschheitsentwicklung aus drei Gründen von außerordentlicher Bedeutung:

Erstens wird damit das ja durchaus nicht vollkommene Gedächtnis des Menschen beliebig erweitert. Wissen ist ohne Begrenzung der Menge jedermann jederzeit zugänglich in Bibliotheken und Datenbanken. Es wäre kaum möglich, eine solche Informationsmenge in menschlichen Gehirnen zu konservieren.

Zweitens sind die Ausbreitungs- und damit Wirkungsmöglichkeiten von intellektueller Information über Zeit und Raum hinweg ungeheuer angewachsen. Und drittens ist die Genauigkeit der Musterweitergabe vielfach gesteigert. Die ursprüngliche

Methode mündlicher Überlieferung war – ganz abgesehen von der Gefahr des Abreißens solcher Kette – naturgemäß äußerst fehleranfällig.

Auch hier hat sich also ein Phänomen der biologischen Phase wiederholt: Wie sich Replikation von Mustern zwangsläufig verbesserte, so führt auch Kommunikation sich selbst zu vollkommenerer Wirkung. Beide Systeme waren in ihren Anfängen langsam und unscharf, gewinnen aber in ihrer Entwicklung automatisch höhere Geschwindigkeit und größere Präzision in der Verbreitung ihrer Muster.

20

Das langgesuchte Zwischenglied zwischen dem Tier und dem wahrhaft humanen Menschen sind wir.
Konrad Lorenz

Roter Faden in Menschenhand

Trotz Sprache und Werkzeug war der frühe Jäger und Sammler noch ein fast nur biologisches Wesen im Reiche der Biologie. Er war den Gesetzen von Hunger und Krankheit, von Fortpflanzung und Tod unterworfen, den Gesetzen der Selektion, die er – praktisch ungefährdet von anderen Raubtieren – selbst für sich aufrecht erhielt durch gelegentlichen Krieg mit den »Unmenschen« – dort, jenseits der Berge.

Doch eines Tages – vor 10000, vor 15000 Jahren überschritt er die Grenzen einer nur biologischen Welt: Es waren wohl Frauen, die zuerst sahen, daß um ihre Hütten aus verlorenen Körnern des letzten Herbstes neue Halme wuchsen – Pflanzen, die wieder Frucht trugen. Wir werden niemals erfahren, wer es war – nie wissen, wo es genau war. Eines Tages jedenfalls steckte ein Mensch bewußt das erste Saatkorn in die Erde.

Andere, auf Jagd ausgerichtete Stämme des Menschen folgten am Ende der Eiszeit den in Bewegung geratenen Herden ihrer Beutetiere. Gemeinsam zogen sie über Hunderte von Kilometern – hin und her mit dem Wechsel der Jahreszeiten. Eifersüchtig wachte der Mensch, daß kein anderes Raubtier als er selbst »seiner« Herde Schaden zufügte. Der Hund – seit etwa 15000 Jahren Begleiter des Menschen – half ihm dabei. Es war eine Symbiose von Mensch und Tier, die mehr und mehr vom Willen des Menschen geprägt wurde. Der Sammler war zum Bauern geworden – der Jäger wurde zum Hirten.

Und bald tat er den nächsten, entscheidenden Schritt – recht bedeutungslos schien es am Anfang. Der Mensch wählte aus, ja *er* wählte aus –

er selektionierte –

welche Samen die besten für die nächste Saat wären, welcher Bock die nächsten Zicklein zeugen sollte. Aus Bauern und Hirten wurden Züchter. Was überleben durfte, wer Nachkommen haben sollte, entschied nicht mehr biologischer Wettbewerb, nicht mehr Selektion der sich selbst überlassenen Natur, sondern

er, der Mensch.

Er war im Begriff, die Gesetze der Biologie *seinen* Interessen unterzuordnen. Seine Wünsche formten von nun an biologische Entwicklung. Wir finden die ältesten, durch menschliche Selektion veränderten Getreidekörner in 9000 Jahre alten Gräbern.

Seitdem ist viel Wasser den Euphrat und den Nil hinuntergeflossen. Der Pflug ist erfunden und die Samenbank, die das Sperma eines Bullen auf zehntausend Kühe verteilt. Wir leben mit Siamkatzen und Kakteen, Flugzeuge sprühen Chemie über Baumwollfelder. Hühner sitzen in klimatisierten Legebatterien, und Apfelsinen sind kernlos geworden. Kernlos heißt nachkommenlos – doch die Hand des Menschen hält sie vegetativ am Leben. Kernlose Apfelsinen essen sich leichter. Der Mensch entscheidet, was überleben soll.

Auch ein Pekinese, dessen Penis im Staub schleift und sich leicht entzündet, darf leben. Wir tragen ihn zum Arzt, wir lieben ihn, wir pflegen und kämmen ihn, damit er Champion einer Ausstellung wird – einen Preis gewinnt. Der Wettbewerb ist noch nicht erloschen. Aber ist das noch biologische Evolution, sich selbst organisierende und kontrollierende Natur?

Der Mensch hat aufgehört, sich seiner Umwelt anzupassen, er hat statt dessen begonnen, die Umwelt seinen Wünschen anzupassen.

Es gibt immer weniger Bereiche unberührter Natur. Täglich fressen sich Straßen weiter durch brasilianischen Urwald – täglich wird in Sibirien an Flugplätzen gebaut. Der Mensch verwandelt die Oberfläche seines Planeten. Weizenfelder, Schulhöfe,

Autobahnen und Müllhalden breiten sich aus. Die neugeschaffene, dem Menschen dienende Umwelt bringt die gewachsene Musterharmonie der Natur aus dem Gleichgewicht. Wir können diese Entwicklung nicht zum Stillstand bringen, nicht zurückkehren in eine »heile«, eine biologische Welt – das hieße, gegen Windmühlenflügel anzureiten. Das Rad der Evolution ist nicht aufzuhalten.

Unsere Aufgabe kann es nur sein, wieder harmonische Beziehungen zu schaffen zwischen der neuen, vom Menschen gestalteten Umwelt und einer in seine Hände gelegten Natur. So können wir Sorge tragen, daß die frühere Welt der Pflanzen und Tiere nicht vollends vernichtet wird. Eine einmal ausgerottete Art ist unwiederbringlich verloren. Die Vielfalt der genetischen Information ist der Reichtum vergangener Evolution, der uns heute anvertraut ist. Wir müssen genügend Raum für sie lassen – und nicht nur für Großwild und Menschenaffen. Auch die Fülle der Pflanzen, der Insekten, Korallenfische, Spinnen, und was sonst immer, sollte in geschützter Natur oder in dafür zu schaffenden Großanlagen erhalten bleiben. Wir sind nur ein Glied in der Kette der Generationen. Doch jedes Glied dieser Kette trägt die volle Verantwortung für den Reichtum der Zukunft.

Noch gibt es etwa ebenso viele Tiger in Freiheit (circa 3000) wie in Zirkussen und zoologischen Gärten. Aber die Zahlen ändern sich schnell. In hundert Jahren wird manche, uns heute noch ungefährdet scheinende Tierart – wenn überhaupt – nur noch unter menschlicher Obhut zu finden sein.

Mehr und mehr werden natürliche Arten von Tieren und Pflanzen verdrängt durch die Produkte unserer Saatgut-Anstalten und Tierzucht-Institute. Biologische Muster führen in riesigen Populationen als Monokulturen ein nicht mehr biologisch zu nennendes Dasein. Sie alle wachsen – sie alle leben nach menschlichem Willen.

Es ist abzusehen, daß die mühsamen und langsamen Zuchtverfahren der Vergangenheit abgelöst werden durch eine Manipulation der Erbinformation. Nachdem der Mensch die molekularen Grundlagen der Musterreplikation und damit das Prinzip des Lebens verstanden hat, geht er nun daran, diese Kenntnis in biologische Technologie umzusetzen. Statt zu züchten, wird er gewünschte Gene im Labor gewinnen und auf Pflanzen und Tiere übertragen. Im Rahmen einer Milliarden Jahre dauernden Evolution ist es dabei völlig gleichgültig, ob das nun in fünf oder erst in hundert Jahren Bedeutung erlangt. Ist solche Manipulation von Erbanlagen an Bakterien, an Rindern oder – als medizinisches Werkzeug – gar am Menschen selbst noch biologische Evolution?

In der ersten, *materiellen* Phase der Entwicklung wurden viele Moleküle gebildet – spontan gebildet. Andere Moleküle, viele neue, finden wir in Pflanzen und Tieren. Gehören sie zur materiellen Evolution? Sicher nicht. Diese Moleküle sind Produkte des Lebens, sind Produkte *biologischer* Evolution.

Und noch mehr neue Moleküle entstehen erstmalig auf diesem Planeten – sie entstehen in den Retorten unserer Chemiker. Materielle – biologische Evolution? Nein, diese Moleküle sind das Resultat menschlichen Forschergeistes. Sie sind materielle Produkte *intellektueller* Evolution.

So wie die Laborsynthese von Molekülen aber keine materielle Evolution mehr ist, muß auch die gezielte Kreuzung an Pflanze oder Tier und schon gar die Synthese von genetisch neuen Organismen der intellektuellen Phase der Evolution zugeschrieben werden. Überleben wird nicht mehr, wer in die bestehende Natur paßt, sondern wer dem Menschen paßt. Evolution gehorcht neuen Spielregeln.

Wir haben in Kapitel 11 gesehen, wie die Vermehrung der neuen biologischen Strukturen die molekularen Vorräte der Ursuppe bald erschöpfte. Die biologische Evolution war viel zu schnell, als daß die materielle Phase Schritt hätte halten können. Biologische Muster entzogen in ihrem Wirkungsbereich aller weiteren materiellen Evolution den Boden. Große Molekülmuster wie Polymere konnten dann gar nicht mehr entstehen, weil biologische Strukturen schon deren Bausteine für ihre eigenen Muster verbraucht hatten. Wo biologische Evolution den roten Faden übernahm, mußte materielle Evolution verlöschen.

Heute ist klar zu erkennen, daß sich auch dieses Phänomen beim Übergang zur intellektuellen Phase wiederholt. Auch der biologischen Evolution wird aller Boden entzogen – es wird bald keine ungestörte Natur mehr geben, in der sich neue Arten entwickeln könnten. Die vom Menschen gewünschten Tier- und Pflanzenrassen werden alle anderen verdrängen. Nur in Reservaten wird dann – hoffentlich – noch vom Menschen gepflegte, gehegte »Natur« existieren – ein *Museum* biologischer Evolution.

Sicher bleibt die Welt dabei weiter bevölkert mit Lebewesen vielerlei Art – der Mensch ist ja selbst ein biologisches Muster –, aber er ist mehr als das. Sein Gehirn ist die biologische Grundlage *intellektueller* Evolution. Biologische Prozesse werden nicht aufhören, aber mehr und mehr unter Kontrolle der intellektuellen Information ablaufen. Als vor vier Milliarden Jahren die biologische Evolution die materielle ablöste, verschwanden die Muster der materiellen Phase ja auch nicht von der Bildfläche. Im Gegenteil, materielle Muster wurden integriert – sie bildeten die substanzielle *Grundlage* aller zukünftigen Entwicklung. Sie wurden zu *Bausteinen* für biologische Strukturen. Ihre Synthese geriet unter die Kontrolle der genetischen Information.

Genauso werden im Wirkungsbereich der intellektuellen Information alle materiellen und biologischen Muster unter die Kontrolle des menschlichen Geistes gestellt. Die biologische Evolution wird dabei verlöschen. Die Gesetze der biologischen Phase – Mutation und Selektion, Artenbildung und Wettbewerb – verlieren ihre evolutionsbestimmende Gültigkeit. Sie werden abgelöst von Entwicklungs-Prinzipien einer neuen Phase. Intellektuelle Evolution trägt den roten Faden. Intellektuelle Information entscheidet über Schicksal, Rolle und Veränderung aller biologischen Muster.

Auch wenn der Mensch bisher erst wenige Industrieanlagen

im Meer errichtet hat, auch wenn sich Insekten noch eine Weile der Kontrolle des Menschen entziehen; der verbleibende Wirkungsraum biologischer Gesetzmäßigkeit wird ständig enger. Jetzt ist es die biologische Evolution, d. h. die Anpassung durch Zufallsänderung der Erbinformation, die viel *zu langsam* ist, der sich immer schneller verändernden Umwelt zu folgen. Den Eingriffen des Menschen gegenüber wird sie *bedeutungslos*. Auch wenn es manchem Biologen ein bitterer Gedanke sein mag – *die biologische Evolution ist am Ende.*

Wo sich die Muster der intellektuellen Phase entwickeln, werden alle biologischen Muster ausgerottet oder aufgesogen. Jetzt werden *sie* zu Bausteinen, zur substanziellen Grundlage für die Ausbreitung des neuen Informationssystems.

Es kann daher auf unserem Planeten auch keine zweite Tierart geben, die *neben* dem Menschen diese intellektuelle Entwicklung gestalten würde. Die Spezies der homines sapientes wird allein Träger des intellektuellen Systems bleiben. Wenn nämlich irgendwo z. B. Ratten beobachtet würden, die anfingen, Werkzeuge zu benutzen oder durch vielseitige Laute ihre Verständigung zu verbessern, würden sich diese sehr bald in einem Institut für Verhaltensforschung wiederfinden. Ihre weitere Entwicklung würde von Wissenschaftlern gesteuert und überwacht.

Aber kehren wir zum Vergleich der beiden Phasenübergänge zurück. Nachdem sich replizierende Muster entwickelt hatten, zehrte die biologische Evolution im hemmungslosen Rausch dieses Durchbruchs – so möchte man fast sagen – alle molekularen Vorräte der Ursuppe auf. Die materielle Evolution mußte dadurch verlöschen, sie war viel zu langsam, sie konnte keine Hilfe mehr leisten. Das Leben mußte sich auf eigene Füße stellen.

Und heute? Auch die ersten Schritte intellektueller Evolution sind nur mit Hilfe fossiler Energiequellen, mit Kohle und Öl möglich – mit Vorräten, angelegt durch die biologische Phase vergangener Evolution. Auch wir sind im hemmungslosen

Rausch eines Durchbruchs und wollen mehr Lebensgenuß, den wir – noch so befangen in unserer Vergangenheit – in mehr Industrieprodukten, mehr Wirtschaftswachstum suchen. Und mehr und mehr Menschen wollen mehr und mehr.

Vor diesem Hintergrund ist es von nur untergeordneter Bedeutung, ob die Ölvorkommen unseres Planeten noch für 40 oder gar für 80 Jahre ausreichen, ob unsere Kupferminen in 30 oder »erst« in 300 Jahren erschöpft sind. Alle Exponentialkurven unseres Konsums lassen erkennen, daß ein zweites Mal die Mitgift vergangener Entwicklung vom Wachstumsrausch aufgezehrt wird. Auch die intellektuelle Evolution muß bis dahin neue Wege finden, um ihre Existenz zu sichern. Wir sind gar nicht mehr so weit von diesem Tag entfernt.

Es gibt kein Zurück. Die Vorräte unseres Planeten sind begrenzt. Die Technik muß daher fortschreiten, neue Energiequellen erschließen – Kern-*Fusions*-Reaktoren und Sonnenstrahlen. Die Menschheit wird sie bald bitter nötig haben, um die Kreisprozesse in Gang zu halten, die Rohstoffe aus Abfall zurückgewinnen, um Kunstdünger zu schaffen und Traktoren laufen zu lassen, ohne die die meisten von uns recht schnell verhungern würden. Und doch ist *mehr* Technologie – die Flucht nach vorn – nur eine Überbrückungshilfe, keine wirkliche Problemlösung. Warum nicht?

Der einst winzige Mensch ist zum *Riesen* geworden. Sein Auge, sein Ohr reicht über den ganzen Erdball – sein Schritt trägt ihn aus dem Bereich der Schwerkraft unseres Planeten. Der Stein in seiner Faust hat sich in Atomkraft verwandelt. Mit ihr kann er Berge versetzen und – – – in wenigen Minuten die in Jahrtausenden geschaffene Kultur seiner Welt vernichten.

Das wird er früher oder später unweigerlich tun, wenn sein Denken in den Vorstellungen des Zwerges, der er war, verfangen bleibt – wenn er Ziele und Maßstäbe, geformt in fast noch biologischer Phase der Evolution, als Leitlinien seines Handelns beibehält, obwohl seine Hände die Kraft von Riesen gewonnen haben.

Wir leben in einer Welt tiefstgreifender überstürzender Umgestaltung – unsere Augen sehen neues Land, aber unsere Wünsche wurzeln im Gestern. Wissenschaftliche Fähigkeiten und technische Möglichkeiten sind bereits jenseits der zweiten Schwelle – unser moralisches Denken, unser sozialer Kodex, unsere Zielvorstellungen jedoch sind noch mitbestimmt von den Prinzipien der biologischen Phase. In dieser Disharmonie von gestrigem Wünschen und morgigem Können liegt der Grund für die zum Zerreißen gesteigerte Spannung der heutigen Menschheitssituation. *Das ist unser wahres Problem.*

Nie zuvor hatte der Mensch so viel Wissen, so viel Technik zu seiner Verfügung – aber auch nie zuvor bestand eine solche Verwirrung, solche Ratlosigkeit über Ziele und Wertvorstellungen. Zum erstenmal leben ganze Völker im Wohlstand. Aber die Entwicklung zur Industriegesellschaft bringt ihnen weder geistige Sicherheit noch einen optimistischen Blick in die Zukunft. Alle Zeichen stehen auf Sturm: weltweite Hungersnot scheint kaum mehr abwendbar – Unruhen, Revolutionen und Terror überall – und hinter allem droht als potenzierter Irrsinn der große Krieg – ein apokalyptisches Inferno unvorstellbarer Dimension. Lassen wir uns nicht täuschen von den gewohnten Panzerwagen und Kanonen, die unsere Militärfachleute immer noch für »lebens«wichtig halten – ein kommender großer Krieg ist kein Krieg wie frühere Kriege.

Die Probleme, die sich auf uns zuwälzen, können nicht mit den Mitteln der Vergangenheit bewältigt, nicht allein mit Technologie gelöst werden – sie können auch nicht durch Änderung nur des politischen Rahmens, d. h. allein durch diese oder jene Art von Demokratie überwunden werden. Wer sich an solche Hoffnungen klammert, hat die wahren Ursachen unseres Problems noch nicht verstanden. Politik betrifft nur die äußere Form, das Problem liegt tiefer. Die Krise der Menschheit ist eine geistige Krise.

Solange wir unser Denken nicht von Grund auf ändern, wird sich nichts ändern.

Solange auf diesem Planeten Gewalt herrscht, gibt es keine Lösung. Gewalt und Angst können nur gemeinsam überwunden werden, denn Aggression gewinnt ihre Wirkung allein aus der Begegnung mit der Angst.

Die Menschheit lebt in einem verzweifelt kleinen Raumschiff, das an allen Ecken und Enden biologisch nicht mehr – und intellektuell noch nicht – funktioniert, das nur stabilisiert werden kann, wenn sie Machtstreben und Besitzgier, die ewige Angst vor denen jenseits der Berge als geistige Überreste *biologischer Vergangenheit* erkennt. Diese Vergangenheit hängt an ihr wie ein Mühlstein, durch den sie zu ertrinken droht.

Die Instinkte und Triebe der Tiere waren arterhaltend und für deren Evolution sinnvoll und angemessen. Sie führten bis an die Schwelle der intellektuellen Phase, aber sie führen nicht weiter. Schon zweimal in der Evolution wurde das in der Vergangenheit so Nützliche zur tödlichen Gefahr für die Muster einer höheren Stufe:

Elektrische Entladungen, vulkanische Tätigkeit, Strahlen waren wichtige Faktoren beim Aufbau materieller Muster, aber sie wurden zur Bedrohung der biologischen Strukturen, sobald diese entstanden waren. Die jeweils neue Phase der Evolution braucht behutsamere, weniger grobe Mittel zu ihrer Entfaltung.

Das zweite Mal war es die früher so unentbehrliche Hemmungslosigkeit in der Replikation des Einzellers. Als der Vielzeller entstand, mußte das gestrige »Ich« in ein neues »Wir« umgewandelt werden. Auch damals mußten Zellen lernen, ihren Egoismus einem übergeordneten System einzufügen.

Wieder steht die Evolution in solcher Situation. Die biologische Phase geht zu Ende – auch für den Menschen. Das Prinzip des Totschlags der eigenen Art ist zur Existenzbedrohung für alle Kultur geworden. Es ist höchste Zeit, ihn wieder abzuschaffen.

Aber kann der Mensch seinem biologischen Schicksal entrinnen? Besteht überhaupt Hoffnung, gestriges Denken zu überwinden? Lehren uns nicht Verhaltensforscher ständig, daß der Mensch genetisch noch ein Tier sei, daß er uralte Drohgebärden und Beschwichtigungsgesten noch heute benütze, daß all seine Triebe und Wünsche – aus denen seine Zielvorstellungen wachsen – tief in genetischer Information verwurzelt seien? Ist es dann überhaupt möglich, über diesen Schatten zu springen? Kann der Mensch sich ändern?

Derartige Argumente stoßen deshalb auf so großes Interesse, weil sie eine herrliche Entschuldigung liefern, weil sie freizusprechen scheinen von Eigenverantwortlichkeit und Verpflichtung. Aber sie gehen aus zwei Gründen am Problem vorbei: Erstens, unsere Triebe stehen bereits heute weitgehend unter intellektueller Kontrolle. Zweitens, die Bedrohung unserer Existenz kommt gar nicht direkt aus dem animalischen Triebbereich, sondern aus dessen Verlängerung in eine – allerdings noch unvollkommen funktionierende – Zone intellektueller Entscheidungen. Zu beiden muß etwas mehr gesagt werden.

Zunächst sei zugestanden, daß erbbiologisch verankerte Triebe das Verhalten des Menschen immer noch mitbestimmen. Bedrohungen lösen Aggressionen, sexuelle Reize entsprechende Wünsche aus. Aber es ist ein fataler Irrtum zu glauben, derartige Triebe würden sich intellektueller Kontrolle entziehen. Es sind *Ausnahmefälle*, strafrechtlich verfolgte Entgleisungen, wenn eine Wirtshausdebatte in Schlägerei, ein Ehestreit in Mord, eine Kirmesbekanntschaft in Vergewaltigung endet. Bei den meisten von uns behält doch in den meisten kritischen Situationen der Verstand die Oberhand. Dieser Verstand hat überdies ein System gesellschaftlicher Kontrolle geschaffen, das den Rückfall in tierische Triebhaftigkeit nicht ungestraft geschehen läßt.

Wenn dieses System in heute schizophren gewordener Logik die Tötung von Menschen als verbrecherisch brandmarkt, sie jedoch im Ausnahmefall eines Krieges den Soldaten zur Pflicht macht, so ist auch das doch sicherlich kein Durchbruch der Triebsphäre gegenüber dem Verstand. Aber damit sind wir bereits beim zweiten Gesichtspunkt.

Niemand wird glauben, daß die Konstrukteure einer Wasserstoffbombe, die Generalstäbler, die deren wirkungsvollsten Einsatz planen, oder die Piloten, die diese Bombe schließlich abwerfen würden, in einer Aufwallung animalischer Aggression handeln. Die Bedrohung menschlicher Existenz liegt nicht in spontaner Triebhaftigkeit, sondern in kalter Entscheidung des berechnenden Verstandes. Doch dieser Verstand denkt in Schablonen, die mit der Perfektion heutiger Technik sinnlos geworden sind.

Natürlich sind Habgier, Machtstreben und Angst angesiedelt in der Übergangszone von biologischem zu intellektuellem Bereich. Aber diese menschlichen Regungen sind intellektuell manipulierbar. Man kann Wünsche erwecken und Ängste erzeugen. Das ist leicht, weil man dafür nur Vergangenes wachzuhalten braucht. Deren Abbau ist sicherlich mühevoller, aber nicht unmöglich. Er verlangt keineswegs eine Umgestaltung menschlichen Erbguts.

Zu alledem sind nicht sämtliche menschlichen Triebkomponenten negativ für die Zukunft. Die altruistische Fürsorge von Eltern, die Hilfsbereitschaft Artgenossen gegenüber, Geduld und Tolerierung des tolpatschigen Unfugs von Kindern sind ebenfalls genetisch fixierte Attribute des Menschen, die der Arterhaltung förderlich waren. Es geht darum, ihren Anwendungsbereich auszudehnen.

Der Mensch ist keine Fehlkonstruktion, seine Entwicklung hat nicht in eine hoffnungslose Sackgasse geführt. Das große Problem, vor dem die Menschheit steht, nämlich das unvereinbare Nebeneinander von gestrigen Denkmaßstäben und morgiger Technologie, ist ein zwangsläufiger Übergangszustand, der unvermeidbar war: Ohne seine genetisch bedingte Triebhaftigkeit stünde der Mensch nicht an der Schwelle zu einer gänzlich neuen Welt. Und weil das moralische Denken von der breiten Masse der Menschheit getragen, die technische Entwicklung aber nur von wenigen vorangetrieben wird, mußte eine solche Situation entstehen. Wegen der breiten Trägerschaft entwickeln sich Denkgrundlagen einfach viel langsamer als technische Möglichkeiten. Der technische Fortschritt ist das Werk weniger – ein moralischer Fortschritt verlangt die Einsicht vieler.

Wenn allerdings der Mensch nicht erkennt, wie sehr die Entwicklung der Technik die Grundlagen seiner Existenz verändert hat – wenn er in dieser Notlage nicht bereit ist, Grundpfeiler bisherigen Denkens umzuwerfen, mag das für lange Zeit ein Ende aller Kultur auf diesem Planeten bedeuten. Der erste Versuch, die intellektuelle Phase der Evolution zu erreichen, wäre dann durch Selbstzerstörung gescheitert.

Doch dies wäre nicht das Ende aller terrestrischen Evolution. Die wenigen überlebenden Menschen würden von vorn anfangen – vielleicht zehntausend oder tausend – vielleicht nur hundert Jahre zurückgeworfen. Im allerschlimmsten Fall müßte die biologische Phase einen gänzlich neuen Anlauf nehmen. Vielleicht wären es dann Ratten oder Delphine, die in 50 bis 100 Millionen Jahren wieder vor der zweiten großen Schwelle stünden.

Dieser zweite Anlauf würde mit Sicherheit stattfinden, denn es ist – zumindest auf dem heutigen Stand unserer Vernichtungstechniken – nicht zu erwarten, daß *alles Leben* auf diesem Planeten ausgelöscht werden könnte. Dazu ist die Vielfalt der Lebensformen zu groß. Vom Standpunkt der Evolution im ganzen aus gesehen, ist das Schicksal der jetzigen Menschheit also relativ nebensächlich – vielleicht ein mißglückter, aber ein wiederholbarer Versuch.

Für uns heute lebende Menschen allerdings – für unsere Kinder und Kindeskinder – hat die Alternative »Massenvernichtung oder Stabilisierung« eine zentrale Bedeutung. Die Zukunft liegt in unseren Händen.

Lassen sich Einsicht und Humanität, Vertrauen und Toleranz – die Eigenschaften des Menschen einer intellektuellen Phase – schnell genug verbreiten? Sind genug von uns bereit, sich dem Wesentlichen zu widmen, dafür persönliche Opfer zu bringen und anstelle der eigenen Angst Vertrauen zu entwickeln?

Nur gemeinsam können wir den so häufigen, den so verbreiteten »Es-hat-ja-doch-alles-keinen-Sinn«-Pessimismus überwinden, mit dem die Bequemen sich immer wieder vor sich selbst entschuldigen und von aller Verantwortung freisprechen, um ihr jetziges Leben nicht ändern zu müssen.

Die intellektuelle Phase erfordert den »wahrhaft humanen« Menschen. Das bedeutet, der Mensch muß lernen, *verantwortlich für alle Menschheit zu denken.*

Er muß zu dem werden, was er schon lange träumt zu sein. Die Aufgabe ist riesenhaft – riesenhaft wie die Wirkung intellektueller Information. *Der Mensch muß begreifen, daß er vor einer neuen Phase der Evolution steht. Die einzig vergleichbare Situation liegt Milliarden Jahre zurück.*

21

Frei ist nur der, der sich aus eigener Entscheidung der Vernunft unterstellt.

Spinoza

Spielraum durch Abhängigkeit

Unsere Darstellung der Evolution hat das »Heute« der Entwicklung erreicht. Wir haben die kritische Schwelle gesehen, an der unsere Menschheit steht. Es ist ungewiß, ob der Mensch diese Periode der Instabilität überleben wird oder ob es eines neuen Anlaufs bedarf, die dritte Phase der Evolution zu erreichen. In jedem Fall ist es der Mühe wert, unseren Blick nach vorn zu wenden und zu versuchen, den bisherigen Verlauf der Evolution in die Zukunft zu projizieren.

Vielleicht scheint manchem ein solcher Versuch eine schiere Vermessenheit. Ist Evolution nicht ein *historisches* Geschehen, dem Zufälle und – in seiner dritten Phase – auch menschliche Willensentscheidungen zugrunde liegen? Wie kann eine derartige geschichtliche Entwicklung vorausgesehen werden?

Zunächst ist es wichtig zu erkennen, daß Prognosen auch bei einer Mitwirkung von Zufall möglich sind, nämlich dann, wenn das Geschehen innerhalb eines Rahmens von Randbedingungen verläuft. Zwei Beispiele sollen diese Behauptung veranschaulichen:

Beim wiederholten Werfen eines Würfels kann niemand prophezeihen, *wann* die erste Sechs fallen wird, aber man kann mit Sicherheit voraussagen, *daß* dies irgendwann einmal geschehen wird.

In gleicher Weise ist der Tod am Ende jedes menschlichen Daseins ein sicheres Ereignis, auch wenn Zufälle darüber entscheiden, wann und wo und aus welchen Gründen dieses im Einzelfall eintreten wird.

Es ist der Systemzwang der inneren Bedingungen, der trotz Zufalls gewisse generelle – nicht detaillierte – Prognosen gestattet. So weit – so gut, mag man sagen, aber wir wissen noch nicht genug von diesen Bedingungen, die die Evolution unseres Planeten in der intellektuellen Phase gestalten. Ist damit nicht jeder Versuch einer Vorausschau zum Scheitern verurteilt?

Wir haben im bisherigen Verlauf des Buches wissenschaftlich gedacht und argumentiert. Sind wir jetzt gezwungen, die Wissenschaft zu verlassen und uns in den Bereich der Science fiction zu begeben?

Lassen Sie uns ein wenig von der Methode wissenschaftlichen Vorgehens betrachten:

Alle Naturwissenschaft stützt sich auf die Grundvoraussetzung der Einheitlichkeit, Kontinuität, Universalität, Stetigkeit der Natur – kurz auf die *Berechtigung zur Verallgemeinerung*. Ohne diese tausendfach in der Praxis bewährte Einheit der Natur wäre keine Wissenschaft, ja überhaupt kein sinnvolles Denken möglich.

Da mißt z. B. der Physiker M. irgendwo in Californien 1930 die Elementarladung einiger Elektronen. Sein Ergebnis wird an ein paar mehr Elektronen an anderem Ort von den Physikern B. und F. und in einem dritten Institut von L. und H. bestätigt. Diese »Stichproben« genügen für die Verallgemeinerung, daß *alle* Elektronen an *allen* Stellen unseres Planeten – und darüber hinaus an allen Punkten des *Universums* zu *allen* Zeiten die gleiche Ladung (von $e = 1{,}602 \times 10^{-19}$ Coulomb) tragen. Solange keine Beobachtungen vorliegen, die dieser Annahme widersprechen, benutzen alle Physiker diesen Wert für ihre Berechnungen und Überlegungen.

Ein zweites Beispiel: Die Biologie beschreibt etwa 1,6 Millionen verschiedener Tier- und Pflanzenarten. Die Gültigkeit der molekularen Vererbungsmechanismen wurde bisher sicher nicht an mehr als an 1000 Arten (und in den allermeisten Fällen davon nur sehr bruchstückhaft) nachgewiesen. Dennoch sind Biologen davon überzeugt, daß *alle* Lebewesen unseres Planeten die gleichen Molekularvorgänge zur Weitergabe ihrer Eigenschaften benutzen. Solange kein Organismus entdeckt wird, der nachweislich molekular anders funktioniert, wird also aus wenigen Stichproben auf die Gesamtheit geschlossen.

Wenn irgendeine Abhängigkeit gemessen wird, so liegen zunächst nur Meß*punkte* vor (vgl. das erste der drei folgenden Diagramme). Diese werden jedoch in allen Zweigen der Wissenschaft durch eine Kurve verbunden. Darin kommt die Annahme einer Kontinuität zum Ausdruck, d. h. die Annahme, daß auch weitere stichprobenartige Messungen demselben Abhängigkeitsgesetz folgen würden (zweites Diagramm).

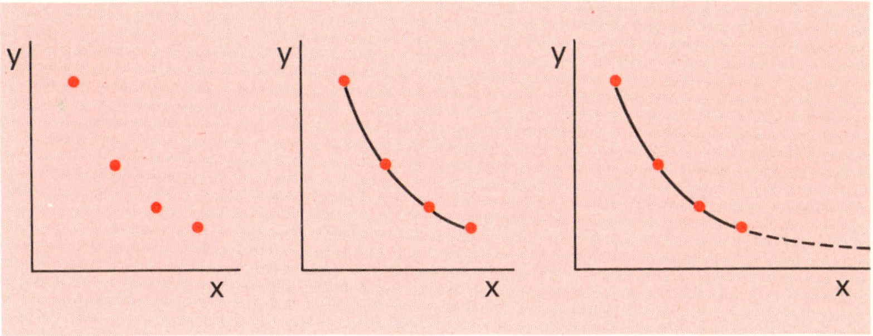

Die Wissenschaft »extrapoliert« sogar über den gemessenen Bereich hinaus. D. h. die Verlängerung der Kurve nach dem gleichen Abhängigkeitsgesetz wird als wissenschaftliche Erwartung akzeptiert, solange eine Messung dort nicht möglich ist und keine Argumente vorgebracht werden können, warum sich in dem Extrapolationsbereich das Abhängigkeitsgesetz ändern sollte (drittes Diagramm).

Eine Begründung wird also verlangt für die Behauptung, die Kontinuität sei unterbrochen, nicht für die Annahme einer gleichbleibenden Fortsetzung der Abhängigkeit. Bis zum Beweis des Gegenteils gilt diese als beste wissenschaftliche Lösung.

Ob es die Drehung des gesamten Himmelsgewölbes um unsere Erde war oder der böse Zauber, der einen Menschen krank werden ließ, eine ganze Stadt vernichtete – überall dort, wo der Mensch die Zusammenhänge des Geschehens nicht verstand, ersetzten seine Vorurteile das fehlende Wissen.

Wenn man die wissenschaftliche Methode der Extrapolation auf die Evolution anwendet, gelangt man in Bereiche, die noch durch menschliche Vorurteile besetzt sind. In Fragen der Soziologie, der Menschheitsentwicklung, hält sich nämlich jeder für kompetent, Urteile abzugeben, und bemerkt gar nicht, wie weitgehend dies nur auf Emotionen gewachsene Vorurteile sind. Wie immer in der Geschichte menschlicher Vorurteile beruft er sich dabei auf Erfahrung oder unmittelbare Anschauung.

Will man jedoch das Problem der Menschheitszukunft *naturwissenschaftlich* behandeln, so kann man – bis zum Beweis einer Diskontinuität – nur davon ausgehen, daß die bisher seit Milliarden von Jahren in aller Natur wirkende Gesetzmäßigkeit auch in Zukunft gültig bleibt.

Evolution ist ja nicht nur ein historischer Prozeß, sondern auch ein naturgesetzliches Geschehen, das systemimmanenten Beschränkungen unterliegt. Evolution wächst nach ständig gleichem Grundprinzip aus einer vorgegebenen kosmischen Anfangssituation unter dem Zwang der Eigenschaften der Materie und der daraus entstehenden Muster.

Was aber ist dieses Grundprinzip, auf dessen Kontinuität bauend, zukünftige Evolution gesehen werden kann?

Es ist die immer wiederkehrende Zusammenfassung von bisher unabhängig nebeneinander Existierendem zu komplexeren Mustern – zu neuen Ganzheiten höherer Stufe – zu Ganzheiten größerer Wirkungspotenz.

Wir sind diesem Grundprinzip wieder und wieder begegnet. Wir haben es »Integration« genannt.

Wir wollen das so fundamentale Phänomen der »Integration« ein letztes Mal analysieren und beschreiben: Wir betrachten dazu einige unabhängige Einheiten. Eine Integration bahnt

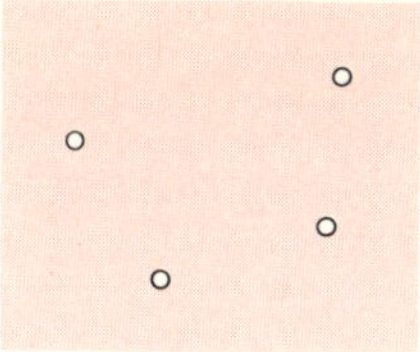

sich an, wenn diese Einheiten zueinander in Beziehung treten, wenn sich Abhängigkeiten, Wechselwirkungen ergeben, wenn Verbindungen entstehen. Als Folge solcher ersten Verknüpfungen kommen weitere Wechselbeziehungen zustande. Dabei wird

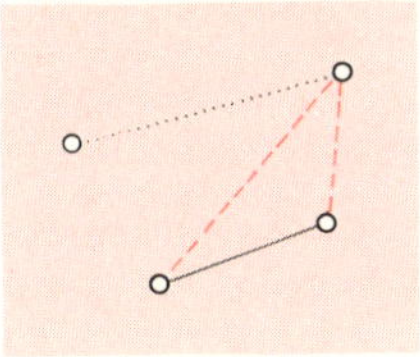

die Entwicklung der einzelnen Einheiten zunehmend beeinflußt durch die Art dieser Wechselwirkungen und durch die Eigenschaften der Partner. Paßformen entstehen, die diese berücksichtigen. Die früher selbständigen Einheiten werden mehr und mehr zu sich einpassenden Bausteinen, denn sie geraten in immer größere Abhängigkeit voneinander und werden schließlich völlig eingebunden in eine neue Ganzheit, der sich auf höherer Ebene neue Möglichkeiten eröffnen. Das ist das sich ständig wiederholende Grundprinzip der Natur.

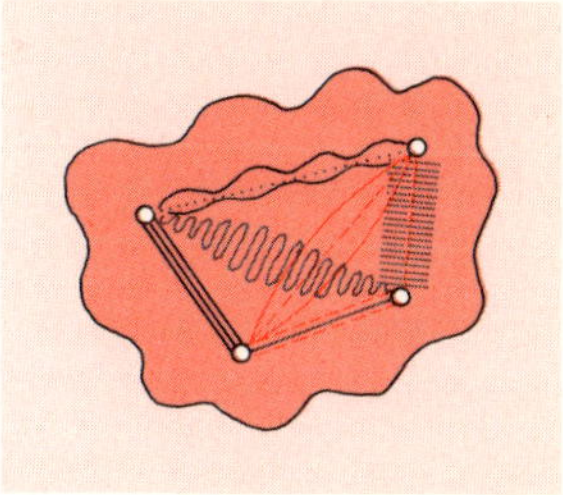

Begriffe wie Unabhängigkeit und Individualität haben in unserem Denken einen so hohen Positivwert, daß manchen unter uns eine Beklemmung erfaßt, wenn er ahnt, daß diese Darstellung der Integration künftige Menschheitsentwicklung beschreibt. Eine solche spontane Ablehnung wird sich aber bei näherem Hinsehen als grundlos erweisen.

Die schon längst begonnene Verflechtung, die wachsende wechselseitige Abhängigkeit innerhalb der Menschheit und die damit verbundene Freiheitsbeschränkung ist nämlich – so paradox das zunächst klingt – gerade die Ursache der Vergrößerung des menschlichen Freiheitsraumes.

Die zunehmende Abhängigkeit jedes Menschen von anderen Mitgliedern der Gesellschaft ist einfach eine Tatsache. Sie begann in früher Menschheitsgeschichte mit der Spezialisierung des einzelnen auf bestimmte Tätigkeiten – mit der *Arbeitsteilung.* Diese wurde zum Ausgangspunkt aller Steigerung von Arbeitsproduktivität und führte im Laufe der Kulturgeschichte zu einem ganzen Spektrum verschiedener Berufe. Jeder von uns ist dadurch tausendfach abhängig geworden von der Arbeit anderer. Wie lebten wir ohne Elektrizität – ohne Transport von Gütern – ohne Abfallbeseitigung? Wie lebten wir, wenn jeder seine Nahrung selbst anbauen, alle Gebrauchsgegenstände selbst herstellen würde?

In steigendem Maße kommen internationale Abhängigkeiten dazu. Technisches Wissen und Rohstoffbedarf führen zu erdumspannender Vernetzung. Die weltweite Wirtschaftsverflechtung und ihre ständige Zunahme sind leicht abzulesen an den Statistiken des Welthandels. Wachsende Abhängigkeit also zunächst auf individueller, dann regionaler und heute auch auf internationaler Ebene.

Der Wunsch nach dem besseren Leben – der Wunsch, teilzuhaben an den Wohlstandsprodukten menschlichen Erfindungsgeistes, führt uns alle in ständig größere Abhängigkeit. Vor der Wahl zwischen Abhängigkeit im Wohlstand oder Armut in Unabhängigkeit entscheidet sich der Mensch unbewußt – in grauer Vorzeit – für Arbeitsteilung und – heute – für Wirtschaftsverflechtung. Die Integration schreitet fort.

Die Industriegesellschaft, die uns allen ein leichteres und bunteres Leben ermöglicht, muß ihrerseits vom einzelnen eine Einfügung in das System verlangen. Ohne solche Auflagen würde das Funktionsnetz und mit ihm aller gewonnene Spielraum des Menschen sofort zusammenbrechen. So leben wir mit Sozialabgaben, Lohn-, Grund- und Gewerbesteuern, mit Schulpflicht, Parkverboten und roten Ampeln, mit polizeilicher Meldepflicht und Führerschein-Prüfungen. Auch dies sind Folgen der Integration, die der frühe Mensch nicht kannte. Aber diese Schranken unserer Freiheit sind nicht nur Folge, sondern zugleich *Grundlage* des wachsenden Spielraums. So ist z. B. das

Auto ein Resultat von Zusammenarbeit, also von Abhängigkeit, an die man jedesmal erinnert wird, wenn die Benzinanzeige gegen null geht. Um sicher ans Ziel zu kommen, müssen wir uns den Beschränkungen unserer Freiheit durch Verkehrsvorschriften fügen. Jeder vernünftige Mensch sieht, daß sie eine notwendige Konsequenz des vergrößerten Spielraums sind, ohne die dieser Spielraum sofort zusammenbräche.

Es ist eine Automatik des Systems, die die Menschheit ohne bewußte Entscheidung zu immer stärkerer Vernetzung bringt. Denn gerade dadurch wächst unser Spielraum. Auch wer sich den Modeströmen der Masse entzieht, wer sich durch und durch als Individuum fühlt, muß sich bewußt sein, vom Netz der Gesellschaft getragen zu werden – im Materiellen wie im Geistigen.

Die Entwicklung der Menschheit erfolgt in sich-selbstbeschränkender Freiheit. Um das gesellschaftliche Gefüge als Ganzes funktionsfähig zu erhalten, brauchen wir Schranken durch Staat und Gesetz, die die egoistischen Willkürhandlungen des einzelnen unterbinden. Auf der anderen Seite braucht der einzelne Freiraum und Möglichkeiten für individuelle Tat, für neue Ideen. Nur sie sind – wie im biologischen Bereich die Mutationen – die Keime für weitere Entwicklung des Ganzen. Nur sie schaffen morgen den vergrößerten Spielraum für alle.

Die bisherige Betrachtung mag den Eindruck erweckt haben, es ginge vorrangig um Industrieprodukte und materielle Zusammenarbeit. Die eigentliche Grundlage der Entwicklung sind jedoch die geistigen Wechselwirkungen. Hier findet die entscheidende Verflechtung statt.

Seit der Entstehung von Sprache haben sich menschliche Gehirne in zunehmendem Maße beeinflußt. Sie haben ihre Begriffe durch Sprache einander angepaßt und dadurch Wissen weiterreichen, Ideen austauschen können. Kunst und Wissenschaft sind so zum gemeinsamen Kulturgut aller Menschheit geworden. Diese *intellektuelle* Integration ist der wesentliche Prozeß der Entwicklung.

Wieder mögen einige Sorge haben, ob solche Vernetzung nicht schließlich zum Ende aller Individualität führen müßte. Werden wir nicht heute schon alle geistig einfach aufgesogen und dem System angepaßt – werden wir nicht alle überschüttet mit den gleichen Druckerzeugnissen und Fernsehsendungen? Konsumieren wir nicht die gleiche geistige Kost – so, wie wir gleiche Industriewaren verbrauchen? Hat schon jemals zuvor ein derartiger Druck von intellektueller Gleichmacherei auf der Menschheit gelastet? Wohin anders kann das führen als zur totalen Auslöschung aller Individualität?

Auch diese Argumentation wäre unüberlegt, das genaue Gegenteil ist der Fall. – Wieso? Nun, Individualität besteht doch wohl in der Besonderheit des einzelnen, in seiner Unterscheidbarkeit von anderen. Von jeher haben aber Menschen der gleichen Epoche gleiches gewußt – ähnlich gedacht, gefühlt und gehandelt. Jeder frühe Jäger kannte die Technik, ein Mammut zu überwältigen. Bei den Sammlern wußte jeder, welche Beeren giftig waren und wo man mit Aussicht auf Erfolg nach Engerlingen graben konnte. Der Existenzkampf des frühen Menschen ließ für Individualität kaum Platz. Was man überhaupt wußte, wußte praktisch jeder. Jede Fähigkeit war weit verbreitet und das Verhalten in strengen Stammesriten festgelegt. Erst mit wachsender Vernetzung der Gemeinschaft, mit zunehmender Arbeitsteilung gewann der Mensch ein bißchen Muße für Ästhetik, für nicht unbedingt Notwendiges, für sich selbst – also für Individualität.

Seitdem hat sich das Gesamtwissen der Menschheit so ungeheuer vermehrt, daß nur ein winziger Bruchteil davon im einzelnen Gehirn Platz findet. Dadurch werden Menschen mehr unterscheidbar als früher. Der eine weiß viel über das mittelalterliche Theater Italiens, ein anderer über die Geschichte der russischen Revolution, ein dritter über brasilianischen Fußball – wieder andere über das Funktionieren von Hochöfen oder Zusammenhänge des Wirtschaftsgeschehens, über die Kunst der Tlingit-Indianer, über 12-Ton-Musik, über Gemeinsamkeiten der Weltreligionen oder das Brutverhalten von Pinguinen, über die veränderte Rechtsprechung im neuen China oder die Quecksilbervorkommen der Welt, über Rosenveredelung, die Lieder der Minnesänger oder die Erkrankungen des menschlichen Auges. Und niemand weiß alles, was »man« auf einem Gebiet weiß. Jeder Interessierte kann heute Experte für ein Spezialgebiet werden, von dem dann niemand in seiner Umgebung so viel versteht wie er.

Aber Individualität liegt nicht nur im Wissen. Man kann auch aus Stoffresten Puppen nähen, Briefmarken sammeln oder die Kultur chinesischer Küche erlernen – man kann Bratsche, Schach oder Tischtennis spielen, wandern oder Steine schleifen. Man kann Literat oder Liberaler, Kegelbruder oder Kleingärtner sein – und auch all dies zugleich. Der wachsende Spielraum des Menschen schafft *mehr* Platz, mehr Zeit für Individualität – nicht weniger.

Mit zunehmender Integration wird der Mensch also nicht zu einer intellektuellen Ameise. Im Gegenteil, die Vernetzung öffnet immer weitere Freiräume und bewirkt so ein ständiges Wachsen dieses tausendfältig schillernden, sich immer weiter differenzierenden Riesenmusters »Menschheit«.

Die Integration der menschlichen Einzelwesen zu einer komplexen Einheit höherer Ebene ist also in vollem Gange. Wir sind schon soweit Teile dieses übergeordneten Systems geworden, daß die meisten von uns ein isoliertes Robinson-Crusoe-Dasein nicht lange überleben würden. Und selbst Robinson stützte sich auf Werkzeuge und Gewehre, auf eine Mitgift der Gesellschaft also, von der ihn ein Zufall abgetrennt hatte.

Alles spricht dafür, daß die Prinzipien der bisherigen Evolution noch volle Gültigkeit besitzen. Wenn diese Menschheit also genügend Einsicht entwickelt und es ihr gelingt, Selbstzerstörung zu vermeiden, wird sie aus dem inneren Zwang des Systems heraus die begonnene Integration fortsetzen in Richtung auf eine in sich harmonische Ganzheit.

Aber diese Integration, vor vielen tausend Jahren begonnen und keineswegs abgeschlossen, ist viel mehr als eine Vernetzung der *Menschen.* Alle materiellen und biologischen Strukturen des Planeten werden in das intellektuelle System *»Menschheit«* einbezogen – *alle*!

Die *biologische* Evolution verlischt, wie wir gesehen haben. Pflanzen und Tiere, die unsere Nahrung bilden, die uns erfreuen, werden zu *Teilen des Systems.* Es sind Bausteine, die im Netz der Integration ihre Rolle haben und von ihm erhalten werden. Wie Kartoffeln und Katzen, Rinder und Rosen, Weizen und Wellensittiche schon längst zu solchen Bausteinen unseres Daseins geworden sind, wird schließlich *alle* Kreatur in dieses *planetarische Riesenwesen* integriert.

Alle Muster unserer Erdkugel werden dann zu einem riesigen »intellektuellen Organismus« verbunden sein – zu einem einzigen! Um dessen Singularität zu betonen, wollen wir solche Struktur ein *»MONON«* nennen.

Das Nachrichtensystem des Planeten ist das »Nervennetz« des Monon. Pflanzen, Tiere, Bergwerke und Fabriken sind seine »Organe«, die Menschheit mit Museen, Theatern, Konzertsälen, Behörden, Bibliotheken, Computern und Gotteshäusern ist der allessteuernde Träger seines Wissens und Fühlens.

Wir denken – sicher zu Recht –, daß Menschen mehr Gefühle besitzen als Tiere. Ästhetik – Schönheitssinn sind typisch menschliche Attribute. Die Logik des Gehirns ist *gemeinsam* gewachsen mit der Tiefe der Empfindung. Religion, Kunst und Wissenschaft sind keine Gegensätze, sondern sich ergänzende Teile des kommenden Systems. Auch Gefühle sind Muster – Musik ist Muster – und Bilder, Gedichte! Das Monon ist also kein Supercomputer. Sein Wesen ist die Harmonie von Vernunft und Gefühl.

Die individuelle Existenz des Menschen wird im Monon eine heute unvorstellbare Steigerung erfahren. Überall in der Evolution führt die Entwicklung ja zu größerem Musterreichtum, zu wachsender Mannigfaltigkeit und Strukturierung. Überall differenziert sich zunächst Gleiches oder Ähnliches durch ständige Wechselwirkung zu einer Fülle schillernder Vielförmigkeit. Beschleunigt zunehmende Vielfalt, nicht etwa Einebnung oder Gleichmacherei ist die immerwährende Tendenz der Musterwirkung. Nirgendwo in der Evolution wird aus Verschiedenem Gleiches!

Der Mensch als integrierender Teil des Monon wird also in weit gewachsener Freiheit, gesichert durch das Netz der von allen für das Ganze getragenen Verantwortung, diesen Reichtum individueller Verschiedenheit nicht etwa nur tolerieren und respektieren, sondern diese Individualisierung mit all seinen Kräften weiter zu steigern trachten. Maximales Wachsen harmonischen Musterreichtums wird im Monon die Zielrichtung aller Anstrengung sein.

Wissenschaftlich formuliert ist das Monon das Resultat der abschließenden, alles-umfassenden Integration der Evolution eines Planeten. Das Monon ist ein gigantisches, historisch gewachsenes Muster, aufgebaut auf biologisch-organisierter Materie. Es ist eine überindividuelle Ganzheit, deren Organe (Teilmuster) untereinander und zum Ganzen in kooperativer Beziehung stehen. Alle Aktivitäten im Innern und nach außen sind unter der Kontrolle eines kohärenten Netzwerks intellektueller Information.

Der Begriff »Monon« bezeichnet also – wie etwa der Begriff »Tier« – einen *generellen* Zustand hochentwickelter Musterkomplexität. Die mögliche Vielfalt der Einzeleigenschaften solcher Struktur ist unermeßlich und *ebensowenig voraussagbar* wie die speziellen Eigenschaften eines »Tieres«, das ja ebensogut eine Libelle wie eine Giraffe sein mag. Solche Einzelheiten sind das Resultat des vom Zufall mitbestimmten, historischen Entwicklungsprozesses.

Andererseits gibt es generelle Eigenschaften, die aus Systemzwängen erwachsen. Die wichtigste von ihnen ist sicherlich die vielschichtige innere Harmonie des Monon, also der erfolgreiche Ausgleich aller inneren gegensätzlichen Tendenzen. Das Monon *muß* nämlich zur Gewinnung von Stabilität die Gegensätze des biologischen Kampfes ums Dasein, die im Egoismus, dem Machtstreben und der Aggression von Gruppen und Völkern fortgesetzt wurden, überwunden haben. Ohne solche Stabilisierung ist eine »Gesellschaft intellektueller Wesen«, wie z. B. die unsrige, noch kein Monon. Denn ohne Harmonisierung wäre ihre Existenz nur von kurzer Dauer.

Die Gewaltanwendung der biologischen Phase und die technischen Möglichkeiten der intellektuellen Phase können höchstens in einer kurzen Übergangsperiode nebeneinander existieren.

Auf längere Sicht ist diese Kombination mit Sicherheit tödlich für die intellektuelle Entwicklung eines Planeten. Das, was wir »Integration« genannt haben, ist im Grunde gleichbedeutend mit dieser »Harmonisierung«, d. h. der Überwindung biologischer Vergangenheit.

Der Begriff »Monon« charakterisiert den endgültigen Durchbruch in diese intellektuelle Phase der Entwicklung. Wie immer es auch anfing, welche Muster – welche Verzweigungen sich auch durch Zufall auf einem Planeten bildeten – solange materielle zu biologischer Evolution führt – solange biologische in intellektuelle Evolution mündet – wird ein einziges Riesenmuster das Resultat dieser Entwicklung sein – *ein einziges*!

Ist das das Ende aller Evolution?

22

Je mehr der Mensch zum Menschen wird, um so unbedingter wird er fordern, daß er sich nur nach etwas grenzenlos und unzerstörbar Neuem hinbewegt.
Teilhard de Chardin

Perspektiven

Wettbewerb begann mit den ersten Anfängen des Lebens. In der vorbiologischen Evolution gab es Musterwachstum, gab es stabile und weniger stabile Muster, aber es gab keine Konkurrenz. Wettbewerb war die automatische Folge des Lebensprinzips, der Selbstreplikation von Mustern. Nicht alle Muster konnten überleben, welche würden es sein?

Größere Geschwindigkeit und Genauigkeit der Replikation waren die ersten Resultate des Wettbewerbs. Dann ging es um den wirkungsvolleren Stoffwechsel, um einen Weg aus der Krise der Energieknappheit. Später war wichtig, wer das Weibchen eroberte, wer genug Lebensraum für die Art gewann.

Immer wieder Wettbewerb. Nur so, nur durch Selektion des Passenderen war die Entstehung des Gehirns möglich. Damit begann die Konkurrenz um die bessere Reizverrechnung, um Speicherfähigkeit – der Wettbewerb um größere Intelligenz.

Aus diesem Meer von Wettbewerb stieg der Mensch. Er trug den Totschlag in die eigene Art und wurde so zum Werkzeug der eigenen Selektion. Die intelligentere Horde überlebte. Um geübt zu sein für Jagd und Krieg, mußte man Spaß am Herumraufen haben, Spaß am Überlegensein und Spaß, das zu erproben. Rauflust und Ehrgeiz, Spaß am Wettstreit waren Selektionsvorteile.

Aus lauter Spaß am Wettbewerb erfand der Mensch den Sport. Er verband den Spaß am Wettbewerb mit seinem Streben nach Wohlstand. Das Resultat nennen wir Marktwirtschaft.

Wettbewerb um Anerkennung, um Einfluß – in Politik, im Beruf, im Liebesleben. Die Menschheit verdankt ihren jetzigen Stand allein diesem Wettbewerb – auch wenn der Spaß daran oft genug verlorenging.

Aber in Zukunft?

Alle Muster des Planeten sind zu einem Monon vereinigt. Teile einer Ganzheit stehen nicht im Wettbewerb. Die Leber konkurriert nicht mit der Milz. Ohren ergänzen Augen. Herz, Lunge und Gehirn kooperieren zum Wohle des Ganzen. Das Monon ist ein intellektuelles Wesen. Seine Entwicklung liegt im Geistigen. Es geht nicht mehr um materielle Dinge. Diese Probleme sind im Zusammenwirken aller für alle harmonisch gelöst, zur selbstverständlichen Nebensächlichkeit geworden. Diese Welt der Ideen kann keine Welt des Wettbewerbs im biologischen Sinne mehr sein. Beethoven steht nicht in Konkurrenz zu Bach, Hölderlin nicht im Wettstreit mit Planck.

Die Muster von Ideen sind keine voneinander isolierten Ganzheiten wie biologische Wesen. Jede Idee wurzelt in vielen anderen Ideen – steht in Wechselwirkung mit ihnen. Die Idee der Religionen, des Kommunismus, die Idee der Evolution, sie alle unterliegen ständiger Wandlung – ständiger Erneuerung durch Kontakt mit anderen Ideen, mit der immer wachsenden Erfahrung einer wissend werdenden Menschheit. Gerade das erlaubt so viel schnellere Entwicklung. Nichts ist schädlicher für eine Idee, als sich von anderen abzugrenzen, als eingeschnürt zu werden im Korsett eines Dogmas. Eine dogmatisch festgeschriebene Idee ist, wie ein Organismus ohne Mutationen, zum Aussterben verurteilt. Andere werden sich weiterentwickeln und sie verdrängen. Nur ein einziges Dogma kann und muß im Monon existieren, nämlich daß es keine Dogmen geben darf.

Aber allein – ohne Gegenspieler – ohne Wettbewerb – wie kann ein Monon sich weiter entwickeln – wie seine Degeneration verhindern? Stehen wir nicht doch am Ende *aller* Evolution?

Zwischen Hühnern und Schimpansen besteht ein gewaltiger intellektueller Unterschied. Man mache folgendes Experiment: Dem hungrigen Tier wird ein sichtbar lockendes Futter geboten, das aber nur auf Umwegen zu erreichen ist. Was tut das Huhn? Es rennt erregt vor dem Zaun hin und her und merkt nicht, daß dieser seitlich zu umgehen ist.

Was tut hingegen der Schimpanse? Er setzt sich hin, betrachtet die Situation. Erst dann klettert er, schwingt sich zielstrebig mit dem Seil auf die andere Seite, kriecht durch das Loch und – hat die Banane erreicht.

Er hat gedacht. Er hat sich vorgestellt, er klettere hier – das geht nicht weiter – er klettere da – das geht auch nicht – aber dort, ja auf diesem Umweg ... und dann erst setzt er sich in Bewegung. Der Schimpanse hat die möglichen Varianten des Ereignisablaufs in seinem Gehirn *simuliert.* Er ist nicht wirklich geklettert. Er hat sich zunächst *vorgestellt*, er würde dahin oder dorthin klettern.

Das ist es – *Simulation* ist die Methode der intellektuellen Phase. Simulation von alternativen Prozeßabläufen wird das Monon benutzen, um Entscheidungen über seine Entwicklung zu treffen. In der biologischen Phase mußten neue Möglichkeiten (durch Mutation entstanden) in Fleisch und Blut dem Wettbewerb ausgesetzt werden. Selektion entschied, ob eine Variante geeigneter, passender war als das bisherige Muster.

In der intellektuellen Phase werden *gezielt* erarbeitete, alternative Möglichkeiten zukünftigen Geschehens durch Gehirne und Computer in ihren Auswirkungen verglichen, dann mit Kenntnis dieser Resultate abgeändert und wieder durchgespielt. Durch Rückkopplung wird so schließlich die optimale Variante gefunden und in Realität umgesetzt. Dieses Verfahren ist außerordentlich viel schneller und weit weniger verschwenderisch als der alte biologische Weg, bei dem nur sehr, sehr selten durch Zufall ein Fortschritt erzielt wurde.

Die Simulation soziologischer und wirtschaftlicher Vorgänge hat vor wenigen Jahren begonnen. Sie ist für die Zukunft eine der wichtigsten Methoden der Wissenschaft. Von ihren Fortschritten mag sehr wohl das Schicksal unserer Menschheit abhängen.

Wenn in Kapitel 20 von der notwendigen Einsicht in die Situation unseres Planeten die Rede war und Hoffnung anklang, daß schon ein erster Anlauf den Durchbruch in die dritte Phase der Evolution erreichen könnte, so war letztlich solcher Optimismus darauf gegründet, daß in den Gehirnen vieler Menschen ein derartiger Simulationsprozeß abläuft. Schon heute stützt sich alle Hoffnung also auf dieses neue Prinzip, das wir schlicht »Vernunft« nennen.

Kehrt aber der Wettbewerb nicht vielleicht doch noch zum Monon zurück – nämlich dann, wenn irgendwo auf dem Planeten einer anderen Sonne ein zweites Monon entstanden wäre, das mit dem ersten in Kontakt träte? Vielleicht gibt es gar viele Mononen in unserer Galaxie?

Die Meinung ist geteilt: Manche Wissenschaftler sind fest davon überzeugt, daß anderswo im Universum – vermutlich auf vielen Planeten – in ähnlicher Weise wie bei uns biologische und intellektuelle Evolution stattfindet, andere halten eine solche Vorstellung für die Ausgeburt unkontrollierter Phantasie. Solange kein Kontakt zu anderen intellektuellen Strukturen im All hergestellt ist, wird diese Frage offen bleiben. Wir wollen die Argumentation des Für und Wider erst in Kapitel 25 diskutieren.

Bis dahin wollen wir die Existenz solcher »Etis« als *Annahme* behandeln. Die Etis – eine Abkürzung für extra-terrestrische intelligente Strukturen – wären dann durch biologische Evolution als einzelne Mononen auf getrennten Planeten entstanden. (Wieder müssen wir, um wissenschaftlich zu bleiben, davon ausgehen, daß evolutives Geschehen überall im Universum nach gleichen Grundprinzipien abläuft.) Mit solcher Annahme aber ist die Frage nach dem möglichen Kontakt zwischen verschiedenen Mononen gestellt.

Obwohl es erfolgreiche Autoren gibt, die als moderne Variante der klassischen Abenteurererzählung phantasievoll von derartigen Begegnungen in früher Menschheitsgeschichte berichten, sind solche Spekulationen recht unglaubwürdig. Wir wollen sehen, warum.

Es gibt je 100 Milliarden Sterne in 100 Milliarden Galaxien (100 000 000 000 × 100 000 000 000). Eine »Reise« zum nächsten Stern dauert mehrere Jahre (Technologien, die Reisen mit nahezu Lichtgeschwindigkeit erlauben, vorausgesetzt). Eine Million Erkundungsraumschiffe könnten in 10 000 Jahren also nur etwa ein Hundertstel aller Sonnensysteme *ihrer* Galaxie besuchen. Aber jedes der Raumschiffe brauchte, selbst bei atomarem Antrieb, Millionen von Tonnen Treibstoff. Wieviel kostbare Energie müßten die Etis in diese Expeditionen stecken.

Aber vielleicht ist deren Planet viel, viel größer als unsere Erde, so daß sie über ungeheure Energievorräte verfügen? Er ist es mit Sicherheit nicht. Ein Planet, der einige tausendmal mehr Masse als unsere Erde hätte, also etwa einen nur 10–20 mal größeren Durchmesser, würde schon sternartig sein. D. h. er würde je nach seinem Material entweder durch den Beginn von Kernreaktionen in seinem Innern sehr heiß werden oder sich wie ein weißer Zwerg auf sehr kleinen Durchmesser zusammenziehen. In beiden Fällen wäre Leben auf seiner Oberfläche nicht möglich. Der Planet der Etis kann andererseits auch nicht viel kleiner sein als unsere Erde, sonst hätte er – weil seine Anziehungskraft zu gering wäre – von seiner Oberfläche alle Gase und vor allem alles Wasser verloren, das den Anfang des Lebens in einer Ursuppe ermöglicht. Wenn also irgendwo im All Etis existieren, so leben sie auf einem Planeten von *sehr* ähnlicher Größe wie unsere Erde.

Wenn sie eine hochstehende Technologie besäßen, die lange Reisen – und sei es »nur« innerhalb einer Galaxie – möglich machte, hätten sie auch genug Vernunft, die Sinnlosigkeit einer Expedition zur Suche nach anderen einzusehen.

Unsere Brüder im All sind also wohl niemals hier gewesen.

Genausowenig wird diese Menschheit jemals versuchen, Expeditionen auf gut Glück auf die Reise in andere Sonnensysteme zu schicken.

Heißt das, Mononen würden niemals Kontakt zueinander gewinnen? Durchaus nicht. Bisher war die Rede ausschließlich vom Transport solcher Wesen über interstellare oder gar intergalaktische Entfernungen. Kontakt ist auf ganz andere Weise möglich, nämlich durch Funk – also durch Signale, die sich mit Lichtgeschwindigkeit ausbreiten.

Unter Wissenschaftlern, die die Möglichkeit solcher Kommunikation diskutieren, ist die zu erwartende Lebensdauer einer planetarischen Zivilisation einer der debattierten unbekannten Faktoren. Diese ist nämlich für unsere Frage von großer Bedeutung: Wenn die Wahrscheinlichkeit schon klein ist, ein anderes Monon zu finden, müssen ja zu alledem noch beide Strukturen zur gleichen Zeit existieren. Würde ein Monon im Mittel nur etwa 10000 Jahre alt, so könnten in einer Galaxie *nacheinander* in jeder Million Jahre 100 Mononen existieren ohne jede Kontaktmöglichkeit. Nicht-Gleichzeitigkeit ist also möglicherweise ein größeres Problem als räumliche Entfernung.

Da unsere eigene Entwicklung noch nicht weit genug fortgeschritten ist, sind alle Vorstellungen von den Eigenschaften eines Monon so vage, daß wir im Grunde nichts Sicheres über dessen mittlere Lebenserwartung sagen können. Möglicherweise ist der Gedanke eines Monon-»Todes« überhaupt absurd – weil gänzlich biologisch. Vielleicht besteht diese Gefahr nur in seiner Entstehungsphase. Vielleicht wandert es zu anderen Planetensystemen – zu anderen Sonnen, wenn die eigene Sonne die Energievorräte verbraucht hat oder zu explodieren droht. Wir wissen es noch nicht.

Aber eine Feststellung können wir treffen. Und diese Feststellung ist wichtig, weil unzählige Science-fiction-Romane und Fernsehspiele immer wieder falsche – und natürlich biologische – Vorstellungen vermitteln. Man kann mit Sicherheit sagen, daß es niemals Kriege – niemals gewaltsame Auseinandersetzungen zwischen intelligenten Planeten geben wird. Das Universum ist kein wilder Westen!

Der Grund für solche Sicherheit liegt ebenfalls im Problem der Gleichzeitigkeit der Entwicklung auf zwei Planeten. Wo stand unsere eigene Evolution vor 10000 Jahren? Wo heute – und wo wird sie (das erfolgreiche Vermeiden von Selbstzerstörung vorausgesetzt) in 10000 Jahren stehen? Im Verhältnis zur Milliarden Jahre währenden Bio-Evolution ist die intellektuelle Entwicklung durch Simulation so rasant, daß, wann immer ein Monon mit einem noch unreifen intelligenten Planeten in Kontakt käme, beider Entwicklungsstand so unterschiedlich wäre, daß das Monon über den Versuch einer Aggression nur lächeln könnte – und würde es selbst etwa ein Kind erschlagen?

Diese Sicherheit stammt nicht aus moralischen Vorstellungen, sondern resultiert aus dem inneren Zwang der Systembedingungen: Ein *stabil* gewordenes Monon muß ja Aggression und Angst im eigenen Innern überwunden und in Harmonie verwandelt haben.

Mit welcher Wahrscheinlichkeit allerdings ein Planet aus einer Situation wie der unseren die Stufe des Monon erreichen kann, das ist – wie schon diskutiert – noch offen. Im kosmischen Maßstab ist dies jedoch auch wohl ohne Belang, wenn es nur genügend viele Anläufe gibt. Auch die biologische Evolution war verschwenderisch.

Wenn also irgendwann durch Funksignale – und nur das ist realistisch – ein Kontakt zwischen zwei intelligenten Planeten hergestellt würde, wäre wegen der Ungleichzeitigkeit ihrer Entwicklung der eine ein gereiftes Monon, der andere ein noch »kindlicher« Planet. Es ist wohl klar, welche Rolle unsere Erde bei einem solchen Kontakt übernehmen würde. Es wäre kein Gespräch. Es wäre ein riesiger Informationsstrom, der uns einfach die Sprache verschlüge.

Es wäre DER Tag in der Entwicklungsgeschichte unseres Planeten.

Kein anderer Tag hätte je vergleichbare Bedeutung, auch wenn es Jahrhunderte, Jahrtausende oder noch viel länger dauern würde, bis wir alle Lektionen unserer kosmischen Lehrer auch nur annähernd verstanden hätten.

Tatsächlich käme ein Dialog aus rein physikalischen Gründen – mindestens zunächst – nicht in Betracht. Es brauchte wegen der endlichen Signalgeschwindigkeit ja allerwenigstens viele Jahre, bis auch nur eine Empfangsbestätigung von uns unsere kosmischen Lehrer erreichte. Es mag aber auch 10000 – und wenn sie gar in einer anderen Galaxie leben, viele Millionen Jahre dauern. Interstellarer oder gar intergalaktischer Informationsfluß wird also ganz überwiegend *nur in einer Richtung* erfolgen.

Ein solcher Informationsfluß zwischen Mononen müßte eine lawinenartig anschwellende Informationskaskade sein: Irgendwo – irgendwann finge es an. Und dieser Anfang wäre – wie schon häufiger in der Evolution – zweifellos die größte Schwierigkeit in solcher Entwicklung.

Zunächst nämlich würde wohl jedes Monon eine Phase durchlaufen, in der man versuchte, Signale anderer Mononen zu *empfangen*. Man würde hören, aber nicht selber sprechen. Wenn nun dieser Versuch trotz vielleicht jahrhundertelangen Bemühens negativ verliefe, würde sich Skepsis ausbreiten, die das eigene Senden nicht gerade ermutigte. Ja es bestünde sicher die wachsende Tendenz, sogar die vergeblichen Empfangsversuche aufzugeben.

Der Anfang des kosmischen Informationsstroms muß also eine beachtliche Schwelle überwinden. Es müßte nämlich ein Monon so überzeugt von der Existenz anderer Mononen sein, daß es ohne einen hundertprozentigen Beweis für deren Existenz, d. h. ohne selbst Signale empfangen zu haben, über lange Zeiträume Signale ausstrahlen würde. Vielleicht hätte ein glücklicher Zufall in seinem Sonnensystem einen zweiten Planeten mit unabhängiger Lebensentstehung hervorgebracht – vielleicht wären ihm überzeugende Experimente in biochemischen Laboratorien geglückt – vielleicht auch wäre es eine wissenschaftlich-religiöse Haltung, die sie zur Signal-Ausstrahlung veranlaßte.

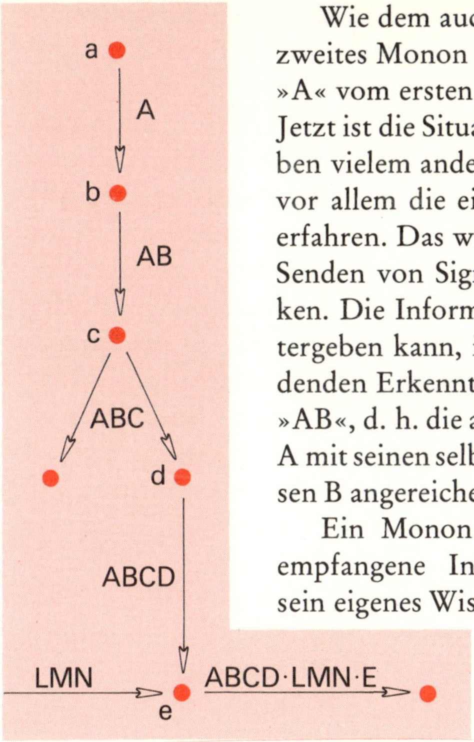

Wie dem auch sei, nehmen wir an, ein zweites Monon »b« habe die Information »A« vom ersten Monon »a« aufgefangen. Jetzt ist die Situation völlig geändert. Neben vielem anderen Wissen hat Monon b vor allem die eigene *Nicht-Einmaligkeit* erfahren. Das wird seine Motivation zum Senden von Signalen wesentlich verstärken. Die Information, die Monon b weitergeben kann, ist neben dieser entscheidenden Erkenntnis das vereinigte Wissen »AB«, d. h. die aufgefangene Information A mit seinen selbst erworbenen Kenntnissen B angereichert.

Ein Monon c würde seinerseits die empfangene Information »AB« durch sein eigenes Wissen zu »ABC« erweitern. Dabei wird es vorkommen, daß zwei oder mehr Planeten von einem Monon unterrichtet werden. Viel bedeutungsvoller noch als solche Ketten wachsenden Informationsflusses wäre aber die Vereinigung zweier Kaskaden.

Ein neuer Turmbau – eine Lawine intellektueller Information zeichnet sich ab.

Die *Wirkung von Mustern*, die sich bisher immer nur auf deren räumliche Nähe beschränkte, *hat interstellare oder gar intergalaktische Distanzen überbrückt.*

Schauen wir noch einmal zurück, wie die Anfänge der Evolution eine immer größere Vielfalt von Mustern hervorbrachten: wenige Elementarteilchen, 92 Atome, dann Tausende von Molekülen. Auch die biologische Phase hatte die gleiche Tendenz, durch immer neue Verzweigungen die Mannigfaltigkeit der Musterfülle zu vergrößern, immer neue Arten hervorzubringen. Mit dem Durchbruch zur intellektuellen Phase fügt die Integrationskraft die ganze Fülle der Muster eines Planeten zusammen, dann treten intelligente Systeme verschiedener Planeten in Kontakt ...

Ein Informationsnetz von Mononen wird unaufhörlich fortschreiten, das Universum in ein einziges, zusammenhängendes, sich immer weiter strukturierendes Muster zu verwandeln.

Das wäre – so weit wir blicken können – wohl die letzte, alles umfassende – die *kosmische Integration.*

Synopsis

Der Mensch und seine nächsten
Verwandten, die Primaten.
Die Evolution von einem dem
heutigen Spitzhörnchen ähnlichen
Tier bis zum Menschen dauerte
etwa 75 Millionen Jahre.

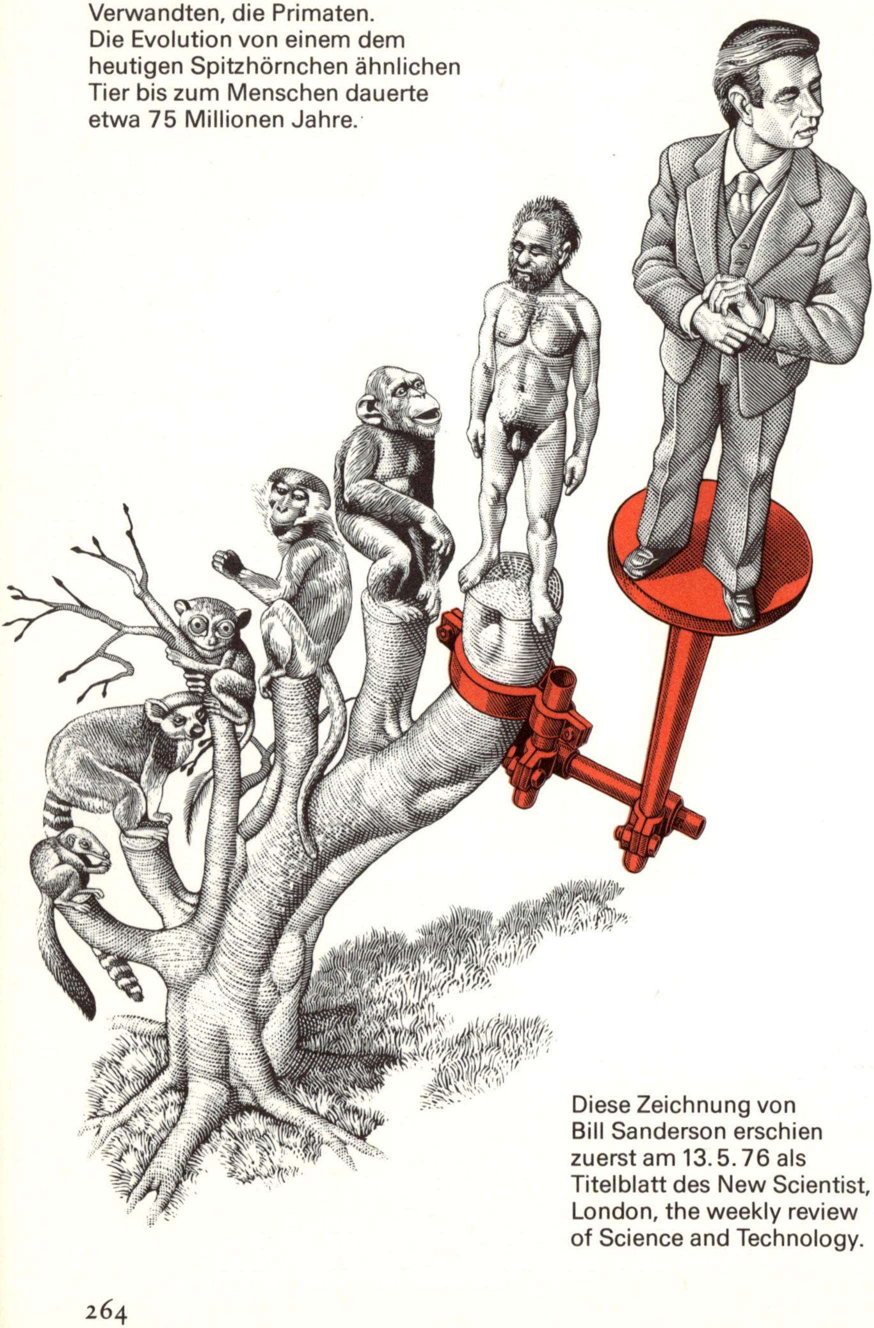

Diese Zeichnung von
Bill Sanderson erschien
zuerst am 13.5.76 als
Titelblatt des New Scientist,
London, the weekly review
of Science and Technology.

23

Allein die Sphäre der ausgebildeten Natur ist unaufhörlich beschäftigt, sich auszubreiten.

Kant

Irrlauf oder Ziel?

Wir sind dem roten Faden der Entwicklung gefolgt. Evolution beginnt in leuchtenden Sternen, beginnt mit der Integration von Elementarbausteinen der Materie, führt über Atome, Moleküle und Polymer-Aggregate in die Phase der Biologie, in die Welt der sich selbst replizierenden Muster. Durch stufenweisen Zusammenschluß entstehen immer komplexere Ganzheiten höherer Wirkungsfähigkeit. Die Komplexität erreicht im Zentralnervensystem die Schwelle der informierbaren Großmuster und gipfelt schließlich in den Gehirnen einer alle materiellen und biologischen Muster umfassenden Menschheit. Der so zum Monon werdende Planet tritt endgültig in die intellektuelle Phase der Evolution, deren weiteren Verlauf wir nur erahnen können.

Was bleibt nach all dem zu diskutieren? Was ist hinzuzufügen? Wir wollen in den letzten Abschnitten des Buches die geistige Bilanz ziehen, d. h. uns den Fragen zuwenden, ob Evolution ein gerichteter Prozeß ist (in diesem Kapitel) und ob unaufhörliches Musterwachstum vereinbar ist mit den thermodynamischen Gesetzen der Physik (in Kap. 24). Wir wollen untersuchen, ob Evolution ein zwangsläufiges Geschehen ist (in Kap. 25) und schließlich (im Epilog) die Wissenschaft verlassen auf der Suche nach geistiger Geborgenheit des Menschen.

Der Erfolg der Naturwissenschaft liegt wesentlich in der quantitativen Beschreibung und Erklärung von Vorgängen und Beziehungen. Für den Prozeß der Evolution kann eine Quantifizierung nur unvollkommen gelingen, da wir zwar einen Maßstab für die Größe von Mustern, nicht aber einen für deren Komplexität oder deren Wirkungen besitzen. Wieviel des Wesentlichen aber ist erfaßt durch die Angabe, eine Bronzeplastik wiege 2,8 kg oder eine Komposition bestehe aus 4200 Noten? Größe ist eine Eigenschaft von Mustern, aber nur eine. Je komplexer das Muster, desto bedeutungsloser wird sie.

Dennoch wollen wir einmal abschätzen, wie groß die jeweils größten Musterganzheiten zu jedem Zeitpunkt der Evolution sind, d. h. wann etwa neue Musterganzheiten erstmalig auftreten und aus wie vielen Bausteinen sie bestehen. Wir wollen uns dabei auf das Tierreich beschränken.

Unser Ausgangspunkt ist extrem unsicher – die Anfänge des Universums liegen 13 bis 20 Milliarden Jahre zurück. Wann in diesem Urgeschehen die ersten *α-Teilchen* auftreten (unser Musteranfang), wann die ersten *Atome und Moleküle*, weiß noch niemand genau. Wir können also nur eine breite Zeitspanne annehmen für die erste Bildung von Atomen und Molekülen. Deren Bausteinzahl reicht vom Wasserstoffatom mit zwei Elementarteilchen bis zu Molekülmustern aus insgesamt etwa tausend Elementarpartikeln.

Auf unserem Planeten, der vor 4,6 Milliarden Jahren entstand, sind nach Meinung der Fachleute die ersten *biologischen Aggregate*, also Anfänge von Selbstreplikation, vor circa 4 Milliarden Jahren aufgetreten. Es mag aber auch 4,5 oder nur 3,5 Milliarden Jahre zurückliegen. Diese Aggregate bestehen wohl zumindest aus etwa 200 Kettenbausteinen, was 10^5 Elementarteilchen entspräche.

Organisierte *Einzeller*, ähnlich einem Bakterium, sind dann vor 3,5 bis 3 Milliarden Jahren aufgetreten. Die bisher ältesten versteinerten Lebensspuren findet man in mehr als 3 Milliarden Jahre alten Gesteinen der Fig Tree-Felsformation (Swaziland, Südafrika). Die sehr unterschiedlichen Größen der dort versteinerten Urzellen konnten ausgemessen werden und zeigen, daß diese aus 10^9 bis 10^{16} Elementarpartikeln bestanden haben.

Da schon der spätere Einzeller mit wachsenden Fähigkeiten wesentlich – vielleicht einen Faktor 100 – an Volumen gegenüber einem Bakterium gewonnen hat, werden die ersten differenzierten *Vielzeller* nochmals zehn- bis millionenfach größer als eine solche Urzelle sein. Sie sind vor 1–2,5 Milliarden Jahren aufgetreten.

Vor etwa 400 bis 500 Millionen Jahren existierte schon eine Fülle tierischer Vielzeller, die wir aus Versteinerungen gut ken-

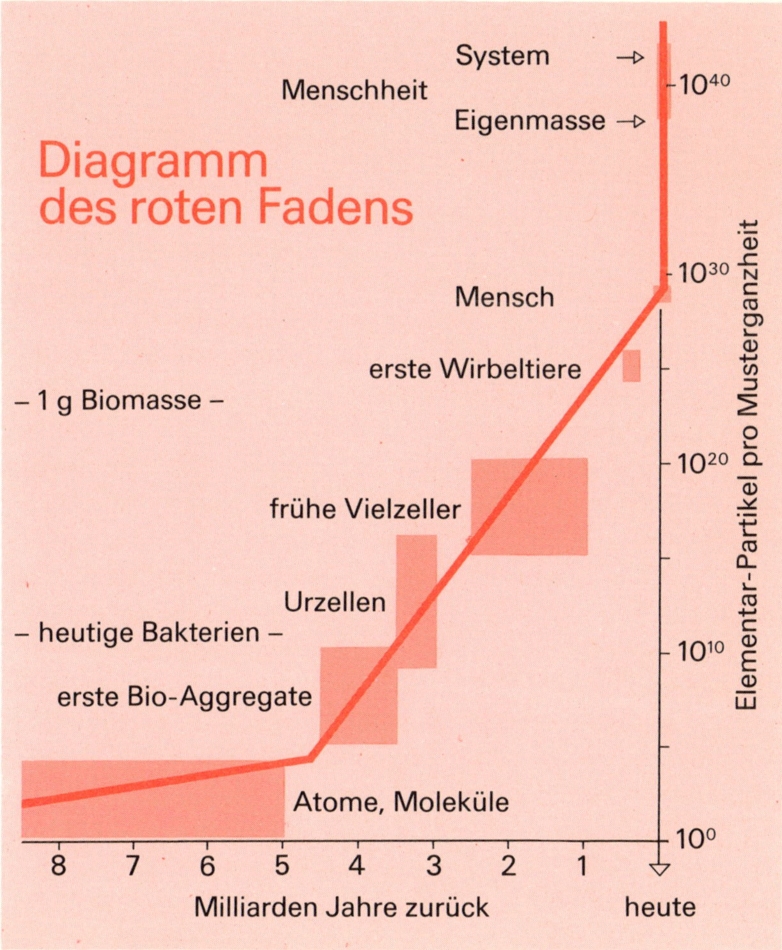

nen. In dieser Zeit stößt man auf die ersten Wirbeltiere. Es sind Fische zwischen 3 und 30 cm Länge. Da ein Gramm Wasser rund 3×10^{22} Moleküle aus je 28 Elementarpartikeln enthält und biologisches Material etwa gleiche Dichte besitzt, besteht ein Gramm »Biomasse« aus rund 10^{24} Elementarpartikeln. Die ersten Wirbeltiere sind 3 bis 300 mal größer.

Entsprechend ergibt sich für den *Menschen*, der vor 2–5 Millionen Jahren auftaucht, eine Bausteinzahl von 5×10^{28}. (Es wird immer deutlicher, wie unbefriedigend eine solche Größenabschätzung ist.)

Wenn man vorausgreifend schon die heutige *Menschheit* als *ein* vernetztes System voller Abhängigkeiten ansehen will, so besteht diese etwa aus 2×10^{38} Elementarpartikeln. Rechnen wir Fabriken, Häuser, Autos und Straßen sowie die von der Landwirtschaft gehaltene Tier- und Pflanzenwelt dazu, so ist das Gesamtsystem, also alle Materie, die unter Kontrolle der gemeinsamen intellektuellen Information steht, nochmals um vielleicht einen Faktor 1000 höher anzusetzen.

Um diese Schätzbereiche in das *»Diagramm des roten Fadens«* einzuzeichnen, muß man die Bausteinzahl in ihren Zehnerpotenzen auftragen. Eine Gerade in solchem Diagramm beschreibt eine Exponentialkurve der Natur. Da die Entwicklung über viele Zehnerpotenzen läuft, ändert sich sehr wenig, wenn man etwas andere Schätzwerte einsetzt. Auch wenn man Riesensaurier oder Wale einträgt, liegen deren Punkte nur etwas über der Kurve.

Trotz aller Unsicherheit der Abschätzungen werden drei Phasen der Evolution im Diagramm erkennbar. Die mittlere, biologische Phase zeigt etwa exponentielle, d. h. schneller und schneller wachsende Zunahme der Mustergröße. Von den anderen beiden Phasen können wir das nicht sicher sagen. Immerhin wird deutlich, daß die Kurve an beiden Phasenwechseln einen Knick hat, daß also die exponentielle Beschleunigung selbst noch von Phase zu Phase schneller ansteigt. Man kann berechnen, welche Zeit jeweils im Mittel zu einer Verdopplung der

Mustergröße gebraucht wird. Es sind dies

in der materiellen Phase ganz grob	500 000 000 Jahre;
in der biologischen Phase	50–60 000 000 Jahre;
am Anfang der intellektuellen Phase vielleicht	100 000 Jahre.

Die Evolution zeigt also nicht nur unaufhörliches Musterwachstum, sondern sogar immer stärker beschleunigtes Wachstum der Mustergröße.

Die noch viel wesentlichere Steigerung von *Komplexität* oder die der *Wirkungspotenz* von Mustern können wir ebenso eindeutig erkennen, wenn auch nicht *quantitativ* erfassen.

Nach dieser Vorbetrachtung sind wir endlich gerüstet für die Zentralfrage dieses Buches.

Kaum ein Problem hat in den Debatten um Evolution die Gemüter mehr bewegt als die Frage nach Zufall oder Determiniertheit, nach Zwangsläufigkeit und Gerichtetheit:

Ist das Werden der Welt nur das Produkt spielenden Zufalls – treibt Evolution wie ein steuerloses Schiff unter wechselnden Winden immer weiter zu irgendeinem Irgendwo, oder vollzieht sich diese Entwicklung unter einem kosmischen Zwang – geht sie Schritt um Schritt, einem Plan folgend, unausweichlich auf ein zwar in seiner Richtung Erkennbares, aber noch nicht Sichtbares und vielleicht Nie-Erreichbares zu?

Wir wollen zunächst eine *Teilfrage* abspalten – schon sie ist schwierig genug: Ist Evolution zielgerichtet, also ein Prozeß, der in einer bestimmbaren, gleichbleibenden Richtung abläuft, oder ein Hin-und-Her, ein richtungsloses Geschehen? Diese Frage wird – hoffentlich – überraschen, denn aus aller dargestellten Naturbeobachtung steht eine Erkenntnis unzweifelhaft fest:

> Evolution ist – zumindest bis heute und zumindest im Erfahrungsbereich aller menschlichen Wissenschaft – ein unaufhörlich beschleunigtes Wachstum von Mustern. Evolution hat also eine erkennbare, stets gleichbleibende Richtung: Sie läuft zu immer weiter vernetzten und komplexeren Zuständen der Materie dieser Welt.

Weil aber in vielen Büchern über biologische Evolution anders klingende Schlußfolgerungen zu finden sind, müssen wir uns mit den Gründen auseinandersetzen, die Wissenschaftler zu Formulierungen veranlassen, wie z. B. diesen:

»Die Evolution . . . hat keinerlei finalistische Tendenz, sie kennt keinen automatischen oder universalen Fortschritt.«

(Julian Huxley)

»Die Indizien für eine zielstrebig gelenkte Evolution verschwinden mit zunehmenden Kenntnissen.« *(Heberer)*

»Das Universum trug weder das Leben, noch trug die Biosphäre den Menschen in sich. Unsere ›Losnummer‹ kam beim Glücksspiel heraus.« *(Monod)*

»Die evolutionären Veränderungen waren keineswegs nur in eine Richtung orientiert . . . und das Konzept eines Hauptstroms oder einer Hauptlinie des Evolutionsfortschritts ist künstlich.«

(Simpson)

Dies alles klingt doch völlig anders als unsere eben gezogene Bilanz. Irgendwo müssen Mißverständnisse liegen. Sind diese nur *semantisch*, d. h. werden sonst Worten wie »Ziel« und »Richtung«* andere Begriffsinhalte unterlegt? Oder besteht hier eine echte Differenz von Meinungen? Wahrscheinlich beides.

Betrachten wir zunächst die Bedeutung des Begriffs »zielgerichtet«. Ein Schachspiel z. B. ist zielgerichtet (Mattsetzen des Gegners), obwohl es viele Wege zu diesem Ziel gibt und viele Mattpositionen bei Erreichen des Ziels. Eine wissenschaftliche Arbeit, bei der ein bestimmtes Problem gelöst werden soll, ist zielgerichtet, auch wenn man die Lösung vorher natürlich noch nicht kennt. Selbst ein 100-m-Lauf hat als Ziel keinen Punkt, sondern eine *Linie*, die überschritten werden muß.

In diesem Sinne ist sicherlich auch Evolution ein »zielgerichtetes« Geschehen, auch wenn niemand ein Monon oder gar ein

---

* Oft ausgedrückt durch Fremdworte wie finalistisch, teleologisch oder teleonomisch.

Mononen-Netz im einzelnen beschreiben kann. Wie beim Schachspiel oder dem Forschungsvorhaben entwickelt sich der Prozeß historisch auf im voraus nicht festgelegten Wegen. Trotzdem sind allgemeine Eigenschaften des angestrebten Zielzustandes voraussagbar, weil sich die Entwicklung – durch inneren Zwang, durch Spielregeln eingeengt – nur in beschränkter Freiheit vollzieht.

Der Begriff »zielgerichtet« verlangt weder eine Detailbeschreibung des Endzustands noch das Einhalten eines festgelegten Weges. Selbst die Mitwirkung von Zufallsereignissen nimmt einem Vorgang nicht unbedingt die Zielgerichtetheit. Wenn z. B. ein Pilot auf dem Nordpol durch ein Roulett seine Flugrichtung entscheiden ließe, würde er bei strikter Einhaltung dieser Richtung zunächst (irgendwo) den Äquator überqueren, dann aber mit Sicherheit den *Südpol* als Ziel erreichen. Der *Zwang der Kugelgestalt* macht den anfänglichen Zufall bedeutungslos.

Der Begriff »zielgerichtet« umfaßt auch nicht die Gewißheit, das Ziel zu erreichen. Ein Wettsegeln über den Atlantik ist durchaus zielgerichtet, aber das einzelne Boot mag unterwegs einer Katastrophe zum Opfer fallen.

Warum sagen dann aber die meisten Biologen, Evolution sei *nicht* zielgerichtet? Vermutlich resultieren derartige Formulierungen aus einer unbewußten Abwehr gegen eine Geisteshaltung, die den Menschen als »vorherbestimmtes Endziel« aller Entwicklung sehen wollte. Aber dies ist eine Verwechslung. »Zielgerichtet« ist ein allgemeiner Begriff. Er ist nicht gleichbedeutend damit, den *Menschen* oder irgendeine andere, im Detail festgelegte Struktur als die vorausgeplante »Krone eines schöpferischen Evolutionsprozesses« zu betrachten. Um diese Überheblichkeit abzuwehren, braucht man aber nicht das Kind mit dem Bade auszuschütten.

Der Weg der Evolution mag über Fische, Reptilien, Säugetiere und Menschen laufen, aber auch über ganz andere, uns unbekannte Lebewesen. Nennen wir sie »Ronaten, Sabiten, Heffalumps und Etis«. Zielgerichtete Evolution heißt nicht, daß »der Mensch« vorausbestimmt sei, *aber* daß durch stufenweise Integration die Größe, Wirkungsfähigkeit und Reichweite von Mustern ständig anwüchse, wobei – wie wir wissen – zunächst das replikationsfähige, später das informierbare Muster möglich werden und dann die verzweigte Musterfülle eines Planeten zu einem einzigen Exemplar eines Riesenmusters unter Kontrolle intellektueller Information zusammenfließt.

Diese Vereinigung aller ursprünglich sich verzweigenden Muster – zunächst zu einem Monon, dann, falls Leben nicht einmalig im Universum ist, zu einem kosmischen Netzwerk intellektueller Information – ist das sich deutlich abzeichnende *»Ziel«* der Entwicklung. Wenn das aus der Natur ablesbare, bisher stets gültige Grundprinzip des Universums, nämlich das durch stufenweise Integration ständig beschleunigte Wachstum von Mustern, sich nicht plötzlich von Grund auf ändert – *gibt es keine andere Denkmöglichkeit.*

Aber Evolutionsforscher sind doch nicht einfach blind. Sie sprechen ja auch immer von einer ständigen »Höher«-Entwicklung des Lebens. Irgendwo müssen doch Beobachtungen – Argumente vorliegen, die sie dazu berechtigen, eine Zielgerichtetheit der Evolution so energisch zu verneinen. Natürlich haben sie Argumente. Es sind im wesentlichen die vier, die wir uns jetzt kritisch ansehen wollen.

Erstens: die Richtungslosigkeit von Mutationen.

Es ist wahr, daß in der Fülle der Veränderungen von Arten auch Rückentwicklungen vorkommen, daß Organe oder Funktionen primitiver werden. Höhlentiere z. B. haben häufig – wie schon diskutiert – degenerierte Augen. Dies ist eine Folge der Zufälligkeit und *Ungerichtetheit der Mutationen.* Veränderungen gibt es in alle Richtungen (Unschärfe), und meist sind diese – wie oft genug betont – nicht zum Besseren. *Evolution resultiert aber erst aus der Überlagerung dieses Zufallsgeschehens mit dem Prinzip der Selektion*, das seinerseits eine automatische Folge der Selbstreplikation von Mustern ist. Evolution ist nicht zufällig, sondern *gesiebt zufällig.*

Ein Tier in einer lichtlosen Höhle braucht keine Augen. Ohne dauernden Selektionsdruck bleiben daher auch Mutanten am Leben, die verschlechterte Augen haben. Weil es wesentlich wahrscheinlicher ist, durch einen Druckfehler in der DNA Defekte zu erzeugen als Harmonie (einen Gedichttext) zu verbessern, werden sich solche Defekt-Mutationen viel schneller einstellen als ein neuer Schritt nach vorn. Nicht nur zur Fortentwicklung, auch schon zur Aufrechterhaltung erreichter Komplexitätshöhe ist also ständiger Selektionsdruck erforderlich.

Da es früher, als man noch nichts von Mutationen wußte, Vorstellungen gab, daß Nichtgebrauch von Organen diese verkümmern ließe, daß also z. B. in einer Höhle – *weil* es dunkel war – *gezielt* eine Degeneration der Augen auftreten sollte, betonen Evolutionsforscher auch heute immer noch die Richtungslosigkeit – und sie meinen die Richtungslosigkeit von »Mutation«, auch wenn sie »Evolution« sagen.

Zweitens: »lebende Fossilien«.

Es ist richtig, daß die Evolution keineswegs *alle* Arten zu *allen* Zeiten in *allen* geographischen Bereichen zu *ständiger* Weiterentwicklung führt. Es existieren heute Bakterien, die wahrscheinlich sehr ähnliche Vorfahren 2 Milliarden Jahre zurück hatten. Pfeilschwanzkrebse sind heute noch lebende Nachfahren von Tieren, die uns in absolut gleicher Gestalt in 200 Millionen Jahre alten Versteinerungen begegnen. Der Quastenflosser, ein Fisch auf dem Wege zum vierbeinigen Landtier, wurde vor wenigen Jahren noch lebend angetroffen.

Die Existenz solcher »lebenden Fossilien« führt dann leicht zu mißverständlichen Aussagen, wie: *»Die Evolution ist kein universeller, ständig in gleicher Richtung ablaufender Prozeß.«* Aber der Begriff »Evolution« bezieht sich auf die *Gesamtheit* des Geschehens, nicht auf die Fortschritte einzelner Arten.

Natürlich macht nicht jedes einzelne Tier, nicht jede einzelne Pflanze, nicht jede Art dauernde Entwicklungsschritte in gleicher Richtung. Wer gut angepaßt ist und sich zufällig auch nach allen Umweltveränderungen noch gut in seine Umgebung einfügt, kann – über viele Jahrmillionen – unverändert bleiben.

Drittens: ständige Verzweigung von Arten.

Es ist wahr, daß die Evolution nicht nur mit einer Karte spielt und eine einzige Art höher und höher steigen ließe. Evolution sucht sich auf vielen Wegen ihr Ziel – und das kann man, wenn man will, *»nicht geradlinig«* nennen. Aber alle Verzweigungen sind nur weitere Versuche, dem Ziel näher zu kommen – nämlich höhere Differenziertheit, höhere Komplexität zu gewinnen. Verzweigungen sind ein wesentlicher Teil der Methode, dieses Ziel zu erreichen.

Veränderungen der Erdoberfläche und die Unschärfe der Replikation führen zwangsläufig zu solchen Verzweigungen, und jede neue Verzweigung vergrößert die Wahrscheinlichkeit, daß der Gesamtprozeß Fortschritte erzielt.

Evolution ist ein auf Zufall aufgebauter Prozeß. Aber Zufall heißt nicht automatisch Ziellosigkeit. Dann nämlich nicht, wenn sich dem Zufall der Systemzwang der Selektion überlagert (Flug zum Südpol).

Viertens: Aussterben ganzer Entwicklungszweige.

Es ist richtig, daß die Riesensaurier und auch andere Zweige von zunächst recht erfolgreicher Evolution eines Tages ausgestorben sind. Es ist wahr, daß manchmal bisher unscheinbar im Hintergrund gebliebene Arten plötzlich die Träger weiterer Entwicklung werden.

Auch in bezug auf solche Ereignisse kann man mit gewissem Recht sagen: *»Der Fortschritt ist weder universell noch geradlinig.«* Wir beobachten dabei Versuche der Natur, die sich – allerdings erst nach längerer Erprobungszeit – bei Umweltänderung als Sackgasse erweisen. Daß ganze Zweige dabei oft gleichzeitig aussterben, liegt daran, daß all diese Arten von gemeinsamen Vorfahren noch gemeinsame Eigenschaften übernommen haben, die in neuer Umwelt tödlich sind. Aber rechtfertigt das die Behauptung, Evolution sei richtungslos?

Nur intensive Kleinarbeit – nur das gründliche Studium von Einzelheiten hat unser heute umfassendes Mosaikbild der Evolution möglich gemacht. Aber die wissenschaftlich notwendige Konzentration auf einen bestimmten Ausschnitt darf nicht den Blick auf den größeren Zusammenhang trüben. Manchmal können offenbar auch Wissenschaftler vor lauter Bäumen den Wald nicht sehen.

Oder *wollen* sie ihn nicht sehen?

Vielleicht bilden alle eben aufgezählten Gründe nur die Oberfläche. Vielleicht schrecken Biologen vor einer Gerichtetheit der Evolution unbewußt einfach deswegen zurück, weil damit Fragen wie: »Und wo führt alles hin«, oder: »Was – wer legt eigentlich die Richtung fest?« unvermeidlich würden.

Es gibt, ausgehend von Scotus und Ockham, kaum eine schlimmere Häresie gegen die ungeschriebenen Gesetze heutiger Naturforschung, als wissenschaftliche Erkenntnisse mit religionsartigem Denken zu verflechten. Das Denken über Evolution aber kann an dieser Klippe kaum vorbeigesteuert werden, wenn man in ihr einen gerichteten Prozeß zu erkennen meint. *Dies* ist wohl das unbewußte Motiv für die so weitverbreitete Ablehnung einer eigentlich klar zutage liegenden Einsicht.

Solche intuitive Abwehr gegen ein zielgerichtetes Musterwachstum findet zu alledem noch geistigen Rückhalt bei Kollegen aus Physik und Chemie. »Entwicklung« darf es dort nämlich höchstens in der Gegenrichtung geben – nämlich zum allgemeinen Wärmetod des Universums. Wir wollen dieser Frage im nächsten Kapitel nachgehen.

24

. . . bei aller Anerkennung der Vorsicht, welche bei solchen über die Erfahrung hinausgehenden Schlüssen auf das Weltganze notwendig ist, muß man doch zugeben, daß sie [die Consequenz des 2. Hauptsatzes] wenig befriedigend ist und die Auffindung eines allseitig befriedigenden Auswegs wünschenswerth erscheinen läßt.
Boltzmann

Schreckgespenst Chaos – ein Mißverständnis der Physik

Unsere bisherige Betrachtung der Natur hat einen roten Faden freigelegt, nämlich das ständig fortschreitende Wachstum von Mustern in allen Teilen des Universums. Erweitert man dieses Prinzip über den Horizont des heute gesicherten Wissens, so führt das Geschehen dieses Weltalls zu Zuständen immer höherer Komplexität und schließlich zu einer völligen »Durchmusterung« unseres Universums.

Diese Folgerung stößt auf Widerspruch bei Wissenschaftlern, die unter Berufung auf den 2. Hauptsatz der Thermodynamik in der Natur ein ständiges Wachsen von Unordnung erwarten. Die Entwicklung des Lebens sei – so sagen manche – im Gesamtgeschehen des Weltalls nur eine vorübergehende, lokal begrenzte Gegenläufigkeit, die (in kosmischen Zeiten gemessen) bald wieder in den großen Strom zunehmender Unordnung einmünden müßte. Als Endzustand dieses Universums sei das vollkommene Chaos unausweichlich.

Irgendwo muß auch hier ein Mißverständnis – ein Irrtum liegen. Fortgesetzt wachsen kann tatsächlich doch nur eines: Chaos oder Muster. Wohin steuern wir wirklich?

Es gibt verschiedene Formulierungen des so bedeutungsvollen 2. Hauptsatzes, die diesen oder jenen Gesichtspunkt in den Vordergrund stellen. Soweit sie Evolution betreffen, laufen alle auf eine der beiden folgenden Aussagen hinaus:

> Die im Universum zur Verfügung stehende, nutzbare *freie* Energie wird ständig kleiner.

oder

> *Jedes* abgeschlossene System entwickelt sich zu größerer Unordnung.

Wir wollen beide Aussagen näher betrachten und mit der Idee eines unaufhörlich fortschreitenden Musterwachstums konfrontieren. Dabei wird sich herausstellen, daß die erste Aussage nicht im Widerspruch zu einer unbegrenzten Entwicklung von Mustern zu stehen braucht und daß die zweite Aussage auf einem Mißverständnis beruht und einfach falsch ist.

> Eine Bemerkung für den nicht naturwissenschaftlich vorgebildeten Leser: Wer sich bisher keine Gedanken über dieses Problem gemacht hat, sollte dieses Kapitel einfach überschlagen. Jedenfalls sollte man sich nicht verwirren lassen, wenn manches schwer durchschaubar bleiben sollte. Es geht in diesem Kapitel nur darum, ein verbreitetes wissenschaftliches Mißverständnis zu klären, das der Vorstellung eines ständigen Musterwachstums entgegensteht.

Energie tritt in vielerlei Form auf. Sie steckt z. B. in der bewegten Masse eines Autos, in elektrischen Ladungen, in Kohle oder Öl, aber auch in der Wärme einer Dampfmaschine, mit der man Gewichte heben, d. h. Arbeit leisten kann. Energie kann von einer in die andere Form übergehen. Bei all solchen Umwandlungen bleibt die Gesamtmenge der Energie erhalten. Das ist die Aussage des 1. Hauptsatzes der Thermodynamik.

Wärme ist ungeordnete Bewegung oder auch Schwingung von Molekülen. Sie nimmt bei Energieumwandlungen eine ganz besondere Stellung ein. Wärmeenergie, die in einem Gas oder einem festen Körper steckt, kann nämlich zur Arbeitsleistung nur dann benutzt, d. h. in andere Energieformen überführt werden, wenn ein Wärme*gefälle* vorhanden ist. Man braucht dazu also einen anderen Körper, der kälter ist und sich im

Prozeß der Energienutzung erwärmt. Je größer der Temperaturunterschied, desto größer ist der Anteil der Wärmeenergie, der dabei für Arbeit nutzbar wird. Ohne Temperaturgefälle steht Wärmeenergie überhaupt nicht mehr zur Verfügung, sonst könnte man, ohne selbst Energie aufzuwenden, durch Abkühlung der Umwelt Energie gewinnen. Dies ist die ursprüngliche Aussage des 2. Hauptsatzes. Beide Hauptsätze sind durch tausendfache Erfahrung von Physik und Chemie bestätigt, aber sie sind nicht aus anderen Grundprinzipien ableitbar.

Wenn man sich nun klar macht, daß bei Umwandlungen von Energie aus einer Form in die andere ein Teil der Energie auch in Wärme überführt wird (z. B. zehrt Reibung Bewegungsenergie auf und wandelt sie in Wärme um), so sollte auf lange Sicht ein immer größerer Teil der Gesamtenergie des Universums in Wärme übergehen. Diese wäre zunächst zum Teil, schließlich aber völlig verloren, wenn nämlich der allmählich durch Wärmestrahlung erfolgende Temperaturausgleich alle Materie des Universums auf gleiche Temperatur gebracht hätte. Dieser vermutete »Endzustand« wurde schon im vorigen Jahrhundert als der »Wärmetod« des Universums bezeichnet.

Bei Umwandlung von Energie muß also eine Art »Mehrwertsteuer« gezahlt werden – eine Abgabe zugunsten des Chaos. Jedesmal wird mehr oder weniger Energie von der Steuerkasse auf Nimmerwiedersehen geschluckt, da jeweils nur ein *Teil* der Steuereinnahmen durch öffentliche Ausgaben wieder in Umlauf gebracht werden kann. Der Wärmetod wäre erreicht, wenn die Steuerkasse das gesamte umlaufende Kapital an sich gezogen hätte. Aller Geldverkehr, alles Wirtschaftsleben müßte dann zum Erliegen kommen. Alles müßte erlöschen – zerfallen, weil keine nutzbare, keine freie Energie mehr zu Verfügung stünde. So etwa läuft die Argumentation der Thermodynamik.

Ist dieser Wärmetod unvermeidlich – gibt es kein Entrinnen? Ist alles Musterwachstum also nur eine vorübergehende Erscheinung, eine Spielerei des Zufalls, die »am Ende« wieder ins Chaos einmünden muß, aus dem einst alle Muster wuchsen? Muß alle

Entwicklung durch eine letzte endgültige Energiekrise des Universums zum Erliegen kommen? Fast scheint es so.

ABER –
in den bisher 13 oder 20 Milliarden Jahren seiner Existenz hat unser Universum – wie die Physiker berechnen – nur etwa *zwei Prozent* seines Energievorrates verbraucht – zerstrahlt. Woher all diese Anfangsenergie stammt? Sie ist der Entwicklung des Weltalls mit auf den Weg gegeben dadurch, daß »zu Beginn« alle Elementarpartikel einzeln waren. – Man überlese dies nicht: zu Beginn waren keine Muster, keine Information, aber das Universum war voller Energie! –

Der Aufbau der allerkleinsten ersten Muster, also der α-Teilchen und der höheren Atomkerne, entwickelt riesige Mengen von Wärme. Wie Milliarden anderer Sterne zerstrahlt unsere Sonne diese ungeheure Energie in den Raum. Die Bildung der Atome kostet sehr hohe Steuern. Bei der Entstehung von Molekülmustern, also beim Schließen chemischer Bindungen, wird wieder Wärme freigesetzt. Ihre Menge ist aber millionenfach kleiner als bei Kernreaktionen. Die Steuern ans Chaos für dieses Musterwachstum sind wesentlich niedriger geworden.

Die durch Enzyme ermöglichten biochemischen Reaktionen zum Aufbau biologischer Musterkomplexität gehen noch wieder um ein Vielfaches ökonomischer mit der verfügbaren Energie von Molekülen um. Ihre Steuerzahlung ist gegenüber den Reaktionen der anorganischen Chemie nochmals beträchtlich gesenkt. Und schließlich produzieren Gehirne Muster und immer neue Muster steuersparsam wie nichts zuvor.

Alles sieht so aus, als ob mit dem Komplexitätsgrad von Mustern auch die Steuern sinken. Soweit wir Evolution überblicken, haben Muster die Fähigkeit, den Energievorrat immer ökonomischer zu nutzen, sich mit immer weniger Energieverschwendung – mit immer niedrigeren Steuern – auszubreiten, je mehr Wirkungspotenz sie gewinnen.

Auf jeden Fall kann der Musteraufbau die Steuern ans Chaos

von dem ihm zu Anfang mitgegebenen Energiekapital noch Aber- und Abermilliarden von Jahren zahlen. Vielleicht bis in alle Ewigkeit? Niemand kann das berechnen. Wir wissen heute ja nicht einmal, ob das Universum endlich oder unendlich ist.

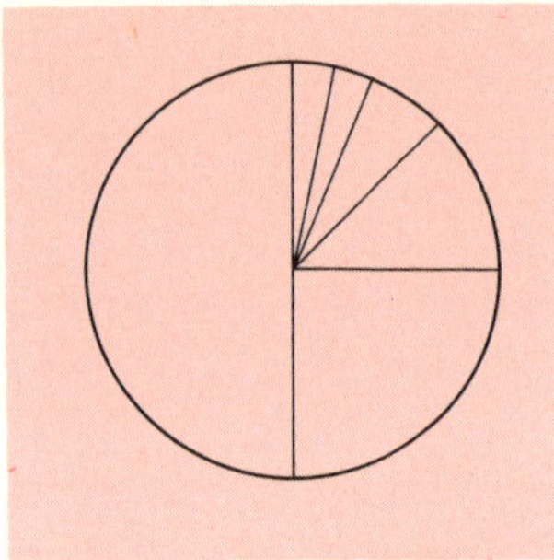

Um den Gedanken des sich ständig verkleinernden Energiebedarfs zu veranschaulichen, nochmals ein Vergleich: Wenn man heute eine Kreisscheibe halbiert und morgen die restliche Hälfte wieder teilt, übermorgen das verbliebene Viertel abermals und so weiter an jedem Tag jeweils die Hälfte des verbliebenen Rests entfernt, würde die Kreisscheibe auch nach noch so langer Zeit nicht *ganz* aufgezehrt sein.

Wenn Muster also die Eigenschaft haben, mit zunehmender Komplexität zu ihrer Erhaltung und Vermehrung immer weniger Energie zu verschwenden – und das beobachten wir in der Natur –, braucht kein Widerspruch zu bestehen zwischen einer ständigen Abnahme der verfügbaren Energie und einem unbegrenzten Musterwachstum.

Wenden wir uns jetzt der zweiten Formulierung zu, nämlich der einer ständigen Zunahme von Unordnung. Diese scheint ein noch gewichtigeres Argument gegen das Prinzip einer fortschreitenden Durchmusterung zu sein. Wir werden jedoch sehen, daß es auf einer unzulässigen Verallgemeinerung beruht.

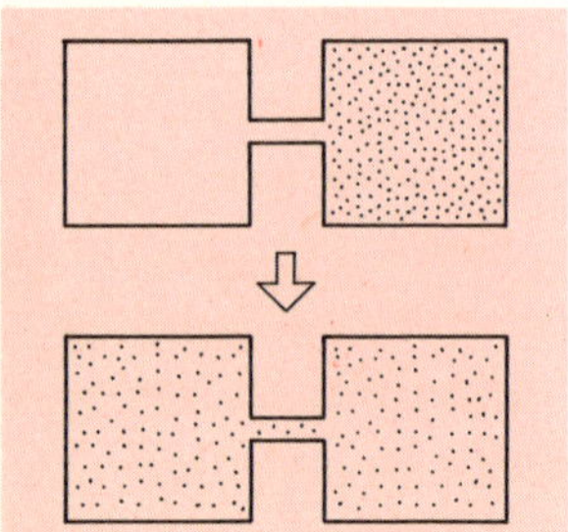

Zur Veranschaulichung des 2. Hauptsatzes wird häufig folgendes Experiment beschrieben: Zwei Behälter, der eine leer, der andere gefüllt mit einem Gas, werden durch ein Rohr verbunden. Je nach Größe der Öffnung wird sich schneller oder langsamer ein Zustand einstellen, bei dem das Gas gleichmäßig über beide Behälter verteilt ist. Dieser Zustand ist bei ungeordneter Bewegung der Gasmoleküle einfach viel wahrscheinlicher. Und der wahrscheinlichere Zustand wird sich einstellen. Jeder erkennt, daß das Gesamtsystem von »Ordnung« zu »Unordnung« geht.

Aber sehen wir uns ein anderes Beispiel an: eine riesige Wolke von Wasserstoffgas fern von allen Himmelskörpern irgendwo im Universum. Was wird passieren? Als Folge der Massenanziehung wird sich die Wolke zu einem Stern verdichten. Ist hier »Ordnung« in »Unordnung« übergegangen? Eher ist doch das Umgekehrte eingetreten.

Wo steckt der Pferdefuß? Natürlich in dem Hinzukommen von Gravitation. Ohne Massenanziehung hätte sich auch die Wasserstoffwolke immer weiter in den Raum ausgebreitet. Der »Folgezustand« hätte größere Unordnung gezeigt. *Mit* Gravitation jedoch ist der Folgezustand (wenn die Wolke nur groß genug ist und andere Himmelskörper entfernt genug sind) eine eng zusammengeballte Gasmasse. Nicht jedes Geschehen entwickelt sich also zu größerer Unordnung.

Während im ersten Beispiel der Ort jedes Moleküls nur das Resultat von Zufallsprozessen ist (durch das vielfache Zusammenstoßen in der ungeordneten Wärmebewegung werden die Moleküle gleichmäßig auf beide Behälter verteilt), überlagert sich in der kosmischen Gaswolke den gleichen Zufallsprozessen als Folge der Gravitation eine gesetzmäßige Bewegung auf den Massenmittelpunkt zu. Die Bewegung der einzelnen Teilchen ist nicht mehr voneinander unabhängig. Ihr Ort ist *nicht nur* durch Zufallsprozesse bestimmt.

Das Ungeordnetere ist nur dann der Folgezustand einer Situation, wenn die physikalische Größe, auf die sich der Begriff der Ordnung bezieht (hier der Ort der Moleküle), allein aus Zufallsereignissen resultiert, zwischen denen keinerlei Kopplung existiert. In der großen Gaswolke beeinflußt aber wegen der Gravitation der augenblickliche Ort aller Teilchen die Bewegung jedes einzelnen Moleküls.

Der 2. Hauptsatz der Thermodynamik beschreibt die Richtung des Ablaufs von Prozessen, die auf »elementarer Unordnung«, d. h. auf zahlreichen ungekoppelten Zufallsentscheidungen beruhen, und nur diese*. Dabei ist es eine zwar weit verbreitete, aber irrtümliche Meinung, daß für ein bestimmtes System der 2. Hauptsatz generell anwendbar wäre oder nicht. Es kommt darauf an, welchen Aspekt des Systems – d. h. die Verteilung welcher physikalischen Größe – man betrachtet. Es kommt darauf an, ob *diese* Verteilung durch ungekoppelte Zufallsereignisse und nur durch solche bestimmt wird.

Man darf also nicht allgemein sagen, der 2. Hauptsatz sei gültig oder ungültig für eine Gaswolke im Universum oder für eine biologische Struktur. Er gilt z. B. in beiden (und in allen anderen) Systemen für die Verteilung von Wärmeenergie – diese beruht ja gerade auf »elementar ungeordneten« Prozessen; und für Fragen der Wärme wurde der 2. Hauptsatz ursprünglich aufgestellt –, aber er ist in diesen beiden Systemen *nicht* übertragbar auf die *räumliche* Anordnung von Molekülen, also nicht anwendbar auf das, was man normalerweise Ordnung oder Unordnung nennt. Er gilt in *diesen* Systemen dafür deshalb nicht, weil die räumliche Verteilung auch von nicht-zufälligen Einflüssen bestimmt wird.

Über die Anwendbarkeit des 2. Hauptsatzes kann deswegen *nur in bezug auf die Verteilung einer bestimmten physikalischen Größe* gesprochen werden. Thermodynamik ist die richtige Beschreibung, wenn diese Verteilung einzig und allein aus ungekoppelten Zufallsentscheidungen resultiert. Thermodynamik ist nicht anwendbar, wenn nicht-zufällige Einflüsse bestehen, z. B. wenn Gravitation oder magnetische Felder für den Ort von

* Um neue Mißverständnisse zu vermeiden, sei daran erinnert, daß der 2. Hauptsatz ein *Erfahrungssatz* ist, für den es keinen wirklichen Beweis gibt. Natürlich kann auch sein Gültigkeitsbereich dann nicht streng bewiesen, sondern nur »sinnvoll vermutet« werden. In diesem Sinne ist die hier gegebene Abgrenzung zu verstehen.

Teilchen eine Rolle spielen oder wenn die entscheidenden Zufallsereignisse Kopplungen aufweisen wie bei der Selbstreplikation biologischer Muster.

Demnach sind Verallgemeinerungen falsch, die besagen, daß *jedes* sich selbst überlassene System im Laufe der Zeit zu größerer *Unordnung* strebe. Bei solcher Aussage wird die Gültigkeitsgrenze des 2. Hauptsatzes unkritisch überzogen. Dieser ist weder anwendbar auf die Materieverteilung im Universum noch auf die Wirkung von Mustern, die im Hervorbringen neuer Muster besteht. Nur im Bereich elementarer Unordnung – nur dort, wo der Zufall Alleinherrscher ist, wo keine Kopplung von Zufallsereignissen besteht, wo keine Muster wachsen, wird sich Chaos verbreiten. Aber das ist fast eine Trivialität.

Die Entwicklung des Universums besteht darin, daß aufgrund schon vorhandener Abhängigkeiten (Muster) zwischen bisher Unabhängigem neue Abhängigkeiten (Muster) entstehen. Nach dem 2. Hauptsatz ist dabei eine immer ausgeglichenere Verteilung aller Energie, aber sicher keine chaotische, beziehungslose Verteilung der Materie zu erwarten. Wer sagt, die Physik lehre, daß am Ende aller Welt das Chaos stünde, hat Physik mißverstanden.

Die Anfangsbedingungen unseres Universums und die Eigenschaften der Materie sind derart, daß spontane Entwicklung zur Bildung von Mustern führt – nicht zum Wachsen von »Unordnung«.

Nachgesetztes Motto:

Die makroskopischen Vorgänge verlaufen nur dann eindeutig, im Sinne des zweiten Hauptsatzes, wenn die Hypothese der elementaren Unordnung erfüllt ist, sonst nicht.

Max Planck

25

Das Geschehen in der Natur scheint einen viel höheren Grad von gesetzlicher Gebundenheit zu zeigen, als in der von uns gedachten Kausalität liegt.

Einstein

Vom Würfeln, das kein Glücksspiel war

Der Zufall ist als Hintergrund aller Evolution ebenso unbestritten wie die Erkenntnis, daß Selektion ein Sieb darstellt, das von allen Zufällen nur die vorteilhaften, die passenden, weitergeben läßt. Gemeinsam gestalten so Zufall und Notwendigkeit die Entwicklung aller Welt. Und doch teilt sich die Meinung der Wissenschaft bei der Frage, ob nun Zufallsereignisse oder die inneren Zwänge des Systems die entscheidenden Faktoren sind, die den Lauf der Evolution bestimmen. Zwei Auffassungen stehen sich gegenüber. Lassen wir beide Seiten noch einmal abschließend zu Worte kommen:

Plädoyer 1:

Wir haben guten Grund anzunehmen, daß alle Lebewesen dieses Planeten, Pflanzen und Tiere, auf einen einzigen gemeinsamen Ursprung zurückgehen (Universalität des genetischen Codes und Spiegelasymmetrie biologischer Moleküle). Wir wissen, daß Zufall (Mutation) ein grundlegendes Geschehen der Evolution ist. Da wir in den zufälligen Verzweigungen der Artenbildung weder eine Zielgerichtetheit noch eine Zwangsläufigkeit erkennen, müssen wir folgern, daß auch die Entstehung des Lebens und seine Entwicklung zum Menschen auf diesem Planeten allein das Resultat einer einmaligen, glücklichen Kombination vieler Zufälle waren und daß eine derartige Häufung äußerst unwahrscheinlicher Ereignisse an anderen Stellen des Universums nicht auftreten wird. Deshalb ist der Mensch das einzige intelligente Wesen im Weltall.

Wir weigern uns, in der Natur mehr als den blinden Zufall zu sehen, da wir eine Vermischung von wissenschaftlichem und religiösem Denken aufs entschiedenste ablehnen.

Plädoyer 2:

Sonderstellungen des Menschen haben sich bisher immer als Irrtum erwiesen. Weder unsere Stadt noch unser Planet standen im Mittelpunkt der Welt. Zentralposition und Einmaligkeit sind elitäre Wunschvorstellungen, Restbestände des Wettbewerbsdenkens unserer Vergangenheit.

Weite Abschnitte der Evolution sind als zwangsläufiger Prozeß einer Selbstorganisation der Systeme erkannt. Wenn noch einige Fragezeichen verbleiben, so ist das kein hinreichender Grund, Wissenschaft mit »Wundern« anzureichern. *Das* wäre unwissenschaftlich. Wenn alle Erdlebewesen Gemeinsames zeigen, so beweist das nur, daß irgendwann ein früher Organismus allen anderen seiner Zeit weit überlegen war.

Evolution ist klar zielgerichtet und sehr wahrscheinlich *durchgehend* zwangsläufig. Selektion – das Sieb, durch das alle Zufälle laufen – erzwingt eine Richtung. Es gibt daher andere Planeten, auf denen sich zunächst biologische und später intellektuelle Systeme entwickeln.

Dies also ist die Alternative.

Anhänger der Zufallsvorstellung meinen, die Vertreter einer evolutiven Zwangsläufigkeit seien im Grunde »Gläubige«, unfähig zur Trennung von Wissen und religiöser Erwartung; sie projizierten einen selbst-gemachten Sinn in das an sich »Sinnfreie« – um nicht zu sagen »Sinn-lose« – Universum. Sie täten das nur aus dem inneren Bedürfnis, eine Kluft zwischen der Natur und dem Menschen zu vermeiden, aus einem Bedürfnis also, das der gleichen Wurzel entspringt wie alle religiöse Hoffnung. So ganz falsch ist das nicht.

Bei ihrem Vorwurf übersehen die Zufallsanhänger nur zweierlei: Erstens, es war nicht religiöses Wunschdenken, sondern Wissenschaft, die die Grundprinzipien der Natur enthüllte, und zweitens, *»gläubig«* sind *beide* Seiten. Nur der Inhalt des Glaubens ist verschieden.

Der Glaube an eine nur vom Zufall bestimmte, ungerichtete Evolution hat einen tragi-komischen Aspekt. Im Bemühen nämlich, das »alt-elitäre« Konzept zu überwinden, der Mensch sei Ziel, sei Krone einer planvollen Schöpfung, muß bei logisch konsequenter Analyse notgedrungen eine »neu-elitäre« Haltung eingenommen werden, nämlich die der Einmaligkeit des Menschen in einem ringsum eisigen, schweigenden All. Und damit wären wir doch wieder etwas Besonderes – doch wieder »Krone der Entwicklung« –, nur daß an die Stelle des »Schöpfers« nun der »Zufall« getreten ist – welch Gewinn. Wir sind beim »Wunder« geblieben – nur den Sinn unseres Daseins haben wir in diesem gedanklichen Kreisprozeß verloren.

Keiner der beiden gegensätzlichen Standpunkte ist heute »beweisbar«. Lassen wir dennoch unser Wissen zu dieser Alternative noch einmal Revue passieren.

Die Physik zeigt die Evolution der materiellen Phase als Folge der kosmischen Anfangsbedingungen und der Eigenschaften der Elementarteilchen. Gravitation führt sie zusammen, aber ihr Drehimpuls läßt Galaxien und Planeten rotieren, so daß nicht *alle* Massen unter Einfluß der Gravitation zusammenstürzen. Kernreaktionen laufen überall im Universum ab und führen in allen Sonnen zu den gleichen Mustern – eine notwendige Folge der Eigenschaften von Protonen und Neutronen – ein Zwang, begründet in den Eigenschaften der Materie.

Elektrische Ladungen von Atomkernen und Elektronen lassen Atome entstehen, die vielfältige, aber nicht beliebige, chemische Bindungen eingehen. Eigenschaften der Atome, die aus den Eigenschaften der Elementarpartikel resultieren, legen ihrerseits Eigenschaften von Molekülen fest.

Meteoriten beweisen, daß Bausteinmoleküle für lebende Strukturen auch außerhalb unseres Planeten entstehen, und chemische Experimente zeigen sowohl die spontane Bildung von Polymeren als auch deren Aggregation.

Niemand kann also bezweifeln, daß die Eigenschaften der Bausteine unseres Weltalls (die gegebenen Anfangsbedingungen vorausgesetzt) die Entwicklung spontan – und das heißt zwangsläufig – bis zur Musterkomplexität der Polymer-Aggregate wachsen lassen. Bis hierhin ist Evolution also sicher ein von der Materie selbst organisierter Prozeß, der in gleicher Weise überall da abläuft, wo ähnliche Bedingungen bestehen.

Die erste und wichtigste Schwelle, an der sich die Geister scheiden, liegt im Entstehen von selbstreplikativen Mustern. Hier ist es denkbar, daß nur ein einziges, extrem unwahrscheinliches Zufallsereignis den Durchbruch brachte. Andererseits ist es möglich, daß so viele verschiedene Polymer-Aggregate Anfänge einer Selbstreplikation zeigen, daß auch diese Hürde überall überschritten wird, wo geeignete, d. h. erdähnliche Bedingungen vorliegen. Wir wissen es nicht.

Doch Erstaunen bleibt, daß überhaupt bestimmte Musterkomplexität, bestimmte Beziehungen unter den Bausteinen von Aggregaten, dieses wundersame Phänomen der Selbstreplikation möglich machen – *gerade dieses.*

Man muß es einfach *wundersam* nennen, denn gerade diese neue Eigenschaft der unscharfen Replikation eigener Musterharmonie hebt die Evolution in eine zweite Phase *zwangsläufiger* Weiterentwicklung.

Man könnte sich sehr wohl auch ganz andere, neue Eigenschaften vorstellen, z. B. eine neue Tendenz bestimmter Muster, ihr Inneres zu mehr und mehr Regelmäßigkeit, zu kristallartiger Ordnung umzugestalten, oder eine zunehmend wachsende Fähigkeit, das eine, zufällig entstandene Muster schneckenartig immer weiter zu vergrößern. Auch das müßte man Leben nennen.

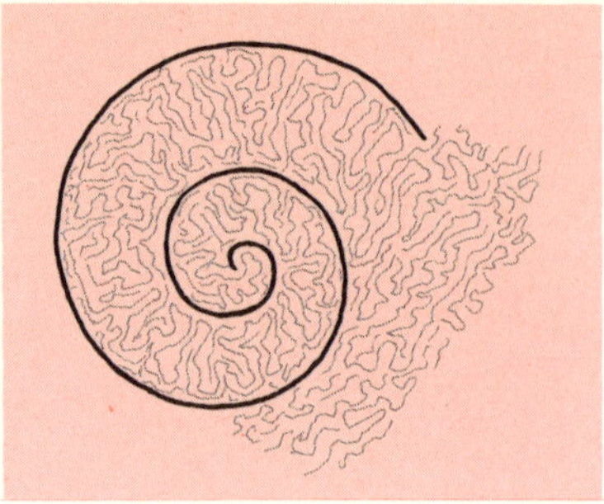

Aber nichts von dem. Die neue Eigenschaft ist gerade so beschaffen, daß *Wettbewerb* zur Triebkraft weiterer Evolution werden muß. Unscharf replizierende Muster *müssen* miteinander in Wettbewerb treten. Wettbewerb muß zur Selektion der sich schneller und genauer replizierenden Muster führen. Selektion läßt nur oder bevorzugt Muster mit höheren Fähigkeiten überleben. Höhere Fähigkeiten aber erwachsen nur aus mehr Komplexität.

Also ist im Wesen des Phänomens unscharfer Selbstreplikation wieder ein Zwang zum Wachsen von Mustergröße, von Musterwirkungen *unabdingbar begründet.* Und gerade diese neue Musterfähigkeit ist aus den Eigenschaften von Molekülen entstanden.

Wir wissen nicht, ob Musterwachstum zu Photosynthese und parallel zum Tier führen *muß*, aber wir wissen, daß die Ausschöpfung der Ursuppe eine Krisensituation darstellt, die – wenn überhaupt – wohl nur auf diese Weise langfristig überwunden werden kann. Wir wissen nicht, ob sich Einzeller früher oder später zu Vielzellern zusammenschließen *müssen*, aber wir stellen fest, daß dies zumindest bei Pflanzen *und* Tieren unabhängig erfolgt ist. Und das sieht wieder recht nach Zwangsläufigkeit aus.

Die zweite Schwelle bilden die Entstehung von Nervenzellen und das Auftreten von informierbaren Musterbereichen. Wieder mag diese neue Musterfähigkeit eine automatische Folge der Wechselwirkungen zwischen jagenden und gejagten Tieren sein, aber sie könnte auch in einem einzigen, besonders glücklichen Zufall ihren Ursprung haben.

Da wir den Mechanismus des informierbaren Musters noch weniger begreifen als den der selbstreplikativen Struktur, entsteht das gleiche Erstaunen, daß Informierbarkeit von Mustern auf einer gewissen Stufe von Komplexität überhaupt möglich ist, wenn man überdenkt, daß alle folgende Evolution auf dieser neuen, rätselhaften Fähigkeit bestimmter, hochkomplexer Muster aufbaut.

Ist das weitere Geschehen – der entscheidende Schritt zur Kommunikation, zur Sprache – Teil einer neuen, wieder

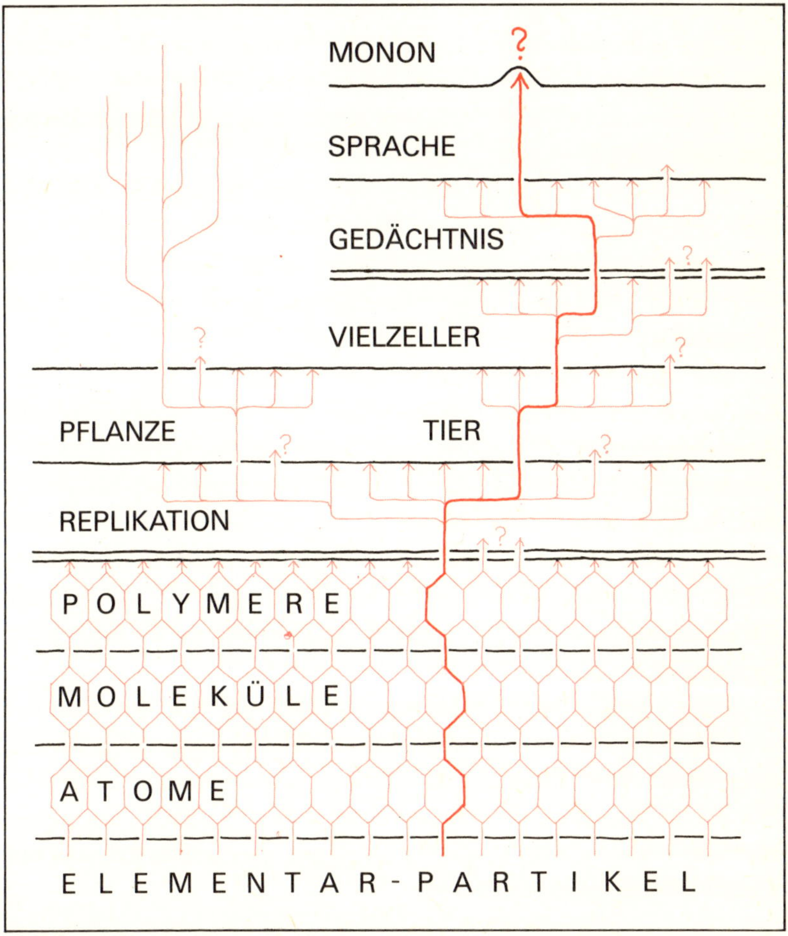

zwangsläufig fortschreitenden Entwicklung? Wir wissen nur, daß staatenbildende Insekten, Vogelschwärme und Säugetierhorden voneinander unabhängige Integrationen vom Einzeltier zur Gruppe sind – daß Kommunikation durch Symbole auch bei Bienen gefunden wird, wenn auch starr geblieben, weil im festen genetischen Muster, nicht in informierbaren Musterbereichen verankert.

Nach alledem ist zumindest also die immer weiter ausgreifende Integration von Musterbausteinen zu Ganzheiten jeweils höherer Stufe ein in allen Bereichen der Natur gültiges Grundgesetz der Entwicklung.

Über weite Abschnitte der Evolution führen also die Eigenschaften der Materie und der schon gebildeten Muster zwangsläufig zu Mustervergrößerung und wachsender Wirkungspotenz, doch verbleiben Fragezeichen zumindest an den beiden Schwellen in die jeweils neue Phase der Evolution. Noch ist also eine *durchgehende* Zwangsläufigkeit allen Evolutionsgeschehens wissenschaftlich nicht zu beweisen.

Für die umgekehrte Behauptung aber, ein Zwang läge *nicht* vor, alle wesentliche Entwicklung beruhe auf *einmaligen* Zufällen, gibt es erst recht kein Argument. Dazu müßte nicht *angenommen*, sondern *bewiesen* werden, daß die Wahrscheinlichkeiten, jeweils die nächste Stufe zu erklimmen, winzig, winzig klein wären. Aber was heißt Wahrscheinlichkeit überhaupt in diesem Zusammenhang?

Auf einer bestimmten Stufe der Evolution liegen Tausende von Arten, Millionen und Abermillionen von Einheiten vor. Und sie replizieren sich von Generation zu Generation. Die Evolution hat Zeit – viel Zeit.

Schafft es heute keiner – was ist verloren? Zufällige Mutationen werden spielen
und weiter spielen
und spielen
und spielen . . .

Es gibt eigentlich nur zwei entscheidende Fragen:

1. Hat der Würfel der Natur überhaupt eine »6«? Das heißt, ist überhaupt der Schritt zur nächsten Stufe möglich? Und – falls wir diese Frage bejahen können –
2. Wieviel Zeit hat Evolution? Wie oft – wie lange kann gewürfelt werden? Wenn beliebig Zeit zur Verfügung steht, wird *irgend*wann *irgend*eine Einheit die nächste Stufe durch einen »Sechser-Wurf« erreichen.

Unsere eigene Existenz beweist, daß *alle* bisherigen Schritte *möglich* waren. *Unsere* Evolution hat ja alle Stufen bis zum Anfang der intellektuellen Phase erklommen. Die »6« *ist* auf all diesen Stufen möglich.

Damit verändert sich unsere Fragestellung. Sie lautet nicht mehr, ob *überhaupt* anderswo im Universum . . ., sondern ob *rechtzeitig* anderswo im Universum intellektuelle Wesen entstehen. Die sinnvollen Fragen sind also:

»Wie viele Planeten mit unserer Erde ähnlichen Eigenschaften mag es geben?« Und:

»Wie lange lebt ein Monon?«

Schwer scheint es, jedenfalls auf *unserem* Planeten, nicht gewesen zu sein, die einzelnen Stufen zu überwinden. Warum wir das vermuten? Das geht aus dem Diagramm des roten Fadens (s. Seite 267) hervor: Die Gerade der biologischen Phase, die exponentielles Musterwachstum anzeigt, beginnt nämlich kurz nach der Bildung – nach der Abkühlung unseres Planeten, dessen Alter wir recht genau kennen. *Wäre die Entstehung des Lebens in der Ursuppe so äußerst unwahrscheinlich, hätte sie wohl auch noch einige Milliarden Jahre auf sich warten lassen!*

Wer an das Wunder einer einmaligen – weil so grenzenlos unwahrscheinlichen – Lebensentstehung glauben will, muß also gleich noch ein zweites Wunder dazu akzeptieren, nämlich daß dieses Ereignis auf unserem Planeten so bald wie irgend möglich eintrat. Die Hypothese gewinnt dadurch nicht gerade an Überzeugungskraft.

Auch im weiteren Verlauf der biologischen Evolution ging es (von Schwankungen im Detail abgesehen) zügig weiter. Hätte die Entwicklung nämlich lange vor einer besonders schwierigen Hürde gestanden, also Milliarden von Jahren zu deren Überwindung gebraucht, so sähe die Kurve des roten Fadens in der biologischen Phase

nicht so 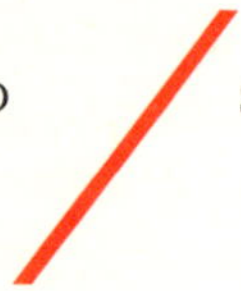 sondern so 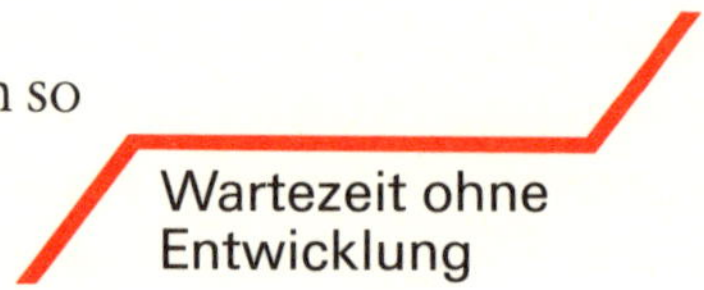

aus.

Unsere geistige Lage ist die des Zuschauers eines Films, der jemand beim Würfeln zeigt: Der erste Wurf eine »6«, der zweite eine »6« und auch der dritte, und so weiter . . . und so weiter . . . der hundertste, der tausendste Wurf immer wieder »6« . . . und so weiter . . . und so weiter . . . Der Zuschauer lächelt – das ist kein Zufall – das geht nicht mit rechten Dingen zu. Entweder hat der Regisseur des Films einen Würfel benutzt, der überhaupt nur Sechsen hat, oder er hat alle anderen Würfe herausgeschnitten. Er hat »Selektion« betrieben.

Aber dann kommen Wissenschaftler und sagen: »Wieso? Warum wundern Sie sich? Warum soll hier ein Regisseur gewirkt haben? Warum kann das nicht wirklich so geschehen sein? Absolut unmöglich, *völlig* ausgeschlossen ist es ja nicht, Tausende von Sechsen hintereinander zu werfen.« Wenn es der Teufel will, kann auch das »eigentlich Unmögliche« passieren.

Und wir haben solchem Argument »wissenschaftlich« ebensowenig entgegenzusetzen wie dem mancher Anti-Evolutionisten, wonach ein Gott alle Versteinerungen so in Erdschichten gelegt hätte, daß wir den *Eindruck* einer fortschreitenden Evolution gewännen. Es gibt Behauptungen, vor denen Wissenschaft kapitulieren muß – da kann nur der »gesunde Menschenverstand« entscheiden. Im Grunde ist es lächerlich, sich damit überhaupt auseinanderzusetzen.

Sicher wissen wir nur, daß der Würfel der Natur mindestens eine »6« besitzt. Würfelergebnisse sind Zufall – das Würfeln der nächsten »6« wird aber zur Notwendigkeit, wenn man es nur oft genug versuchen kann. Die Ausgangsalternative: »Zufall *oder* Zwangsläufigkeit« *war sinnlos.*

Die Evolution des Universums beruht auf dessen kosmischen Anfangsbedingungen und den darin gegebenen Eigenschaften der Materie. Durch sie wird eine Fülle von Zufallsereignissen zu einem Netzwerk in bestimmter Richtung verwoben. Die so entstehenden Muster wirken auf andere Materie und führen fortschreitend bisher Unabhängiges zu neuer Verflechtung und immer wirkungsstärkerer Struktur. Vom Chaos zu einem intellektuellen, intergalaktischen Übermuster weist der Pfeil dieser Entwicklung, deren winziger Teil ein jeder von uns ist.

Epilog – jenseits von Wissenschaft

Habt ihr niemals den Gedanken gedacht,
es möchte die Welt ein Ganzes sein
und es möchte beglückend und heilend sein,
das Ganze ahnend zu verehren
und ihm in Liebe zu dienen?
Hermann Hesse

Der Würfel des Universums *hat* eine Sechs.
Evolution *ist* möglich.

Materie hat Eigenschaften,
die zur Bildung von Galaxien und Sonnensystemen führen –
zur Entstehung des Lebens und des Gehirns.

Unfaßbar, daß sie so und nicht anders sind.
Ohne Gravitation – weiter Chaos,
ohne Drehimpuls – keine Gestalt,
ohne Ladung – kein Atom,
ohne Wasser – kein Leben,
ohne Sprache – kein Mensch.

Das Nicht-mehr-Begreifliche steht am Anfang –
steht hinter allem Geschehen –

ALPHA IST DER GRUND,

der Grund aller Entwicklung.
Mehr Worte machen es nicht klarer.

Wer das Wunder des Ursprungs erfährt,
spürt Geborgenheit,
weiß sich aufgehoben im Wachstum der Muster.
Eine innere Spannung löst sich –
die Spannung zwischen Wissen und religiöser Erwartung,
die nebeneinander, aber nicht miteinander waren.

Menschliche Existenz gewinnt Sinn durch Richtung –
die Richtung der Evolution.

Sinnvoll ist jedes Tun, das *mit* der Entwicklung ist,
das Muster wachsen läßt
und neue Bindungen schafft.

Sinnvoll ist jedes Bestreben, auf Bewährtes bauend,
ständig Neues zu erproben.

Sinnvoll ist jedes Bemühen um Vermehrung von Information,
um Verbreitung von Wissen,
um Vertiefung von Gefühl.

Sinnvoll ist jedes Ringen um aktive Toleranz,
um allseitiges Vertrauen,
um die Überwindung von Angst und Gewalt.

Die Zukunft der so kindhaft hilflosen Menschheit
ist in unsere Hände gelegt.
Wir müssen ihr helfen, sehen zu lernen.

DAS IST DER AUFTRAG.

Elementarteilchen ziehen sich an,
Atome gehen Bindungen ein,
Zellen werden zum Verband,
und Menschen werden zur Menschheit.

In allen Phasen der Evolution besteht das ewig gleiche Ziel,
durch Vereinigung Teil eines Mehr zu werden.
Bereitschaft zur Integration
ist die Urkraft aller Entwicklung.

Auf der Stufe des Menschen nennt man das »Liebe«.
Mehr Liebe zur Menschheit braucht der Mensch,
mehr Bereitschaft, sich in die Lage des anderen zu versetzen,
mehr Barmherzigkeit für die Hilfebedürftigen,
mehr Solidarität mit den Schwachen,
mehr Verantwortung jedes einzelnen für das Ganze.

DAS ALLEIN IST DER WEG.

Abseits dieser gemeinsamen Wandlung
vom biologischen »Ich« zum intellektuellen »Wir«
hat niemand von uns eine Zukunft.

Irgendwann – irgendwo – überall im Universum –
werden Wesen mit Gefühl und Verstand
Ähnliches erfahren und Ähnliches denken,
wenn ihr individuelles Sein
    kosmisches Bewußtsein gewinnt –
wenn sie sich als Teil des Universums erkennen,
als Teil einer Entwicklung
vom Chaos zum Kosmos.

Die Muster aller Welten werden zusammenfließen
zu einer Gesamtheit,
die in ständig beschleunigtem Wechsel ihrer Struktur
der Vollkommenheit zustrebt.

Das Wissen des Alls wird zur Allwissenheit.

Dann – nach unendlich langer Zeit –
wird diese *eine* Gesamtheit der Muster
in unermeßlich schnellem Wandel ihrer Gestalt
zugleich die Gestalt *aller* Muster enthalten.

Alles Harmonische wird dann gleichzeitig sein,
ewig aufgehoben im Alles Umfassenden.

OMEGA IST DAS ZIEL.

Zur Erinnerung:

Eigentlich – und das war eine Bitte an den Leser – muß dieses Buch zweimal gelesen werden.

Das zweite Mal mit viel Bedacht, um alle Einzelheiten aufzunehmen, um zu erkennen, wie alle Eigenschaften der Natur *zusammenwirkend* das Wunderbare vollbringen:

EVOLUTION.

Dieses Buch verdankt seine endgültige Form vielen Freunden, die Manuskripte gelesen, kritisiert und durch ihre Anregungen bereichert haben. Ihnen allen sei gedankt für Bereitschaft und Hilfe. Besonderer Dank gilt
Manfred Neumann für Diskussionen über viele Jahre,
Renate Ziegler für unermüdliche Schreibarbeit,
Rainer Diesel für die Ausführungen der Zeichnungen und
M. B. für Verständnis und Geduld.

Alle Autorenhonorare dieses Buches
fließen an die CATENA-Stiftung,
der sämtliche Buchrechte gehören.

CATENA wurde gegründet als offene Stiftung
zur Vertiefung und Verbreitung unseres
Wissens um Evolution.
Sie steht unter Treuhand des
Stifterverbands für die Deutsche Wissenschaft,
Brucker Holt 56–60,
4300 Essen 1

Empfehlenswerte Bücher zu Einzelfragen

Evolutionsgedanke und Religiosität

Pierre Teilhard de Chardin:	Der Mensch im Kosmos Beck, 1959. Eine Brücke zwischen Naturwissenschaft und Glauben.

Astronomie / Astrophysik

David Bergamini:	Das Weltall. (Time-Life Buch) Taschenbuch Rowohlt 1975. Allgemeinverständlich.
Joachim Herrmann:	dtv-Atlas zur Astronomie. 1973. Fachbuch für Anfänger.

Lebensentstehung

Reinhard W. Kaplan:	Der Ursprung des Lebens. Thieme / dtv 1972. Fachbuch für Anfänger.

Molekularbiologie / Genetik

C. Bresch u. R. Hausmann:	Klassische und molekulare Genetik. Springer, 1972. Fachbuch für Anfänger.

Biologische Evolution

Heinrich K. Erben:	Die Entwicklung der Lebewesen. Piper, 1975. Allgemeinverständliches und umfangreiches Werk.
Günther Osche:	Evolution. Herder. 1975. Fachbuch für Anfänger.

Gehirn

Helmut Grünewald:	Schaltplan des Geistes. rororo tele 1976. Allgemeinverständlich.
John C. Eccles:	Das Gehirn des Menschen. Piper, 1975. Fachbuch für Anfänger.

Verhalten

Wolfgang Wickler:	Die Biologie der Zehn Gebote. Serie Piper, 1976. Völlig allgemeinverständlich.
Hans Kummer:	Sozialverhalten der Primaten. Springer-Taschenbuch, 1975. Fachbuch für Anfänger.

Sprache

Eric H. Lenneberg:	Biologische Grundlagen der Sprache. Suhrkamp, 1972. Fachbuch für Anfänger.
Wolf Schneider:	Wörter machen Leute. Piper, 1976. Allgemeinverständlich.
Ernst Leisi:	Der Wortinhalt. Quelle und Meyer, UTB, 1975. Fachbuch für Anfänger.
Ronald W. Langacker:	Sprache und ihre Struktur. Niemeyer, 1971. Fachbuch für Anfänger.

Etis

Carl Sagan u. Jerome Agel:	Nachbarn im Kosmos. Kindler, 1975. Völlig allgemeinverständlich.
Walter R. Fuchs:	Leben unter fernen Sonnen? Droemer/Knaur, 1973. Allgemeinverständlich.

und außerdem . . .

... plant der Autor dieses Buches mit der CATENA-Stiftung

eine neue Zeitschrift.

Diese soll unter dem bisher unverbindlichen Arbeitstitel

MONON

ein Bindeglied zwischen Wissenschaft und Öffentlichkeit sein. Sie soll laufend über alle wichtigen neuen Erkenntnisse zu Fragen der Evolution informieren und den Entwicklungsgedanken in Bezug setzen zu anderen geistigen Strömungen und den Zentralproblemen unserer Zeit.

Es soll und kann sich dabei – schon wegen der thematischen Breite – nicht um eine Fachzeitschrift handeln. Vielmehr werden anschauliche Übersichtsartikel, vielseitige Kurzinformationen, aktuelle Buchbesprechungen, Interviews und manches mehr dem Leser in leicht zugänglicher Form gründliches Wissen zu historischen und aktuellen Fragen anbieten. So mosaikartig bunt das scheinen mag, alle Beiträge werden Bausteine sein zu einem umfassenden Bild des Evolutionsprozesses in Vergangenheit, Gegenwart und Zukunft.

Innerhalb dieses vorgegebenen Rahmens sollen Form und Inhalt in möglichst enger Wechselwirkung mit dem Leser gestaltet werden. Die Zeitschrift soll so unter allen Interessierten als Katalysator des Ideenaustauschs wirken und zu einem Forum werden für alle Fragen der Evolution und den damit eng verbundenen ethischen und existentiellen Problemen einer sich schneller und schneller verändernden Welt.

Die Zeitschrift wird voraussichtlich ab Ende 1978 erscheinen, etwa 4 Hefte im Jahr haben und zumindest zunächst nur durch direkte Zustellung erhältlich sein.

Sie können mithelfen, daß die neue Zeitschrift zustande kommt, indem Sie die folgende Antwortkarte benutzen.

Die ersten 4 Hefte (Subskriptionspreis DM 24,–)

ein Probeheft (Schutzgebühr DM 5,–)

bestellt am ______________

bei CATENA-Zeitschrift

Kreuzkopfsteige

D 7800 Freiburg i. Br.

☐ Ich möchte beim Start der Zeitschrift helfen und bestelle daher schon jetzt die ersten vier Hefte (Subskriptionspreis DM 24,–).

☐ Ich bitte um Zusendung eines Probeheftes (Schutzgebühr DM 5,–)

____
(Bitte Unterschrift)

Ich halte den Titel »MONON« für gut ☐ , für schlecht ☐

Besser wäre ______________________

Ich interessiere mich für

☐ Geschichte der Wissenschaft
☐ Molekularbiologie / Genetik
☐ Verhalten von Tier und Mensch
☐ Sprache
☐ Astrophysik
☐ Etis
☐ Zukunftsentwicklung
☐ Wert-, Ziel- u. Sinnfragen
☐ ______________

Die neue Zeitschrift sollte vor allem ______________________

____

____

LESEZEICHEN

Integration	22, 244
Katalyse	53
Monon	251
Muster	59 f.
Mutation	89
Nucleotide	71
Polymer	71
Protein	75 f.
Protobiont	109
Replikation	81
Selektion	104
Ursuppe	91

Sie finden mehr Stichworte im Register

Übersichtsdiagramme auf den Seiten 267 und 289

Absender (bitte Blockschrift):

Name

Straße

Wohnort

Beruf

weibl.	männl.	unter 20	20–40	40–60	über 60
☐	☐	☐	☐	☐	☐

Geschlecht — Alter

An die

CATENA-Zeitschrift

Kreuzkopfsteige

7800 Freiburg i. Br.

Bitte ausschneiden und im frankierten Briefumschlag absenden

(Seiten mit Begriffserklärungen sind rot gedruckt)

Register